耕读教育系列教材

土壤肥料

第三版

王中军 ◎ 主编

U0213404

中国农业出版社

北 京

内容简介 NEIRONG JIANJIE

　　土壤肥料为中等职业教育种植类专业的基础课程，主要介绍土壤的组成、结构与性质，以及肥料的种类、特性与施肥方法。为提高编写质量，增强教材的适用性、实用性，本次修订对上一版教材做了进一步充实和提高，增加了土壤健康、粮食安全、盐碱地改良等新知识和新的实践应用，更新了部分陈旧内容。

　　教材采用"模块—项目—任务"的结构进行编写。教材基于项目化教学组织内容，包括项目目标、任务目标、任务准备、基础知识、任务实施、知识窗、观察与思考、复习测试题等。本教材共3个模块：探索土壤的秘密、科学精准施肥、保护土壤健康与保障粮食安全；分为9个项目：走进土壤肥料世界、探究土壤的物质组成、土壤基本性状测定与调控、植物的营养特性与施肥原理、科学施用化学肥料、科学施用有机肥料、测土配方施肥、培肥与改良低产土壤、施肥与全球变暖。

　　本教材内容丰富、图文并茂，既可作为中等职业教育教材使用，也可作为高素质农民培育和职业资格技能鉴定的学习用书，同时还可以作为基层农业技术人员的参考用书及农业从业人员的科普读物。

第三版编审人员 DISAN BAN BIANSHEN RENYUAN

主　编　王中军

副主编　吴　凯　杨海军　王晓萌

编　者（以姓氏笔画为序）

王中军　王晓萌　卢建坤　史忠良

刘　丽　杨海军　吴　凯　林晶晶

贺香云　贾　佳　徐同伟

审　稿　郭建伟

第二版编审人员 DIER BAN BIANSHEN RENYUAN

主　编　郭建伟

副主编　杨海军　贾　佳

编　者（按姓名笔画排序）

卢建坤（福建省龙岩市农业学校）

史忠良（淮安生物工程高等职业学校）

刘　丽（济宁市高级职业学校）

杨海军（甘肃省定西市临洮农业学校）

贺香云（晋中职业技术学院）

贾　佳（南阳农业职业学院）

郭建伟（济宁市高级职业学校）

审　稿　宋志伟（河南农业职业学院）

第三版前言

FOREWORDS 3

本教材根据《国家职业教育改革实施方案》（国发〔2019〕4号）、《"十四五"职业教育规划教材建设实施方案》（教职成厅〔2021〕3号）和《关于职业院校专业人才培养方案制订与实施工作的指导意见》（教职成〔2019〕13号）等文件精神，在中国农业出版社的组织下，由职业院校教师和行业、企业人员共同编写完成。

本教材主要阐述了土壤基础理论知识，详细介绍了各种常用肥料的商品特性、理化性质及合理施用技术，突出测土配方施肥技术，对新型肥料和土壤安全内容也有涉及。

为提高编写质量，增强教材的适用性、实用性，本教材在上一版的基础上进行了完善，更新了较为老旧的知识和数据，增加了土壤健康与粮食安全的关系、盐碱地改良等新内容。教材采用"模块—项目—任务"的框架结构，基于项目化教学组织内容，设置项目目标、任务目标、任务准备、基础知识、任务实施、知识窗、观察与思考、复习测试题等栏目。教材共包含3个模块：探索土壤的秘密、科学精准施肥、保护土壤健康与保障粮食安全，下设9个项目：走进土壤肥料世界、探究土壤的物质组成、土壤基本性状测定与调控、植物的营养特性与施肥原理、科学施用化学肥料、科学施用有机肥料、测土配方施肥、培肥与改良低产土壤、施肥与全球变暖。

本教材由王中军担任主编，吴凯、杨海军、王晓萌担任副主编。教材编写的具体分工如下：项目一、项目七由吴凯、徐同伟编写；项目二由贾佳编写；项目三由王晓萌、贺香云编写；项目四由卢建坤编写；项目五由史忠良、刘丽编写；项目六由杨海军编写；项目八和项目九由王中军、林晶晶编写；教材中的任务实施部分由王中军、杨海军共同编写。本教材由王中军、林晶晶统稿，郭建伟审稿。

本教材编写形式新颖，充分反映了当前土壤肥料学科的新知识、新技术、新工艺，运用了生产实践中的最新成果，同时也纳入了思政元素，力求开阔学生视野，增强探究、实践的信心。教材中图表丰富，语言形象直观，既可供中等职业教育种植类相关专业使用，也可作为高素质农民培育及职业技能鉴定培训的教材，同时还可作为农业技术人员的参考书和农业科普读物。

本教材在编写过程中参考和借鉴了较多的文献资料，未能一一列出，在此一并表示感谢。由于编者水平有限，加之时间仓促，教材中难免存在不妥或疏漏之处，恳请各位读者批评指正。

编　者

2022 年 11 月

第一版前言

FOREWORDS 1

本教材是全国农林类中等职业教育农业部规划教材，是根据我国中等职业教育发展的需要和人才培养目标与规格要求而编写的。

本教材对基础理论的阐述简单明了，以必需够用为度，为教师讲授把握尺度预留了空间。注重了实用性和实践性内容的编写，特别是当前生产中正在使用和推广的技术，生产中有关土壤和肥料方面较为突出的问题在教材中体现较多。语言描述上尽量做到深入浅出、通俗易懂，以方便学生理解和学习。在版面设计上有内容导学、学习要点、观察与思考以及复习思考题等板块，并增大了图、表的比例，活跃了教材版面及教材内容。

本教材主要阐述了土壤的基本知识与土壤的资源管理、土壤养分状况与各种常用肥料的特性以及合理施肥技术等。同时加大了实践性内容的比例，在设计上有常规的化验分析内容，也有生产实践内容。有些内容可结合课堂理论讲授同时进行，有些内容则以附录的形式出现，拓展了知识层面。

本教材共6章，其中，绪论、第三章第一、二、三节及附录由李保明编写；第一章和第六章第一节、第二节一部分由贺香云编写；第二章和第三章第五节由任会芳编写；第三章第六、七节，第五章第三节及第六章第三节由郭建伟编写；第四章由黄世吉编写；第五章第一、二节和第六章第二节一部分由冯会胜编写；实验部分由郭建伟、冯会胜和李保明编写。全书由郭建伟、李保明统稿，并对内容做了较大修改和充实。

本教材由河南农业职业学院宋志伟教授、湖北黄冈职业技术学院金为民教授审稿，在编写过程中得到山东省济宁农业学校、河北省邢台市农业学校、广东省惠州农业学校、山西省晋中职业技术学院、河北省石家庄农业学校、广西百色农业学校及中国农业出版社的大力支持，在此一并表示感谢。

本教材是全国中等职业教育植物生产类专业的核心教材，还可作为农业职业高中和农村职业技术培训的教材，同时可作为农业技术人员的参考用书和农村青年的科普读物。

由于编者水平所限，加之时间紧迫，教材中错误和不足之处在所难免，恳请使用本书的广大读者批评指正。

编　者
2008 年 4 月

第二版前言
FOREWORDS 2

　　本教材的编写体现了创新教育和理论实践一体化的理念，以提高人才培养质量为目标，以推进工学结合、顶岗实习为核心，以教材对接技能为切入点，深化了教材内容的改革。打破了单纯强调学科自身的系统性、逻辑性的局限，尽可能地改变课程内容的繁、难、多、旧等痼疾。教材具有学生自主学习、自主设计及个性化的教学内容，并且力图为教师的教学活动提供必要的板块设计参考，丰富教学手段，体现活力课堂的魅力。

　　本教材以项目、任务、活动、案例为载体组织教学单元，紧密结合生产实际，参照生产经营过程和农民培训的认知规律，并参考了国家职业资格技能鉴定的要求。本教材对基础理论知识的阐述相比第一版稍有加强，但以理解、够用为度。教材内容新颖，比较充分地反映出当前土壤肥料领域的新知识、新技术，特别是新成果在生产实践中的运用，力求开阔学生视野，增强他们去探究、去实践的信心。教材使用了较多的图、表，运用了结构图和流程图，语言描述简洁明了、图文并茂、形象直观。文中有项目目标、任务目标、任务准备、基础知识、任务实施、知识窗、观察与思考以及复习测试题等板块。

　　本教材主要阐述了土壤基础理论知识，详细介绍了各种常用肥料的商品特性、理化性质以及合理施用技术，结合当前生产实践突出了测土配方施肥技术，同时对中低产田改良等内容也做了较为详细的介绍。本教材共8个项目，其中，项目一、项目七由郭建伟编写；项目二由贾佳编写；项目三由贺香云编写；项目四、项目八由卢建坤编写，项目五的任务1至任务3由史忠良编写；项目五的任务4至任务6由刘丽编写；项目六由杨海军编写。实验实训活动由郭建伟、杨海军共同编写。杨海军参与了统稿工作，最后由郭建伟对教材内容做了较大幅度地修改、充实并定稿。

　　本教材由河南农业职业学院宋志伟教授审稿。在编写过程中得到济宁市高级职业学校、甘肃省定西市临洮农业学校、南阳农业职业学院、晋中职业技术学院、淮安生物工程高等职业学校、福建省龙岩市农业学校等有关学校的大力支持。本教材参考了较多的文献资料，因来源不详未能一一列出，在此一并表示感谢。

本教材可供中等职业教育种植类相关专业使用，也可作为新型职业农民培训及职业资格技能鉴定培训教材，还可作为农业技术人员的参考用书和农村青年的科普读物。

由于编者学识水平有限，书中难免有错误和不足之处，恳请各位同仁和广大师生、读者批评指正。

编　者

2015 年 4 月

目 录
CONTENTS

模块三 保护土壤健康与保障粮食安全

模块一

MOKUAIYI

探索土壤的秘密

TANSUO TURANG DE MIMI

01 | 项目一 走进土壤肥料世界

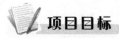 **项目目标**

【知识目标】掌握土壤、土壤肥力和肥料的基本含义，理解土壤、肥料、植物三者的关系，了解土壤肥料在农业生产中的作用。

【能力目标】能够初步认识土壤及在土壤中生长的植物，尝试去判别某地块土壤肥力的高低，有能力对农资商店肥料的经营状况做初步调查。

【素养目标】树立科学发展观，厚植"大国三农"情怀，培养服务农业农村现代化、服务乡村全面振兴的使命感和责任感。

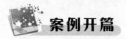 **案例开篇**

阳台蔬菜看上去很美

北京市海淀区增光佳苑 2 号楼的沈鸿辛是一位年轻的妈妈。她常常回忆自己小时候在农村曾经种蔬菜的快乐，也想亲手为自己的孩子种植蔬菜。经过朋友推荐，她了解到可以去远郊租用或者认领一亩*地，委托人家种上自己喜欢的蔬菜，然后交给公司指定的人进行管理，隔三岔五带孩子去看一下。但沈鸿辛最后还是打了退堂鼓，原因是需要支付一笔不菲的费用，并且距离也很远。

就在今年夏天，沈鸿辛和孩子圆了种菜的梦想，靠的就是阳台蔬菜。算下来，她一共花了 500 多元，就在自家的阳台上享受到了与孩子共同种植蔬菜的快乐，还用自己种植的蔬菜享受到了美食。沈鸿辛的儿子上幼儿园大班，每天都会兴奋地到阳台上看番茄，见证着它们从小长到大，从绿色变成红色。儿子看着蔬菜长大，她看着儿子和蔬菜一起长大，同时，她也找回了自己童年的记忆。沈鸿辛通过上网查询得知，阳台蔬菜是当下比较流行的一种种植方式。她最早找到了离家不远的中国农业科学院蔬菜花卉研究所，那里的研究人员给她推荐了中农锦绣（北京）农业科学研究院，可以提供设备、种子、土壤和 24h 的咨询与上门服务。

中农锦绣（北京）农业科学研究院的齐小敏是阳台蔬菜最早的倡导者。出生于湖北的他，小时候生长在农村，但父母并不让他去地里干活，而是要他认真学习。数十年后，齐小敏的努力得到了回报，他成为一名生物技术研究人员，但他始终摆脱不了对土地的热爱，他曾经在自

---

* 亩为非法定计量单位，1 亩≈667m²。——编者注

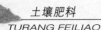

家公寓的小阳台上种过几次蔬菜，最终他发现让更多的人享受阳台种菜的乐趣，才是他最喜欢干的事情。种菜并不难，难的是要找到合适的土壤。大多数人都从住宅小区的林地里挖土，齐小敏说："这种办法是不可靠的，并非所有土壤都适合种植蔬菜。垃圾场附近或被遗弃的建筑垃圾附近的土壤可能被重金属污染了。"齐小敏开始研究土壤配方，希望让土壤不仅能保证植物的健康成长，而且价格比较适中，这比到外边和"水泥地面抢土壤"强多了。

任务一　初步认识土壤

▉ 任务目标

了解植物生长所需的环境条件，掌握土壤对于植物生产的重要性。锻炼观察与调查与植物生产相关因子的能力。

▉ 任务准备

1. 实训基地　植物类型最好包括粮食作物、蔬菜作物、果树及园林植物等，实训基地内最好有温室大棚等设施。

2. 实训教室　土壤类型标本、土壤类型幻灯片。

3. 参考资料　通过书刊及互联网查阅相关资料，收集生产图片。

▉ 基础知识

1. 土壤　土壤是指地球陆地上（包括浅水域底）能够生长植物收获物的疏松表层。"陆地表层"指土壤的位置，"疏松"是其物理状态，具有通气、透水性，以区别坚硬、不透气、不透水的岩石，"生长植物收获物"是其本质，而光秃秃的岩石没有肥力，不能生长植物（图 1-1）。

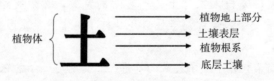

图 1-1 "土"的解读

土壤是矿物岩石的风化产物。自然界的矿物岩石经风化残留原地或搬运沉积后形成母质，母质经成土作用形成土壤（图 1-2）。影响土壤形成的自然因素有母质、气候、生物、地形、时间。由于各地成土条件不同，土壤发育时间的长短以及人类活动的影响也不同，形成的土壤也多种多样。根据土壤的形成过程可以把土壤分为自然土壤和农业土壤。自然土壤是在自然成土因素作用下形成的土壤，主要指尚未开垦种植的荒地；农业土壤是在自然成土因素和人为因素综合作用下形成的土壤，是指已被人类开垦种植的耕地。

土壤肥力是指土壤在植物生长发育过程中，能够同时不断地供应和协调植物需要的水分、养分、空气、热量等生活条件的能力。其中，水、肥、气、热被称为土壤四大肥力因素。土壤各肥力因素相互联系、相互制约，综合作用于植物（图 1-3）。

根据肥力产生的原因，可将其分为自然肥力和人为肥力。自然肥力是自然成土过程

图 1-2 土壤的发育过程

中形成的肥力。纯粹的自然肥力只有在原始林地和未开垦的荒地上才能见到。人为肥力是在人工耕作熟化过程中发展起来的肥力。农业土壤既具有自然肥力，又具有人为肥力。在农业生产上，土壤肥力因受环境条件、土壤耕作和施肥管理水平等的限制，只有一部分能在生产中起作用，这部分肥力称为有效肥力，又称经济肥力；另一部分没有直接反映出来的肥力称为潜在肥力。有效肥力和潜在肥力在土壤中相互联系、相互转化，采取适宜的土壤耕作管理措施，改善土壤的环境条件，可促进潜在肥力转化为有效肥力。

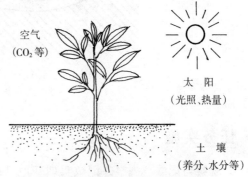

空气（CO_2 等）

太阳（光照、热量）

土壤（养分、水分等）

图 1-3 植物生活的环境条件

万物土中生
有土斯有粮
农谚

2. **土壤在农业生产中的作用** 农业生产包括植物生产和动物生产两大部分，但植物生产是最基本的生产。因为植物生产的特点是通过光合作用制造植物有机质。所生产的有机质一部分是供人类生活的食品和轻工业原料；一部分作为饲料发展动物生产，动物生产又给人类提供动物食品、动力和工业原料。动物生产的废弃物还可作肥料继续进行植物生产，促进农业的发展。故，农民常说"万物土中生"。

没有土壤，就没有大面积的植物生产。植物在土壤上扎根立足，从土壤中摄取水分、养分，并获取一定量的空气和热量等必需的生长条件。而且，人类为了获得高产优质的植物产品所采用的各种农业技术措施，也主要通过土壤发挥作用。因此，土壤是植物生产的基地，是农业生产最基本的生产资料，是人类生存之本。

土壤不仅是农业生产的基础，还是陆地生态系统的主要组成部分（图 1-4）。土壤与生态环境息息相关，对土壤的利用不但要根据国民经济和农业生产发展的要求，考虑土壤本身的性质特点，还应从环境科学角度出发，考虑自然界中生态系统的平衡问题，宜农则农，宜林则林，宜牧则牧，防止工业"三废"及农药和滥用化肥对土壤的污染，防止水土流失，防止由于土壤状况恶化而影响整个环境和生态系统的协调。

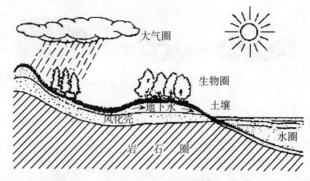

图 1-4　土壤在陆地生态系统中的位置

(李天杰，2004，土壤地理学)

任务实施

1. 观察与记载　观察并记载实训基地（或农户）栽培的主要植物类型、产量水平以及与植物生产相关的基础设施条件等情况。

2. 查阅资料　如果无现场条件，可以观察土壤标本，或通过相关网站等查阅资料。

3. 总结　总结植物生长所需的外界环境条件，体会人的作用对植物生长的影响。

知 识 窗

"藏粮于地、藏粮于技"战略

"五谷者，万民之命，国之重宝。"粮食生产是安天下、稳民心的战略产业。习近平指出："我国是个人口众多的大国，解决好吃饭问题始终是治国理政的头等大事。""十三五"规划建议提出："坚持最严格的耕地保护制度，坚守耕地红线，实施藏粮于地、藏粮于技战略，提高粮食产能，确保谷物基本自给、口粮绝对安全。"

我国长期以来习惯于"藏粮于仓、藏粮于民、以丰补歉"。耕地占补质量严重不平衡，耕地总体质量下降，致使粮食生产能力不足，只能扩大粮食播种面积，利用丰年的节余弥补歉年的不足。这就带来了高额的仓储费用，形成了财政的巨大负担，同时也影响了其他作物的发展和农民收入的增加，特别是不能保证我国的粮食安全，如果连续几年歉收，就给粮食的供应带来很大压力。而"藏粮于地"战略则适时调节了这种问题，在粮食供过于求时，采取轮作休耕一部分土地来减少粮食生产数量，粮食紧缺时又将这些土地迅速用于生产粮食，通过耕地的增加或减少来维持粮食供求的大体平衡。实行土地休耕，虽然不生产粮食，但粮食生产能力还在，并且土地休耕后还可提高地力，实际上就等于把粮食生产能力储存在土地中。

耕地有限，技术进步无限。我们不但要向土地要粮，还要向科技要粮。在耕地稳定的情况下，要满足我国人民日益增长的粮食需要，保证粮食产量持续稳定增长，必须靠不断创新的粮食增产技术来保障。"藏粮于技"是粮食生产的必然选择。要走依靠科技进步、提高单产的内涵式发展道路。通过研究开发粮食科技，用科技手段维持粮食供求平衡，坚持应用一代、储备一代、开发一代，根据粮食市场的平衡状态，适时地采用相应的技术，始终保持科学技术的接续能力。实现土壤健康、种植科学，是粮食增收的必由之路。要通过涵养土壤，推广优良品种，采取标准化高产高效绿色技术模式，提高粮食生产效率和水平。

观察与思考

土地是地球表面由土壤、岩石、气候、水文、地貌、植被等组成的自然综合体，它包括人类过去和现在的活动结果。它与土壤的含义有何不同？

复习测试题

1. 土壤是怎样形成的？说一说自己了解的土壤类型。
2. 陆地上浅水域底的表层也是土壤。（对/错）
3. 有人说"高产土壤一定肥沃，肥沃土壤不一定高产"。（对/错）
4. 土壤肥力要素，指的是土壤_____状况。

任务二 初步认识肥料

任务目标

认识肥料的形态，了解常用肥料的类型，掌握肥料对于植物生产的重要性。能够意识到肥料是重要的农业生产资料。

任务准备

1. 实训教室 准备肥料标本，包括颗粒、粉末、液体等肥料类型，应有尿素、过磷酸钙、氯化钾、硫酸亚铁、复混肥、鸡粪、豆饼、微生物肥料等种类。

2. 肥料经营店 就近选择较好的肥料经营店（或学校的农资营销模拟商店）。

3. 参考资料 通过书刊及互联网收集生产图片，查阅有关肥料的资料。

基础知识

1. 肥料的含义及类型 能为植物直接或间接供给养分的物料，称为肥料。肥料通常施于土壤，也可以施用于植物地上部分（如叶面喷施）。施肥能够改良土壤性状，提高土壤肥力，增加植物产量，改善产品品质，是农业生产的重要物质基础之一。肥料的种类很多，根据成分和性质的不同，可将肥料分为三大类。

（1）有机肥。有机肥料指含有较多有机质的肥料，如各种粪尿肥、堆沤肥、饼肥和绿肥等。这类肥料含有丰富的有机物质和植物生长需要的各种营养元素，是一种全营养肥料。有机肥料不仅能供给植物多种养分，还具有改良土壤、增强土壤有益微生物活性等作用。

（2）无机肥。无机肥料又称化学肥料，是指经过化学工艺制成或用矿石加工而成的肥料，如尿素、过磷酸钙、氯化钾等。它们直接供给植物某一种或几种养分，改善植物营养，提高植物产量。化学肥料具有养分含量高、肥效快、体积小且运输方便等特点。

（3）生物肥料。生物肥料又称菌肥，是由一种或数种有益微生物、培养基质和添加物配制而成的肥料，如固氮菌、根瘤菌和抗生菌肥等。

2. 肥料的作用　肥料是植物增产的重要物质基础，是植物的粮食。植物在生长发育过程中所需要的各种养分主要由土壤和施肥来供应。土壤是为植物提供养分的主要途径，也是根本的养分库；施用肥料是满足植物生长需求、补充土壤养分不足的具体措施。施用有机肥可以保持地力不衰，但仅靠农业内部的物质循环难以迅速、大幅度地提高植物产量，满足日益增加的人口对农产品的需要；化肥的施用为植物提供了新的养分来源，生产出了更多的植物产品。

科学施肥不仅能够增加植物的产量，而且能够改善农产品的品质，提高农产品的贮藏效果及商品价值，并能改良与培肥土壤，增加经济收益，保护环境。有些肥料还具有防治病虫害及作为辅助饲料的作用。

▦ 任务实施

1. 观察与记载　观察并记载肥料标本或农资营销店肥料的基本情况，初步感性认识肥料。结果记录于表1-1。

2. 查阅资料　如果无现场条件，可以看有关介绍肥料的图片、幻灯片或影像资料，或者通过网站等查阅资料。

表1-1　肥料的感性认识记录

代号	肥料类型	肥料名称	养分种类、含量	肥料形态	颜色、气味	适应植物
1 2 3 ⋮						

▦ 知 识 窗

土壤肥料工作当前面临的主要任务

我国以世界7%的耕地，养活了世界上20%的人口，农业生产取得了举世瞩目的成就。在土壤肥料方面的科研和推广应用工作也取得了巨大成果，如土壤的培肥改良，土壤污染与沙漠治理，新型肥料的研制，测土配方施肥技术的推广应用，无公害农产品肥料使用标准研究，等等。

1. 实行最为严格的耕地保护政策，确保我国粮食安全　我国人口不断增加，耕地不断减少，面积仅约为 12 786.19 万 hm^2（2021 年统计），人均耕地面积已减少到 0.093 hm^2，2016—2020 年我国粮食产量增长缓慢（图1-5）。要保证我国的粮食安全，就必须实行最为严格的耕地保护政策。对于城镇村庄建设、道路交通建设和工矿企业用地等非农占地要依法严格审批；要采取科学有效的措施最大限度地防范和降低土壤侵蚀、土壤盐碱化、土壤污染等土壤退化造成的危害，不能触碰18亿亩耕地"红线"，保持生态平衡。

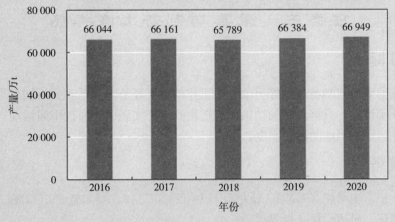

图1-5 2016—2020年粮食产量

2. 开展耕地质量监测保护工作 耕地质量为耕地物质生产力大小与耕地环境好坏两方面的总和。其内容包括耕地适宜性的大小、生物生产力的大小、耕地利用后经济效益的大小和耕地环境是否被污染四个方面。我国耕地质量总体偏低，加强耕地质量的管理对于提高耕地产能、保障粮食安全意义重大。

我国已经建立耕地质量动态检测和预警系统，逐步建立起耕地质量建设的长效机制。现正逐步扩大监测点规模，稳妥调整检测和调查内容，检测结果直接服务于农业生产。

3. 实施"沃土工程"，搞好中低产田的改造 在我国，瘠薄地、盐碱地、水土流失区、风沙土田等中低产田占全国耕地面积的2/3，因此在中低产田区需要大力实施"沃土工程"，实行用地和养地相结合，改良和利用相结合，生物措施和工程措施相结合，有机肥和无机肥相结合，当前利益和长远利益相结合，开展长期土壤肥力监测与预警，提高我国耕地综合生产能力，为农业的可持续发展打好基础。

4. 搞好测土配方施肥工作 测土配方施肥即平衡施肥，是以提高植物产量和改善农产品品质、减少肥料浪费、防止环境污染为目的的科学施肥技术，这是一个完整的技术体系，是系统工程。要做好分析测试方法的研究工作，为土壤化验、植物分析、肥料检验等提供便利条件。大力研制和推广实用的新型化肥，改进施肥技术，提高化肥利用率。随着施肥技术及水平的提高，对有机肥料施用及安全性的研究应该给予足够的重视。

观察与思考

"以肥肥土，以土肥苗"这句话对吗？深刻理解其内涵。

复习测试题

1. 肥料作用于植物的_____、_____等部位。
2. 我们通常把肥料分为_____、_____、_____三大类型。

任务三　采集与制备土壤样品

任务目标

土壤样品的采集与制备是做好土壤分析工作的首要环节，关系到分析结果是否具有应用价值、是否准确可靠，只有正确的结果才能运用到生产实践中。通过田间活动，观察植物生长的环境条件，了解当地的种植制度。

任务准备

土钻、土铲、土壤袋（布袋）、土壤筛（18目、60目）、圆木棍、广口瓶、钢卷尺、标签、铅笔、镊子、研钵、样品盘等。

基础知识

1. 合理布点　为保证样品的代表性，采样前可根据地块面积大小、按照一定的路线确定采样点。为保证采样点随机、均匀，避免特殊取样，一般以5～20个点为宜。采样的方向应该与土壤肥力的变化方向一致，采样线路一般分为对角线采样法、棋盘式采样法和蛇形采样法3种（图1-6）。一般面积较大、地形起伏不平、土壤肥力不均的地块采用蛇形采样法；面积中等、地形较整齐、土壤肥力有些差异的地块采用棋盘式采样法；面积较小、地形平坦、肥力均匀的地块采用对角线采样法。

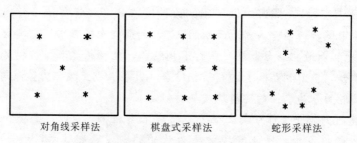

| 对角线采样法 | 棋盘式采样法 | 蛇形采样法 |

图1-6　土壤采样点的布置

2. 采样深度　农化分析一般采集耕作层0～20cm的土样。果园、苗圃等地块也可以分层单独采集，如0～20cm或20～40cm的土样。

3. 采样时间　根据化验目的决定采样时间。供缺素诊断的样品，要在病株的根部附近采集土样，单独测定，并和正常的土壤对比。为了摸清养分变化和作物生长规律，可按作物生育期定期取样；为了制订施肥计划而测土，必须在收获后或施基肥前、播前进行采样。如果调查随时出现的问题，可随时采样。

4. 采土工具　用土钻或小铲进行采土。用土钻采土时，土钻垂直入土20cm处；用小铲采土时,要先挖成一铲宽、20cm深、一面为垂直面的小土坑,从垂直面铲取1cm厚的土壤即可。

5. 样品数量 可反复用四分法去掉过多的土壤样品,以每一个样品最后减少至0.5～1.0kg为宜(图1-7)。

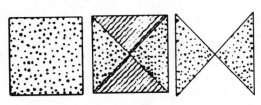

图1-7 四分法去掉多余土壤

6. 处理土壤样品的特殊要求

(1) 有些土壤成分需用新鲜土样(如含二价铁、硝态氮、铵态氮等),不能风干。

(2) 在过筛时,可借助研钵进行磨细。

(3) 如果要测定微量元素,在采样和处理过程中不能接触金属器具。

任务实施

1. 田间采集土样 把各点土样放在塑料布上,捏碎土块,去掉石块、根、叶、虫体等杂质,混合搅匀土样(可直接用于养分速测),反复用四分法去掉多余土样,直到剩下0.5～1.0kg为止,装入土壤袋,袋内外各配一标签,将土样带回实验室处理。标签用铅笔写明采集时间、采集地点、采样人、土壤编号、土壤名称、采集深度等,并将野外工作内容做详细记录备查。

2. 风干土样 将样品平铺在木板或纸上,摊成薄层,放在室内阴凉通风处,经常翻动,加速风干。

3. 土样处理 进行物理分析时,取风干样品100～200g,放在木板上用圆木棍压碎,然后通过18目筛(1mm),留在筛上的土块仍倒在木板上,重新压碎,如此反复进行,至土壤全部过筛,混匀,装入广口瓶中备用。留在筛上的碎石要保存好,以备计算砾石含量用。

进行化学分析时,取风干土样100～200g,用圆木棍将土样压碎,使其全部通过18目筛,此种土样可用于测定速效养分、pH等。如果用于分析氮素、有机质等,应进一步磨碎,使其全部通过60目筛,混匀,装入广口瓶中备用。

广口瓶上要贴上标签,写明土壤样品编号、采集地点、土壤名称、采样人、采集时间、采集深度、筛孔号等内容。

复习测试题

1. 土壤样品的代表性是什么意思?如何才能做到土壤样品具有代表性?

2. 如果需要60目筛的细土,能否把18目筛的土筛出一部分过60目筛,余下的仍放回瓶内?

02 | 项目二
探究土壤的物质组成

 **项目目标**

【知识目标】掌握土壤物质组成的基本知识，理解土壤矿物质、土壤有机质、土壤微生物、土壤水分、土壤空气与土壤肥力和植物生长发育的关系。

【能力目标】能够较准确地判断土壤质地，根据当地不同质地土壤的实际状况，制订出科学合理的改良措施；能初步确定增加土壤有机质的途径；能够进行田间灌溉的操作。

【素养目标】建立跨学科研究思维，养成独立思考、探究原理、求真务实的科学精神。

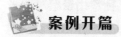 **案例开篇**

种啥都长不好，是土壤出了问题

土壤质地对蔬菜的生长有很大影响，同时也影响施肥配方和日常管理。有的农户发现，在同一块地上，无论种什么作物，用多少肥料，作物就是长不好，也没少费工夫，最后总结出了原因，是土壤出了问题。

今年某农技员来到一个大蒜种植区，那时候正是大蒜丰收的时期，田间随处能看到一袋袋装好的大蒜，等着被车拉走。但是有一块地很特殊，只见农户站在地头叹息，没有收大蒜的心思。农户说："以前我认为是大蒜重茬比较严重，毕竟种了十多年了，死苗死棵不意外。后来才知道是土壤的原因，才会成片枯死。我们种大蒜肯定是奔着高产来的，都是用大水大肥，投入得可不少。你看这土地都是发白的，上面全是肥料，都很长时间了，也没有渗入土壤中，白白地浪费了。"这是土壤盐渍化导致的，大水浇灌之后，大蒜毛细根死亡，不能吸收养分，叶片就会逐渐枯死。这种情况不仅发生在大田中，大棚种植时也常有发生。比如，有些大棚里每次浇水之后土壤上面就出现很多青苔。还有比较严重的情况，像这块蒜地一样，地面起白霜。农技员解释，土壤盐分高主要是农户施肥后留下的隐患。施入大量化肥，磷、钾含量过量，农作物吸收不完，土壤的消化能力又有限，多种离子相结合形成了盐分，造成土壤板结。

增施有机肥后土壤中微生物菌的数量有所增加，能释放一些盐类物质，减少化肥用量。有些地方用鸡粪也会出现土壤盐分高的情况，这主要是因为用了没有腐熟的鸡粪。所以，一定要使用充分腐熟的有机肥，也可以直接用微生物菌肥来调理土壤，大棚中可以结合闷棚、浇水来缓解土壤盐渍化的危害。

任务一 土壤矿物质及改良土壤质地

任务目标

了解土壤矿物质的组成，掌握不同质地土壤的生产特征。学会不同土壤质地的判别方法，能够进行土壤质地的改良。

任务准备

1. 实训教室 岩石矿物标本（石英、正长石、钠长石、黑云母、角闪石、磷灰石、高岭石、蒙脱石、伊利石等）、不同质地土壤样品（沙土、壤土、黏土）。

2. 实训基地 不同质地的地块、一定数量的黏土或沙土、当地主要的有机肥（如猪粪等）。

基础知识

土壤是由固相、液相、气相（常称"三相"）组成的疏松多孔体。固相、液相、气相之间的容积比例称"三相比"，因土壤性质和环境的条件而异（图 2-1）。组成土壤的三相物质中，固相物质——土粒含有土壤矿物质、有机质及土壤生物。固相的体积约占土壤总体积的一半，其中矿物质是主体，可占固相体积的 90% 以上，它好似土壤的"骨架"。有机质则好似"肌肉"，包被在矿物质的表面，约占土壤固相体积的 10%，但对土壤性状和肥力影响极大。土壤液相是极其稀薄的溶液，其主要成分是水分，存在并运动于土壤孔隙之中，好似"血液"一样，是三相物质中最活跃的部分。土壤气相部分是土壤空气，它充满那些未被水分占据的孔隙。土壤水分和空气的体积约占土壤总体积的一半，两者是相互消长的，即水

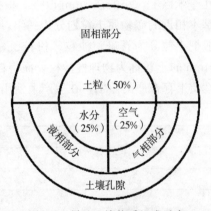

图 2-1 旱地土壤物质组成示意

多气少、水少气多。水、气之间的比例主要受水分变化的制约。土壤中三相物质的比例是土壤各种性质产生和变化的基础。调节土壤三相物质的比例是改善土壤不良性状的重要手段，也是调节土壤肥力的依据。

1. 土壤矿物组成 土壤矿物质是指土壤中所有无机物质的总和，以硅铝酸盐类物质为主。土壤中的矿物按来源分为原生矿物和次生矿物两大类。原生矿物是指在风化过程中没有改变化学组成和结晶结构而遗留在土壤中的原始成岩矿物，是由熔融的岩浆直接冷凝而形成的矿物。次生矿物是原生矿物在土壤形成过程中经分解破坏后再次形成的矿物（表 2-1）。

表 2-1　土壤中常见的矿物

矿物名称		化学组成	风化特点	分解产物
原生矿物	石英	SiO_2	最不易风化	沙粒的主要来源
	正长石 钠长石	$KAlSi_3O_8$ $nNaAlSi_3O_8$	较易风化	形成黏粒矿物，是黏粒和钾素的来源
	黑云母 白云母	$K(Mg/Fe)_3[AlSi_3O_{10}](OH/F)_2$ $KAl_3Si_3O_{10}(OH)_2$	黑云母易风化，白云母抗风化能力强	土壤黏粒和钾素的来源
	角闪石 辉石	$Ca_2Na(Mg/Fe)_4(Al/Fe)[(Si/Al)_8O_{22}(OH)_2]$ $Ca(Mg/Fe/Al)[(Si/Al)_2O_6]$	易风化，土壤中较少	土壤黏粒和其他无机养分的来源
	磷灰石	$Ca_5(PO_4)_3(F/Cl)$	风化缓慢	土壤磷素的来源
次生矿物	高岭石 蒙脱石 水云母	$(OH)_8Al_4Si_4O_{10}$ $(OH)_4Al_4Si_8O_{20}$ $K_y(Al_{2y}Si_{8-2y})Al_4O_{20}(OH)_4$	由长石、云母等风化形成	颗粒细小，土壤黏粒的主要来源
	铁、铝、硅氧化物	$SiO_2/Fe_2O_3/Al_2O_3$ $(SiO_2/Fe_2O_3/Al_2O_3)\cdot nH_2O$	由硅铝酸盐类矿物进一步风化而成	
	简单盐类	SO_4^{2-}、CO_3^{2-}、Cl^-	矿物彻底风化而成	可溶性养分的来源

2. 矿物质土粒　土壤是由各种不同的矿物质土粒组成的，它们大小差异很大，大的在几毫米以上，小的在 1mm 以下。根据其粒径的大小和性质上的差异，将大小、成分及性质基本相近的矿物质土粒划分为一组，这就是矿物质土粒的分级，每组就是一个粒级。我们一般把土粒分为石砾、沙粒、粉粒、黏粒 4 个基本粒级（表 2-2）。生产中将粒径为 0.01～1mm 的土粒称为物理性沙粒，而将粒径小于 0.01mm 的土粒称为物理性黏粒。两类土粒在性质上存在质的差别，在生产上使用较为方便。

表 2-2　卡庆斯基土粒分级标准

粒　级　名　称			颗粒直径/mm
石　块			＞3
石　砾			1～3
物理性沙粒	沙　粒	粗　沙　粒	1～0.5
		中　沙　粒	0.25～0.5
		细　沙　粒	0.05～0.25
物理性黏粒	粉　粒	粗　粉　粒	0.01～0.05
		中　粉　粒	0.005～0.01
		细　粉　粒	0.001～0.005
	黏　粒	粗　黏　粒	0.0005～0.001
		细　黏　粒	0.0001～0.0005
		胶　粒	＜0.0001

土粒的大小不同，其矿物组成、化学成分与性质也不一样。一般土粒愈粗，石英含量愈多，其化学成分主要是二氧化硅。土粒愈细，则石英、长石含量逐渐减少，云母、角闪石增多，高岭石、蒙脱石、水云母类矿物和铁、铝、钙、镁、磷和钾的氧化物明显增加。通常将高岭石、蒙脱石、水云母类矿物和铁、铝、硅的氧化物及其水化物称为黏土矿物。矿物组成

又影响了土壤的化学成分，土粒越细，所含养分也越多。

3. 土壤质地 在自然界，没有一种土壤是由单一粒级的土粒所组成，都是由不同粒级的土粒按照不同比例组合而成。土壤中各粒级土粒所占的比例及其所表现出的物理性质称为土壤质地，即土壤的沙黏程度（表2-3）。土壤质地是土壤重要的物理性质，是决定土壤蓄水、透水、保肥、供肥、导热和耕作等性能的重要因素。不同质地的土壤农业生产特性有很大的差异（表2-4）。

表 2-3 卡庆斯基土壤质地分类制

质地分类		物理性黏粒（<0.01mm）含量/%			物理性沙粒（>0.01mm）含量/%		
类别	质地名称	灰化土类	草原土及红黄壤类	碱化及强碱化土类	灰化土类	草原土及红黄壤类	碱化及强碱化土类
沙土	松沙土	0～5	0～5	0～5	100～95	100～95	100～95
	紧沙土	5～10	5～10	5～10	95～90	95～90	95～90
壤土	沙壤土	10～20	10～20	10～15	90～80	90～80	90～85
	轻壤土	20～30	20～30	15～20	80～70	80～70	85～80
	中壤土	30～40	30～45	20～30	70～60	70～55	80～70
	重壤土	40～50	45～60	30～40	60～50	55～40	70～60
黏土	轻黏土	50～65	60～75	40～50	50～35	40～25	60～50
	中黏土	65～80	75～85	50～65	35～20	25～15	50～35
	重黏土	>80	>85	>65	<20	<15	<35

表 2-4 沙土、壤土和黏土的生产特性

土壤质地	生产特性			
	肥力状况	耕作性能	植物反应	生产管理
沙土	通气透水性能好，保蓄水分性能差；养分含量低，保肥力弱，施肥见效快（应少量多次）；温度变幅大，称为"热性土"；有毒物质积累少	耕作性能好	发小苗不发老苗	及时灌溉，多施用有机肥
黏土	通气透水性能差，保蓄水分性能好；养分含量高，保肥力强，肥效时间长（可量少次）；温度变幅小，称为"冷性土"；有毒物质易积累	耕作性能差	发老苗不发小苗	加强田间管理，避免贪青晚熟
壤土	兼有沙土类和黏土类的优点（"二合土"），水、肥、气、热状况协调，"壮子送老"，是农业生产上比较理想的土壤质地			

任务实施

1. 观察与记载 观察并记载岩石矿物标本的基本特性（如颜色、光泽、透明度、硬度、密度等，可通过咨询老师或通过网络了解），了解土壤矿物质及植物养分的来源。

2. 测定质地 练习判别所展示的土壤样品的质地类型，用手测法确定实训基地地块的土壤质地（表2-5）。

表 2-5 土壤质地手测法判别标准

土壤质地	肉眼观察形态	在手中研磨干土的感觉	土壤干燥时的状态	湿时搓成土球（直径1cm）	湿时搓成土条（粗2mm）
沙土	几乎全是沙粒	感觉全是沙粒，搓时沙沙作响	松散的单粒	不能或勉强成球，一触即碎	搓不成条

（续）

土壤质地	肉眼观察形态	在手中研磨干土的感觉	土壤干燥时的状态	湿时搓成土球（直径1cm）	湿时搓成土条（粗2mm）
沙壤土	以沙为主，有少量细土粒	沙多，稍有土的感觉，搓时有沙沙声	土块用手轻压或抛在铁锹上很易散碎	可成球，轻压即碎	勉强搓成不完整的短条
轻壤土	沙多，细土占两三成	土感较强，搓时有粗糙感	压碎土块，相当于压断一根火柴棒的力	可成球，压时边缘裂缝多、大	可成条，轻轻提起即断
中壤土	还能见到沙粒	感觉沙黏相当，有面粉状细腻感	土块较难用手压碎	可成球，压扁时边缘有裂缝	可成条，弯成2cm直径圆圈时易断
重壤土	见不到沙粒	感觉不到沙粒	干土块难用手压碎	可成球，压扁时边缘仍有小裂缝	可成条和弯成圆圈，压扁有裂缝
黏土	看不到沙粒	完全是细腻粉末状感觉	干土块手压不碎，锤击也不成粉末	可成球，压扁后边缘无裂缝	可成条和弯成圆圈，压扁无裂缝

3. 观察地块作物布局是否合理，并提出合理建议 分组调查附近农村作物的栽培情况，主要的技术路径有：对于沙土类土壤，要充分利用其土质松、土温高、出苗好、易耕作的优点，同时考虑其比较贫瘠的缺点，种植生长期短的块根、块茎作物及比较耐旱、耐贫瘠的作物，如花生、豆类、芝麻、薯类、棉花、烟草、某些蔬菜以及园林绿化植物等。对于黏土类土壤，主要考虑其后期养分供应多，可安排种植生长期长或需高水肥的作物，如水稻、小麦、玉米、高粱、油菜、桑树、竹类等。在壤土上适合种植的范围比较广。一般果树要求排水良好的沙壤土到轻壤土，如葡萄、桃、柑橘等。而苹果、梨、枇杷对通气条件的要求稍低一些，适合在壤土到黏土范围内生长。

胶泥掺沙土，一亩顶两亩；

红土掺黑泥，增产莫怀疑。

生土压熟土，三年压出大财主。

农谚

4. 改良土壤质地 根据质地判别结果，对过黏、过沙、夹沙、夹黏的土壤进行改良，具体的改良途径和措施，要因地制宜、就地取材、循序渐进地进行。具体过程可以按小组进行，选择较易操作的客土法或增施有机肥法来进行。

技术要求：

（1）一般情况下沙土掺黏的比例范围较宽，而黏土掺沙要求沙的掺入量比需要改良的黏土量大，达到三泥七沙或四泥六沙的壤土范围。

（2）有机肥用量一般按 $30\sim60 m^3/hm^2$，具体用量还应参照栽培的植物类型。

 知 识 窗

土壤质地改良的常用措施

1. 黏土掺沙，沙土加泥，客土调剂 若沙土附近有黏土、胶泥土、河泥等，可采用搬黏掺沙的办法；黏土附近有沙土、河沙等可采用搬沙掺淤的办法。

　　2. 翻淤压沙，翻沙压淤　如果沙土层下面有黏土层，或黏土层下面有沙土层，可以采用深翻措施，将上下层的沙土与黏土充分混合，可以起到改良土壤质地的作用。

　　3. 引洪漫淤，引洪漫沙　对于沿河沿江的沙质土壤，采用引洪漫淤的方法；黏质土壤，采用引洪漫沙的方法。将洪水有控制地引入农田，利用洪水中所携带的泥沙，既可以增厚土层，又可以改良土质。

　　4. 增施有机肥，改良土壤性状　由于有机质的黏结力比沙粒强、比黏粒弱，施用有机肥后，可以促进沙粒的团聚，降低黏粒的黏结，这样既能改良沙土，又能改良黏土，并且能改善土壤结构和耕性。

　　5. 种草种树，培肥改土　在过沙、过黏的土壤上，种植耐贫瘠的草本植物，特别是豆科绿肥植物，将其翻入土中可以增加土壤的有机质和养分含量，同时由于绿肥扎根深、根系发达，能促进团粒结构的形成，从而改良土壤质地。

■ 观察与思考

有人认为石砾（石块）不能算是土壤中的真正土粒，你怎样看待其在土壤中的存在？

■ 复习测试题

1. 土壤的"三相"物质指_____、_____、_____。
2. 土壤的土粒一般分为_____、_____、_____、_____几个级别。
3. 沙土地保肥性差，为提高肥效，施肥应该减少次数，加大用量。（对/错）
4. 壤质土的生产特征是什么？

任务二　土壤有机质及调控土壤有机质平衡

■ 任务目标

　　了解土壤生物的作用和土壤有机质的来源及组成，理解土壤有机质的转化过程及土壤有机质的作用。学会测定土壤有机质含量的方法，掌握土壤有机质的调节方法。

■ 任务准备

　　1. 实训教室　普通土壤、有机土壤（泥炭土）样品，土壤小动物、微生物图片。
　　2. 实验室　测定土壤有机质含量的相关物品。
　　3. 实训基地　农场菜园或果园地块，准备一定数量的有机肥（猪粪或鸡粪等）。

■ 基础知识

　　1. 土壤生物　土壤中的生物有动物、植物和微生物三大类。土壤中的小动物有蚯蚓、蚂蚁、各种蠕虫和昆虫的幼虫以及鼠类。它们大多数以植物残体为食物。土壤中的植物主要是高等植物根系的残存物及枯枝落叶等。

　　土壤中生命活动最旺盛的是土壤微生物。土壤微生物种类很多，个体非常小，要在显微镜下才能看见。土壤微生物数量很大，1g土壤中就有几千万到几十亿个。土壤越肥沃，微生物的数量越多。土壤耕作层比下层微生物多，耕作层中以根系附近最多。

（1）土壤微生物的类型。土壤微生物形态各异（图2-2）、种类繁多（表2-6）。

（2）土壤微生物的作用。土壤微生物可对土壤中许多矿物质和有机质进行转化，丰富植物营养，提高土壤肥力。

①固定大气中的游离氮素。岩

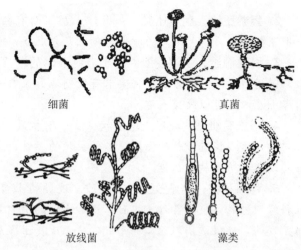

图2-2　土壤微生物的形态类型

石、矿物风化的产物中缺乏氮素，是最低等的自养微生物的进入产生了质的变化，使岩石、矿物的风化物形成土壤成为可能。

②合成和分解土壤有机质。土壤有机质的合成和分解是土壤形成的实质，而有机质的合成和分解都必须有微生物的参与。高等植物吸收养分的能力强，能合成更多的有机质，植物残体可再次被微生物分解。这种周而复始的作用，使土壤肥力不断发展。

表2-6　土壤微生物的类型

分类依据	类型及主要特点
形态特征	细菌：种类最多、数量最大、分布最广，单细胞，有球状、弧状、杆状和螺旋状等，如纤维分解细菌、氨化细菌、硝化细菌、根瘤菌和自生固氮菌等 放线菌：放射型的微生物，单细胞延伸成为菌丝体，如链霉菌、诺卡氏菌等 真菌：多数是多细胞的微生物，类型较多，有酵母菌、霉菌和蕈类，主要是霉菌类 土壤藻类：主要有蓝藻、绿藻和硅藻。绝大多数藻类具有叶绿素，可进行光合作用，有些能固定氮素，称为固氮蓝藻 原生动物：有鞭毛虫、变形虫和纤毛虫等。有些原生动物能感染人和动物，引起严重疾病
呼吸方式	好氧性微生物：在有氧气的条件下生活，能使有机质分解彻底，释放出养分，如固氮菌、根瘤菌、纤维分解细菌、尿素细菌和分解碳氢化合物的细菌等 嫌氧性微生物：在没有氧气的条件下生活，分解有机质缓慢且不彻底，其主要作用是合成腐殖质，如厌氧纤维分解细菌、蛋白质分解细菌、硝酸盐还原细菌、硫酸盐还原细菌等 兼性微生物：在氧气充足或者缺氧的条件下均能生活，如氨化细菌、酵母菌等
代谢活动	自养型微生物：利用化学能或光能合成糖类作为自身的营养物质，如亚硝酸细菌等 异养型微生物：依靠分解土壤中的有机物质获得能量和养分，土壤中的细菌绝大多数是异养型的

土壤酶是土壤微生物分泌的特殊蛋白质。在土壤中已经发现几十种酶，如淀粉酶、纤维素酶、蛋白质酶、脱氢酶、磷酸酶及尿酶等。土壤酶参与土壤中各种生物化学过程。

③提高土壤温度。土壤微生物在分解有机质的过程中释放出的热量，对提高土温、促进土壤中其他生命活动和物质的转化有一定作用。

④对化学毒素物质的分解作用。土壤微生物具有降解有毒化合物的作用。如土壤中的细

菌具有氧化苯酚、甲基酚、碳氢化合物的能力，也能分解一些除草剂和杀虫剂，所以土壤在一定程度上具有自净能力。

2. 土壤有机质 土壤有机质是土壤中所有含碳有机化合物的总称，包括土壤中各种动植物残体、微生物体及微生物分解和合成的有机化合物。土壤有机质的含量不高，但在土壤肥力中却起着极为重要的作用，其含量多少是判断土壤肥力的重要指标。

（1）土壤有机质的来源。土壤中的有机质主要来源于植物的残落物和根系，生活在土壤中的大量微生物和少量动物残体，施入土壤的有机肥料等。

土壤有机质含量差别很大，有机质含量＞200g/kg 的土壤通常称为有机土壤；＜200g/kg 的土壤称为矿质土壤。土壤有机质含量一般＜50g/kg。表层比下层高，水田比旱地高。东北黑土地区含量较高，可达 80～100g/kg，华北地区土壤有机质含量在 10g/kg 左右，西北地区土壤大多＜10g/kg，华中、华南一带水田有机质含量在 15～35g/kg。

（2）土壤有机质的组成。包括进入土壤的动植物残体及人和动物的排泄物（图 2-3），主要是纤维素、半纤维素、淀粉、单糖类、木质素、脂肪、蛋白质和含氮化合物，此外还有树脂和蜡质等。这些有机物质在土壤微生物的作用下发生一系列化学和生物变化，导致组成土壤有机质的化合物极其复杂，归纳起来可以分为非腐殖物质和腐殖质两大类。

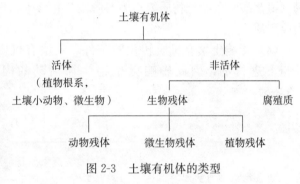

图 2-3 土壤有机体的类型

①非腐殖物质。主要是有机残体以及经微生物分解后的不同阶段的产物。如糖类、有机酸类、纤维素类、脂肪、蛋白质、氨基酸等，占土壤有机质总量的 10％～15％。

②腐殖质。经微生物分解再合成的含氮高分子有机化合物，主要是腐殖酸类物质，与矿物质土粒紧密结合在一起。土壤腐殖质是土壤有机质的主体，包括胡敏酸（又称褐腐酸）和富里酸（又称黄腐酸），占土壤有机质总量的 85％～90％。

（3）土壤有机质的转化。土壤有机质的转化影响着土壤有机质的积累与分解，决定着土壤有机质的平衡（图 2-4），是有机质在土壤微生物的作用下所发生的分解和合成作用，可分为土壤有机质的矿质化过程和腐殖化过程。

①土壤有机质的矿质化过程。指有机质在土壤微生物作用下分解成简单的无机化合物并释放出热能的过程。有机物质的成分不同，被分解的

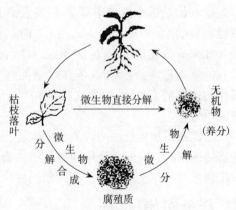

图 2-4 土壤有机质的积累与分解

难易也不同。如糖、淀粉和蛋白质，能被大多数微生物很快分解；纤维素、半纤维素和脂肪类分解较慢；木质素和蜡质、单宁则更难分解。

$$有机质 \xrightarrow{微生物} 二氧化碳 + 水 + 无机物（养分）+ 能量$$

土壤有机质的矿质化，可为植物和微生物提供速效养分，为微生物活动提供能源，产生的二氧化碳进入大气继续参与光合作用的循环，还能为土壤有机质的腐殖化过程准备基本原料物质。土壤以好氧性微生物活动为主时，有机物质迅速矿化生成较多的二氧化碳、水及其他养分物质，分解速度快而彻底，并放出大量热能；土壤以嫌氧性微生物活动为主时，有机物质的分解速度缓慢、不彻底，释放热能少，其分解产物除植物养分外，还容易积累有机酸及甲烷、硫化氢、氢气等还原性物质，对植物生长不利。

②土壤有机质的腐殖化过程。指土壤有机质在土壤微生物的作用下转化为腐殖质的过程。一般经过两个阶段：第一阶段是土壤微生物将动植物残体经初步分解后转化为比较简单的有机化合物，提供了形成腐殖质的组成材料，如芳香族化合物（多元酚）、含氮有机化合物（氨基酸）和糖类物质等；第二阶段是在微生物作用下，将第一阶段形成的组成材料缩合为腐殖质。

（4）影响土壤有机质转化的条件。土壤有机质的矿质化和腐殖化过程都是在微生物参与下进行的，因此影响微生物生命活动的因素都是影响土壤有机质转化的因素（图2-5）。

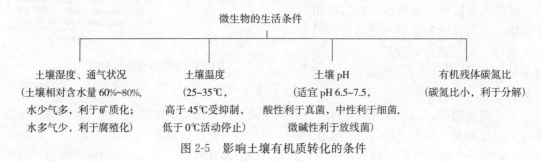

图 2-5 影响土壤有机质转化的条件

碳氮比是指有机物中碳素和氮素总量之比。微生物利用一份氮，大约消耗25份碳，有机物质的C/N为（25～30）：1时，比较有利于微生物的生命活动，有机物质分解较快。如果有机物质的C/N大于30：1，分解速度极其缓慢，而且由于微生物要从土壤中吸收氮素而造成与植物争夺有效氮的现象，致使作物因缺乏氮素营养而减产。例如，豆科作物残体的C/N平均为（20～30）：1，容易被分解，释放出较多的氮素，增加土壤氮素的供应量。

因此在作物生长期间，不宜把碳氮比大的有机残体直接施入土壤，必须堆沤后再施。秸秆直接还田时，应配合施用速效氮肥或粪肥，以降低碳氮比，加快秸秆的腐熟，防止微生物与作物暂时争夺土壤速效氮素现象的发生。

▦ 任务实施

1. 观察与记载 观察并记载普通矿质土壤样品与有机土壤样品的外观特征（如颜色、土粒结构、质地、紧实度、植物根系等），通过小组讨论体会土壤有机质对土壤发育及土壤肥力的影响。

2. 查阅资料 观察土壤小动物及微生物的图片，通过网站观看相关视频资料。

3. 测定土壤有机质含量 土壤有机质是土壤的组分，是植物养分的重要来源，对改善土壤理化、生物性质起重要作用。测定土壤有机质含量是判断土壤肥力高低、培肥土壤的重要依据。

（1）测定原理。在加热条件下，用过量的重铬酸钾-硫酸溶液氧化土壤有机碳，多余的重铬酸钾用硫酸亚铁铵标准溶液滴定，以样品和空白消耗重铬酸钾的差值计算出有机碳量。因本方法只能氧化 90% 的有机碳，因此，将测得的有机碳乘以校正系数 1.1，再乘以常数 1.724（按土壤有机质平均含碳 58% 计算），即为土壤有机质含量。本方法适用含量 <150g/kg 的土壤有机质的测定。其反应式如下：

$$2K_2Cr_2O_7 + 8H_2SO_4 + 3C \longrightarrow 2K_2SO_4 + 2Cr_2(SO_4)_3 + 3CO_2 + 8H_2O$$

$$K_2Cr_2O_7 + 7H_2SO_4 + 6Fe(NH_4)_2(SO_4)_2 \longrightarrow$$
$$K_2SO_4 + Cr_2(SO_4)_3 + 3Fe_2(SO_4)_3 + 6(NH_4)_2SO_4 + 7H_2O$$

（2）测定用具。油浴锅（高 20～26cm，内装工业用固体石蜡）、硬质试管（直径 18～25mm，长 200mm）、铁丝笼（与油浴锅配套，内有若干小格，每格可插入 1 支试管）、滴定管（10.00mL、25.00mL）、温度计（300℃）、电炉（1 000W）等。

（3）配制试剂。

①重铬酸钾-硫酸溶液 $[c(\frac{1}{6}K_2Cr_2O_7) = 0.4mol/L]$。称取 40.0g 重铬酸钾溶于 600～800mL 蒸馏水中，用滤纸过滤到 1 000mL 量筒内，用蒸馏水洗涤滤纸，并加蒸馏水至 1L，将此溶液转移至 3L 大烧杯中。另取 1L 密度为 1.84g/cm³ 的浓硫酸，缓慢地倒入重铬酸钾水溶液中，不断搅动。为避免溶液急剧升温，每加约 100mL 浓硫酸后可稍停片刻，并把大烧杯放在盛有冷水的大塑料盆内冷却，当溶液温度降到不烫手时再加另一份浓硫酸，直到全部加完为止。

②重铬酸钾标准溶液 $[c(\frac{1}{6}K_2Cr_2O_7) = 0.2000mol/L]$。准确称取 130℃烘 2～3h 的重铬酸钾（优级纯）9.807g，先用少量蒸馏水溶解，然后无损地移入 1 000mL 容量瓶中，加蒸馏水定容。

③0.2mol/L 硫酸亚铁铵标准溶液。称取硫酸亚铁铵 $[Fe(NH_4)_2(SO_4)_2 \cdot 6H_2O]$ 78.4g，溶于 600～800mL 蒸馏水中，加浓硫酸 20mL，搅拌均匀，加蒸馏水定容至 1 000mL（必要时过滤），贮于棕色瓶中保存。此溶液易氧化而致浓度下降，每次使用时应标定其准确浓度。

硫酸亚铁铵溶液的标定：吸取 0.200 0mol/L 重铬酸钾标准溶液 20.00mL 于 150mL 三角瓶中，加浓硫酸 3～5mL 和邻菲罗啉指示剂 2～3 滴，用硫酸亚铁铵溶液滴定，根据硫酸亚铁铵溶液消耗量计算硫酸亚铁铵溶液的准确浓度。

$$c = \frac{c_1 \cdot V_1}{V_2}$$

式中　c——硫酸亚铁铵标准溶液的浓度，mol/L；

　　　c_1——重铬酸钾标准溶液的浓度，mol/L；

　　　V_1——吸取的重铬酸钾标准溶液的体积，mL；

　　　V_2——滴定时消耗硫酸亚铁铵溶液的体积，mL。

④邻菲罗啉（$C_{12}H_8N_2 \cdot H_2O$）指示剂。称取邻菲罗啉1.49g溶于含有1.00g硫酸亚铁铵的100mL水溶液中。此指示剂易变质，应密闭保存于棕色瓶中。

（4）操作步骤。称取通过0.25mm孔径筛的风干土样0.050 0～0.500 0g（精确到0.000 1g，称样量根据有机质含量范围而定），放入硬质试管中，然后用滴定管准确加入10.00mL 0.4mol/L重铬酸钾-硫酸溶液，摇匀，并在每个试管口插入一玻璃漏斗。将试管插入铁丝笼中，再将铁丝笼沉入已在电炉上加热至185～190℃的油浴锅内，使试管中的液面低于油面，要求放入后油浴温度下降至170～180℃，待试管中的溶液沸腾时开始计时，(5±0.5) min后将铁丝笼从油浴锅中提出（如果有试管夹预先夹住试管，铁丝笼没必要提出），冷却片刻，擦去试管外的油液。把试管内的消煮液及土壤残渣无损地转入250mL三角瓶中，用蒸馏水冲洗试管及小漏斗，洗液并入三角瓶中，使三角瓶内溶液的总体积控制在50～60mL。加3滴邻菲罗啉指示剂，用硫酸亚铁铵标准溶液滴定剩余的重铬酸钾，溶液的变色过程是橙黄→蓝绿→棕红。

同时做空白试验，取大约0.2g灼烧过的浮石粉或土壤代替土样，其他步骤与土样测定相同。

（5）结果计算。

$$有机质（g/kg）= \frac{c \times (V_0 - V) \times 0.003 \times 1.724 \times 1.10}{m} \times 1\,000$$

式中　c——硫酸亚铁铵标准溶液的浓度，mol/L；

　　　V_0——空白实验所消耗硫酸亚铁铵标准溶液的体积，mL；

　　　V——土样测定时消耗硫酸亚铁铵标准溶液的体积，mL；

　　　m——土样的质量，g；

　　0.003——1/4碳原子的毫摩尔质量，g；

　　1.724——由有机碳换算成有机质的系数；

　　1.10——氧化校正系数；

　　1 000——换算成每千克含量。

（6）注意事项。

①测定土壤有机质必须采用风干样品。因为水稻土及一些长期渍水的土壤存在较多的还原性物质，可消耗重铬酸钾，使结果偏高。

②消煮好的溶液颜色，一般是橙黄色或黄中稍带绿色。如果以绿色为主，说明重铬酸钾不足，而土样含有机质过高（表2-7）。在滴定时，消耗的硫酸亚铁铵量小于空白用量的1/3时，有氧化不完全的可能，应弃去重做。

③土壤样品处理时，应注意用静电吸附等方法剔除植物根、叶等有机残体。

④在计算结果时，采用的是风干土样的质量（含水量较低，予以忽略）。

表 2-7　不同土壤有机质含量的称样量

有机质含量/（g/kg）	<20	20～70	70～100	100～150
土样质量/g	0.4～0.5	0.2～0.3	0.1	0.05

（7）判别样品土壤有机质含量水平（表2-8）。

表2-8 全国土壤有机质含量分级

级 别	高	较高	一般	稍低	低	极低
有机质/（g/kg）	＞40	30～40	20～30	10～20	6～10	＜6

4. 调控土壤有机质平衡

（1）田间增施有机肥料。各小组为农场（或实训基地）菜园（或果园）施用有机肥料（腐熟猪粪或鸡粪），用法用量可查资料或询问指导教师，一般 45～60m³/hm²，果树穴施或条施，蔬菜条施或撒施（通过耧锄与土相混）。

（2）分组讨论其他生产措施。

①调节土壤有机质的积累与分解。

a. 调节碳氮比。适当调节其碳氮比，可以控制有机物质的矿质化过程和腐殖化过程。一般枯老的秸秆碳氮比大、分解慢，应同时施入一些含氮量高的腐熟的有机肥料或化学氮肥，以缩小碳氮比。

b. 调节土壤酸碱度。适宜土壤微生物生命活动的酸碱度为中性、微酸或微碱性。可通过施用石灰、草木灰或其他碱性肥料中和土壤酸性，施用石膏、硫黄和酸性肥料来改良碱性。

②合理的轮作倒茬。绿肥或豆类与粮食作物或经济作物轮作、水旱轮作等，都是我国用地养地的好经验，利于培肥土壤，提高单产。

③调节土壤水气热状况。通过耕作、灌排等措施，调节土壤水、气、热状况，可促进或减缓土壤有机质的分解和合成。

蚯蚓生物犁 松土又壮地 农谚

▊ 知识窗

土壤有机质的作用

1. 提供植物所需要的养分，提高养分的有效性 土壤有机质不仅含有植物所需的碳、氢、氧、氮、磷、钾、钙、镁、硫等大量元素，而且含有铁、锰、硼、锌、铜、钼等微量元素。土壤有机质在矿质化过程中产生的各种有机酸，在腐殖化过程中产生的腐殖酸，都能促进土壤矿物质的风化，有利于养分的释放，增加磷、钾等养分的有效性。

2. 增强土壤的保水、保肥性能，增加土壤缓冲性能 腐殖质疏松多孔，又是亲水胶体，吸水率高，为 500％～600％；腐殖质带正、负电荷，可以吸附阴、阳离子，而以吸附阳离子为主，从而避免水溶性养分随水流失。腐殖质的阳离子交换量是矿物质黏粒阳离子交换量的几倍甚至几十倍，所以腐殖质含量高的土壤保水保肥能力强。腐殖质是弱酸，与腐殖酸盐可形成一个天然的缓冲体系，对酸、碱的缓冲能力较强。

3. 促进团粒结构的形成，改善土壤耕性，提高土壤温度 新鲜的腐殖质是形成团粒结构不可缺少的胶结物。腐殖质胶体的黏结力和黏着力分别只有黏粒的 1/11 和 1/2，但比沙粒大得多。因此它能减小黏土的黏性，增加沙土的黏性，从而改善黏土的通透性和沙土的松散性。腐殖质是深色物质，它包被在土粒表面，能加深土壤颜色，增强土壤的吸热性能，提高土壤温度。

4. 促进微生物生命活动　腐殖质可为土壤微生物提供充足的营养和能源，同时腐殖质又能调节土壤的酸碱反应，有利于微生物的活动。

5. 其他作用　低浓度的胡敏酸可刺激植物生长，提高植物的抗旱能力；腐殖质中含有的某些维生素和激素，能促进植物生长；有机物质还有净化土壤的作用，如腐殖质能够吸收、溶解某些农药，并与某些重金属形成可溶性的配位化合物，使其溶于水而排出土体。

■ 观察与思考

蚯蚓位于陆地生态食物链的底部，可用于重金属污染、农药污染、土壤退化的农田生态修复，大量的蚯蚓是土壤高度肥沃的标志。观察哪种土壤中蚯蚓较多，蚯蚓的形态及活动情况如何，思考它们在农田生态系统中的作用。

■ 复习测试题

1. 一般来说，土壤越肥，土壤微生物数量_____。
2. 有机质矿质化过程是一个_____过程。
3. 有机质矿化作用，没有生成的物质是_____。
4. 影响土壤有机质转化的因素有_____、_____、_____、_____、_____。

任务三　土壤水分及调控土壤水分状况

■ 任务目标

了解土壤水分的类型及其有效性，学会土壤墒情的判别方法，掌握测定土壤含水量的方法，能够进行农田灌溉和排水作业。

■ 任务准备

1. 实训教室　有关土壤水分的挂图、照片、影像资料。
2. 实验室　测定土壤含水量的相关物品。
3. 实训基地　大田地块，带有滴灌设施的菜园（果园）或温室大棚，相关的灌溉及排水设施。

■ 基础知识

土壤中的水并不是纯水而是土壤溶液，含有离子和分子。土壤水分是土壤中许多物理、化学和生物学过程的必要条件，是植物吸收水分的主要来源以及根系吸收养分的主要载体。土壤水分主要来源于自然降水和人工灌溉，在地下水接近地面2～3m的情况下，地下水也是上层土壤水分的重要来源。此外，空气中水汽凝结也会变成土壤水。

1. 土壤水分的类型和特性 当降水或灌溉水进入土体时，受到土粒分子引力、毛管力和重力的作用，水分沿着土壤孔隙渗透、移动并被保持在土壤之中（图2-6）。由于土壤水分受到作用力的类型、大小、性质不同，并考虑到被植物利用的关系，从形态上把土壤水分分为四大类。

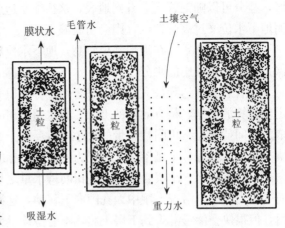

图 2-6　土壤水分类型

（1）吸湿水。干燥的土粒借助表面的分子引力吸收空气中气态水分子而保持在土粒表面的水分，称为吸湿水。土壤空气湿度越大，土壤质地越黏重，吸湿水含量越大。当土壤空气湿度接近饱和时，土壤吸湿水含量达到最大，此时土壤含水量称为最大吸湿量或吸湿系数。

土壤吸湿水受到土粒的吸引力很大，不能移动，具有固态水的性质，不能被植物吸收，属于无效水。

（2）膜状水。土壤水分达到最大吸湿量以后，土壤颗粒依靠剩余的分子引力对液态水分子的吸附，并在吸湿水的外围形成一层薄薄的水膜，称为膜状水。

膜状水的性质和液态水相似，只是黏滞性较强而无溶解性，对植物部分有效。一般植物根毛接触到的很小的范围内的膜状水可以被植物吸收利用。膜状水达到最大量时的土壤含水量称为最大分子持水量。植物出现永久萎蔫时的土壤含水量，被称为萎蔫系数或凋萎系数。

植物能吸收利用的膜状水只是高于萎蔫系数的那一部分水量，通常将萎蔫系数作为植物可吸收利用的土壤水分的下限值。萎蔫系数随土壤质地的变黏相应增大，如沙土的萎蔫系数为1.8%~4.2%，壤土为6.4%~12.0%，黏土为17.4%~24.0%。

（3）毛管水。毛管水指存在于毛管孔隙中，由毛管力保持的水分。毛管水对植物生长是有效的。毛管水可以上下左右移动，不断满足植物对水的需求，同时还有溶解养分的能力，所以也有补给养分的作用。毛管孔隙中所保持的水量是吸湿水、膜状水和毛管水的总和。毛管水的数量因土壤质地、腐殖质含量及土壤结构状况的不同而有很大差异。沙黏适当、有机质含量高，特别是具有良好团粒结构的土壤，其内部具有发达的毛管孔隙，毛管水含量可达到干土重的20%~30%。根据地下水与毛管水是否连接，可将毛管水分为悬着水和上升水两种类型（图2-7）。

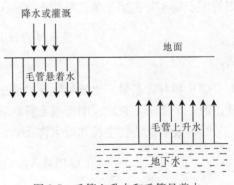

图 2-7　毛管上升水和毛管悬着水

①毛管上升水。在低洼下湿地区，地下水位浅，地下水沿土壤毛细管上升，被毛管力保持在土壤中。这种沿毛管上升的水分，称为毛管上升水。毛管上升水达到最大时的土壤含水量称毛管持水量。毛管上升水是植物所需水分的重要补给来源，但是在地下水含盐量高的地

区，盐分可以随毛管水上升到地表，这往往是造成土壤盐渍化的重要原因。尤其是地势低洼而地下水位又过高的地区，则会引起湿害。

②毛管悬着水。在地形部位较高，地下水位较深的地区，当降水或灌溉后，借助毛管力保持在上层土壤中的水分，与地下水不连接，称之为毛管悬着水。

毛管悬着水达到最大时的土壤含水量称为田间持水量。土壤田间持水量可作为旱地灌水定额计算的依据，是有效水的上限，灌水超过田间持水量，只能增加深层渗漏或流失，并不增加田间持水量。田间持水量的大小可以反映土壤的孔隙状况、土质的沙黏、松紧程度及土壤有机质含量等，也是鉴定土壤肥力的重要指标之一。

（4）重力水。土壤含水量达到田间持水量之后，超过的水分由于不能被毛管力所保持，而受重力支配，沿着土壤中大孔隙向下移动，这种水分称为重力水。重力水能被植物吸收利用，但很快会渗透淋失到下层土壤，不能持续供给植物利用，所以对于旱地植物用处不大，为多余水。在地势低洼、土质黏重、排水不良的地区，由于重力水的存在，土壤空气不足，会发生渍害。对于水田，重力水是水稻生长的有效水。

当土壤孔隙全部充满水时的土壤含水量为饱和含水量，又称全蓄水量或最大持水量，饱和含水量是计算水稻田最大灌溉水量的依据。

2. 土壤含水量的表示方法　自然条件下，土壤保持的水分数量称为土壤含水量。在北方地区俗称为"墒"。土壤含水量是土壤生产性能的一个重要指标，为了使用方便，有土壤质量百分数、土壤体积百分数、相对含水量和土壤贮水量等多种表示方法。

（1）土壤水质量百分数。单位质量土壤中水分的质量在烘干土质量中所占的百分比。在生产实践中，如果没有指明是何种类型的土壤含水量，则为质量百分数。烘干土一般是指在105～110℃条件下烘干的土壤。

$$土壤水质量百分数 = \frac{土壤水质量}{烘干土质量} \times 100\%$$

（2）土壤水体积百分数。单位体积土壤中水分体积在土壤总体积中所占的百分比。它可以说明土壤水分占据土壤孔隙的程度和土壤中水、气的比例。

$$土壤水体积百分数 = \frac{土壤水体积}{土壤体积} \times 100\%$$
$$= 土壤水质量百分数 \times 土壤容重$$

（3）相对含水量。土壤实际含水量在田间持水量中所占的百分比。它是生产实践中经常使用的一个概念，它能说明土壤毛管悬着水的饱和程度及有效性。土壤相对含水量为60%～80%时，最适宜植物生长和微生物活动。土壤相对含水量若低于50%则需要灌溉。

$$土壤相对含水量 = \frac{土壤实际含水量}{田间持水量} \times 100\%$$

（4）土壤贮水量。指一定面积、一定厚度土层内水的贮量。

$$土壤贮水量(m^3/hm^2) = 土层厚度（m）\times 10\ 000（m^2）\times 土壤容重（t/m^3）\times$$
$$土壤水质量百分数$$

3. 土壤水分的运动

（1）气态水运动。土壤中的液态水可以不断地汽化成气态水，气态水也能不断地凝结成液态水，它们之间处于动态平衡之中。

①水汽凝结。随着昼夜和季节的变化，土壤上下土层温度常有明显差异，水气压也随着发生变化，从而引起土体内水汽的移动，气态水变为液态水，产生凝结和夜潮现象。我国黄淮海平原、长江中下游平原、辽河下游平原及汾渭河谷平原等泛滥沉积物上，经旱耕熟化作用，形成了分布较广的"夜潮土"。

②土壤水分的蒸发。土壤水以水汽状态扩散到大气而散失的现象称为土壤蒸发或跑墒。

引起土壤水分蒸发的气象因素主要是太阳辐射、气温、风速、大气相对湿度等，土温越高，空气越干燥，风越大，土壤蒸发就越强烈。

影响土壤水分蒸发的土壤因素主要是土壤质地、结构、松紧度等。土壤质地不同，土壤水分受力大小不同，因而蒸发的速度也不同：有团粒结构的土壤比无团粒结构的土壤水分蒸发量要小；地面有覆盖物的土壤水分蒸发量比露地小；表土不平、龟裂、大土块多的土壤水分蒸发量大。

（2）液态水运动。

①毛管水运动。毛管水运动是在毛管力的作用下引起的水分移动。毛管水运动的方向是从毛管孔隙粗、水分多处向毛管孔隙细、水分少处移动。其移动速度主要取决于土壤两点间毛管力梯度的大小。两点间毛管力梯度越大，毛管水移动的速度就越快；反之亦然。

②重力水运动。水分在重力和压力作用下向下移动或横向运动，称为重力水运动，也可以称为土壤水分的渗透，渗水量的大小则取决于土壤通气孔隙的大小和数量。一般说来，沙土渗水量最大，黏土最小，壤土介于两者之间。

水稻田渗漏（重力水运动）可以输氧、排毒，有更新土壤环境的良好作用，称为"爽水田"，但渗漏量过大也会增加养分的流失。江苏、浙江、广东等地以渗漏量10mm/d左右的田块产量较高。西南地区，不同土壤间差异较大，且灌溉设施比较差，渗漏量以维持在3～5mm/d较佳。

任务实施

1. 查阅资料与讨论　查阅有关土壤水分的挂图、图片、文字材料及网站资料，分组讨论土壤水分对于植物生长的重要性，理解土壤水分与肥料的辩证关系。

2. 测定土壤含水量　土壤水分是土壤的重要组成部分，也是土壤的重要肥力因素。测定土壤含水量可作为播种、排灌、耕作、施肥的依据，对指导农业生产有重大的意义。

（1）操作用具与试剂。天平（感量0.01g、0.001g）、烘箱、干燥箱、称样皿、铝盒、小刀、量筒（10mL）、滴管、无水酒精等。

（2）烘干法测定水分（经典法）。在（105±2）℃温度下，土样中的吸湿水从土壤表面蒸发，而结晶水不会破坏，土壤有机质也不会分解。将土壤样品置于（105±2）℃下烘干至恒重，通过烘干前后质量之差可计算土壤含水量。

①取有盖铝盒，洗净、烘干，在天平上称量（W_1）。注意底、盖编号配套。

②按要求，用土钻取不同深度的土样，放入铝盒，取样量以约占铝盒体积的1/3为宜。立即将铝盒盖上，带回实验室称量（W_2）。

③将铝盒盖子打开后，放入烘箱中，在（105±2）℃温度下烘6h左右。

④关闭烘箱，盖上铝盒，放进干燥器中（干燥器内的干燥剂要经常更换或处理），待冷却至室温后称量。

⑤打开铝盒盖，放入烘箱中再烘 2h，冷却，称量至恒重（W_3）。

结果计算：

$$土壤含水量 = \frac{W_2 - W_3}{W_3 - W_1} \times 100\%$$

（3）精燃烧法测定水分（快速法）。利用酒精易燃的特性，加酒精于土样中，酒精燃烧使土样中水分蒸发，以烧前土样质量及烧后土样质量之差，计算土样的含水量。此法适于土壤有机质含量 50g/kg 以下的土壤样品。

①用 1/100 天平称铝盒（带盖）质量（A）。

②用铝盒称土样 5g 左右，注意取样均匀，称量（B）。

③用量筒加酒精 5mL 于铝盒中，稍加振荡至均匀湿润，使土面平整。

④点燃酒精（注意勿使火柴掉入土样中），使其自行燃烧，火焰燃尽前不宜翻拨，以免将土壤毛细管堵塞，反而降低蒸发速度。

⑤火焰熄灭后，再加入酒精 2~3mL 继续燃烧，通常燃烧 2~3 次即可，烧至恒重为止。合盖冷却称量（C）。土样呈单粒松散即已干燥。

结果计算：

$$土样含水量 = \frac{B - C}{C - A} \times 100\%$$

（4）注意事项。

①烘干法测含水量使用感量 0.001g 的分析天平称量。烘干温度不得超过（105±2）℃，温度过高易造成土壤有机质的炭化损失。

②酒精燃烧法不能测定有机质含量高的土壤样品，操作时要防止土样损失。

3. 田间灌溉操作　技术要点：土壤水分不足的情况下，灌溉是调节水分的根本措施。灌溉的方式有淹灌、漫灌、沟灌、畦灌、喷灌、滴灌等。可根据植物的需水规律和当地的供水特点进行灌溉。灌溉的一个重要指标是灌水定额，指单位面积土壤一次灌溉所需的水量。

灌水定额（m³/hm²）=［田间持水量（%）－土壤实际含水量（%）］×土壤容重（g/cm²）

×10 000（m²）×土壤计划湿润深度（m）

例如，某土壤田间持水量为 25%，灌水前实际测得土壤水质量百分数为 15%，土壤容重为 1.2g/cm³，灌水的计划湿润深度定为 0.8m，则：

灌水定额 =（25%-15%）×1.2×10 000×0.8=960（m³/hm²）

（1）大田作物灌溉。根据土壤含水量测定结果或生产经验，分组在农场或附近农户地块进行畦田灌溉，记录作物种类、地块面积、畦田的长度和宽度、水的流速、用水量（可根据机泵获取或实测）、灌溉用时等。

（2）温室大棚滴灌。先熟悉滴灌系统设备，画出大棚内滴灌系统布局的草图。在操作过程中记录相关内容。如作物种类、地块面积、水的流量、配合施用的水溶肥料的种类及用量、灌溉用时等。

（3）喷灌模拟。先观看有关喷灌的图片或影像资料，再用养花用喷壶喷灌花卉或蔬菜，体验喷灌与其他灌溉方式的不同。

4. 田间排水操作　技术要点：土壤水分过多的情况下排水是减少土壤水分的重要手段，

是生产上经常采用的一种生产措施。低平地区地下水位过高，导致耕层土壤通气不良时，应建立排水渠系或开沟排水，以排除地面积水、降低地下水位及排除表层土壤内滞水。

参照相关图片或影像资料，在老师的指导下，为实训基地（或农户）绘制建设简易排水系统。灌溉或降雨后观看其排水效果，并做好记录。

5. 观看节水农业影像 观看节水农业的相关影像资料，分组研讨发展节水农业对于我国走可持续发展道路的意义。

节水农业技术要点：①建立节水和耗水少的输水系统，防止渠系渗漏，减少渠道蒸发；②在条件许可时，尽量采用沟灌、喷灌、滴灌等灌溉技术，减少大水漫灌；③调整农业结构，推广节水农业技术，培育抗旱新品种，选用耐旱、节水作物，适当减少水稻种植面积，提高轮作、间作、地面覆盖、少耕免耕技术等措施，减少土壤蒸发。

■ 知 识 窗

合理耕作、蓄水保墒

土壤是重要的水分贮藏库，通过适当的耕作措施可以达到减少土壤水分损失、维持土壤含水量的目的。

1. 深耕 合理深耕能打破犁底层，加厚活土层，增加土壤总孔度和空气孔度，从而增加土壤蓄水性和透水性，并且深耕结合施用有机肥还能有效地提高土壤肥力。

2. 冬灌 使土壤充分蓄水，补足底墒和深墒，为翌年春季植物需水做准备。

3. 中耕 可以疏松表土，改善土壤孔隙性质，增加土壤水分蒸发阻力，减少土壤水分的消耗，同时可消灭杂草。特别是降雨或灌溉后及时中耕，可以切断土壤毛管，减少土壤的水分蒸发损失，提高土壤的抗旱能力。

4. 镇压 对于质地较粗或疏松的沙土，在土壤含水量较低时对表土进行镇压，可以降低土壤孔隙度，起到保墒和提墒的作用。

5. 地膜或秸秆覆盖 隔断土壤水分向大气蒸发的通道，减少土壤水分损失。

■ 观察与思考

我国北方许多地方，农户常将田间路旁的排水沟填平来增加耕地面积，多种庄稼。他们认为近几年偏旱少雨，无受淹威胁。这种做法对吗？

■ 复习测试题

1. 土壤水分类型中，＿＿＿＿＿＿有效性最差。

2. 简述土壤水分调节的方法。

3. 某土壤耕层20cm，经测定土壤水分质量分数为14％，田间持水量为30％，土壤容重为1.2g/cm³，试计算：①该土壤体积含水量；②该土壤相对含水量；③该土壤耕层贮水量；④此时若进行灌溉，每公顷耕层需灌多少水？

任务四 土壤空气及调控土壤通气性

任务目标

了解土壤空气的特点，理解土壤通气性的含义，掌握调节土壤空气状况的措施。

任务准备

1. **实训教室** 有关土壤空气的图片、影像资料。
2. **实训基地** 植物长势良好的地块及没有种植植物的地块。
3. **实训材料** 耕作设备及一定数量的有机肥料；盆栽花卉。

基础知识

土壤空气是土壤的重要组成部分，是土壤肥力因素之一。土壤空气对土壤理化性质、种子萌发、植物生长、微生物活动和物质转化具有极其重要的影响。土壤空气存在于土壤孔隙中，它与土壤水分处于相互消长的运动之中。

1. 土壤空气的特点 土壤空气来自大气，组成上与近地面大气基本相似，由于土壤内植物根系和微生物活动的影响，在组成上有一定的差异（表 2-9）。

表 2-9 近地面大气与土壤空气组成比较（体积分数）

气体类型	O_2	CO_2	N_2	其他气体
近地面大气/%	20.94	0.03	78.05	0.98
土壤空气/%	18.00~20.03	0.15~0.65	78.80~80.24	0.98

土壤空气各成分的浓度在不同季节和不同土壤深度内变化很大，主要取决于植物根系的活动和土壤空气与大气交换速率的大小。如冬季土壤中二氧化碳含量少，夏季含量最高；土层越深，二氧化碳含量越多，氧气含量越少。

2. 土壤通气性 土壤和大气之间不断进行气体交换的性能，称为土壤通气性。这种交换主要是氧气由大气进入土壤，二氧化碳和其他有害气体由土壤向大气排出，又称为土壤的呼吸作用。土壤空气与大气之间进行交换的方式有两种：一是整体交换；二是气体的扩散。维持土壤适当的通气性，让土壤空气与大气进行充分的交换，是保证土壤空气质量、维持和提高土壤肥力不可缺少的条件。

大豆耳聋
越锄越通

农谚

（1）整体交换。土壤空气在温度、气压、风、降水或灌水、耕作等因素的作用下，整体排出土壤，同时大气也整体进入土壤，这种气体交换形式为整体交换。整体交换能较彻底地更新土壤空气，其作用的动力是存在气体的压力差。

在表土温度高于大气温度时，土体内的空气受热膨胀而被排出土壤，反之，空气变冷而收缩，又自大气中吸进一些新鲜空气到土体的孔隙中来；降水或灌溉时，水通过通气孔隙进入土层，而将通气孔隙内的土壤空气排出土壤；利用旋耕机耕翻土壤时，可以使土壤空气较彻底地与大气进行交换；土壤中耕也能通过整体交换达到更新表层土壤空气的目的。

(2) 气体的扩散。土壤空气的扩散是指土壤空气与大气成分由浓度高处向浓度低处扩散。一般情况下土壤空气扩散的方向是氧气从大气扩散进入土壤；二氧化碳由土壤向大气排出；还原性气体和水汽从土壤向大气扩散。气体扩散是土壤空气更新的主要方式。由于土壤中二氧化碳不断产生，氧气不断消耗，这种气体的扩散作用永远不会停止。

影响扩散的主要因素是土壤与大气之间各种气体浓度差的大小、土壤的通气孔隙度、土壤含水量和扩散的距离等。浓度差越大、通气孔隙度越高、含水量越小、扩散的距离越短，越有利于土壤空气的扩散；反之，则不利于土壤空气的扩散。

▣ 任务实施

1. 查阅资料与讨论 查阅有关土壤空气的挂图、图片、文字材料及网站资料，分组讨论土壤空气对植物生长的重要性。

2. 盆栽花卉淹水试验 一盆按正常管理，另一盆将底部透水孔堵塞并长时间保持盆内积水，对比观察花卉的长势、长相，查看根系的发育情况，体会土壤通气性对植物生长的影响。

3. 深耕结合施用有机肥料调控土壤通气性 将全班分为一组，在没有种植的地块撒施有机肥料，选一位能开拖拉机的同学（或农机员）操作深耕。

技术要点：深耕结合施用有机肥料可以促进土壤团粒结构的形成，这是改善土壤空气状况的基本途径。具有团粒结构的土壤，总孔度大，大小孔隙比例适当，水、气协调，有利于土壤空气的交换。水田虽然一般不易保持像旱田一样的团粒结构，但是通过增施有机肥料、晒垡、烤田等措施可以促进微团粒结构的形成，也可以起到调节土壤空气的作用。总之，深耕结合施用有机肥料能培育土壤团粒结构，改善土壤通气性。

4. 中耕松土调控土壤通气性 在试验田设置两个小区进行对比：一小区灌溉后不中耕锄地，另一小区灌溉后待表土刚出现白斑（刚能下地）时及时锄地。连续观测记载土壤水分的保持状况、土壤的板结状况、作物的长势和长相，总结其对土壤通气性的影响。

技术要点：中耕松土是农业生产中常用来调节土壤空气状况的措施，它具有疏松土壤、增加土壤空气孔隙、改善土壤结构、促进土壤通气等多种作用。雨后和灌溉后及时中耕，可消除土壤板结，使水分尽快渗入下层土壤，显著改善土壤通气状况。

5. 改良土壤质地，调控土壤通气性 参考改良土壤质地部分内容。

技术要点：改良过黏过沙的土壤，通过黏掺沙或沙掺黏达到改善土壤通气性的目的。

6. 灌溉结合排水，调控土壤通气性 参考调控土壤水分部分内容。

技术要点：排水可以增加土壤空气的含量，灌溉可以降低土壤空气的含量，促进土壤空气更新。地势低洼、地下水位较高的易涝田应采取挖排水沟或建立排水沟系统等措施降低地下水位，排除过多的水分；水田有时还应采取干耕、晒垡、搁田、烤田等措施提高土壤的通气性。

知 识 窗

土壤空气对植物生长和土壤肥力的影响

1. 土壤空气对植物生长的影响 不同植物对氧气的需求有差异，同一种植物的不同生育时期对氧气的需求也不同。旱地植物必须生活在通气性良好的土壤上，水稻等水生植物要求生活在淹水的环境中。种子萌发和苗期最易遭受土壤缺氧的危害。地上部顶端生长点对缺氧最敏感，但大多数情况下根系首先遭受危害。

（1）影响种子萌发。植物种子正常萌发要求氧气的浓度＞10％，＜5％将影响种子内部物质的转化，抑制种子发芽。另外，在厌氧条件下，微生物分解土壤有机质产生醛类和有机酸类物质，也会抑制种子的萌发。

（2）影响植物根系发育。当土壤空气中氧气的浓度＜10％时，根系发育受影响，氧气含量降低到＜5％时，绝大部分植物根系停止发育。土壤通气良好、氧气供应充足时，植物根系长、颜色浅、根毛多，对养分和水分的吸收能力强。土壤通气不良、缺氧时，植物根系短而粗、颜色暗、根毛少，植物根系吸收养分和水分能力降低。

（3）影响植物的抗病性。土壤通气不良时，因氧气不足而二氧化碳过多，土壤酸度增加，适合致病的霉菌生长，同时由于植物生长不良，抗病能力下降，易感染病害。

2. 土壤空气对土壤肥力的影响

（1）影响土壤微生物的活动和养分转化。土壤通气良好、氧气充足，好氧性微生物活动旺盛，土壤有机质分解快而彻底，能释放较多的速效养分供植物吸收利用。土壤通气不良，适合嫌氧性微生物生活，土壤有机质的转化速度慢，矿质化不彻底，易产生一些有机酸和还原性物质，引起毒害作用，不利于植物生长。

（2）影响植物生长的土壤环境状况。植物生长的土壤环境状况包括土壤的氧化还原状况和有毒物质的含量。通气良好时，土壤呈氧化状态，养分释放快；通气不良时，土壤呈还原状态，养分释放慢，分解产生的某些中间产物积累，对植物生长不利。

水稻土的情况则有所不同，还原条件可提高铁的有效性，增加土壤有效磷的含量。但是长时间水多气少会危害植物生长发育，必须经常调节土壤通气状况（如烤田），使之向有利的方向发展。

观察与思考

土壤通气性与土壤透水性是一回事吗？其共同的影响因素是什么？

复习测试题

1. 土壤空气与大气比较，浓度减少的是＿＿＿＿＿＿＿。
2. "旱耢地，涝浇园"的说法有何道理？

03 | 项目三
土壤基本性状测定与调控

项目目标

【知识目标】认识土壤的孔隙性、结构性、耕性、热特性等物理性质和保肥性、供肥性、酸碱性、缓冲性等化学性质；理解土壤基本性质与植物生长和土壤肥力的关系。

【能力目标】能够测定当地土壤的容重，判断土壤松紧状况；能够测定当地土壤 pH，判断土壤酸碱状况；识别土壤结构类型，能够判别土壤保肥性及供肥性的强弱，判断土壤肥力高低；会因地制宜地制订土壤利用和培肥改良方案。

【素养目标】树立创新意识和社会责任意识，养成精益求精的工匠精神。

"荒土生金"

崖州区是海南省冬季瓜菜主产区之一，也是全省最大的豇豆种植区。由于热带地区复种指数高，造成当地土壤酸化板结，地力退化严重，有害菌增加，连作障碍日趋严重。村里的土地一般种植豇豆3年后就没法再种，死苗严重，一度减产50%以上，农民收入锐减，甚至出现绝收。

为了解决这一问题，2020年8月，在海南省农业农村厅指导下，崖州区农业农村局找到中国热带农业科学院三亚研究院。中国热带农业科学院三亚研究院土壤改良研究团队对进行土壤改良和地力提升问题严重地区进行全面采样，系统分析后，有针对性地设计了土壤改良组合方案：一是对土壤进行全面消毒，施用土壤熏蒸剂和消毒剂，消除或减少土壤有害微生物；二是地膜覆盖，提高土壤温度，增强土壤消毒效果；三是进行土壤改良，施用针对当地土壤理化性状特征而配制的土壤改良剂，改善土壤物理性状，平衡土壤营养，钝化土壤有毒物质；四是培养土壤有益微生物，施用生物有机肥或菌肥，提升土壤有益微生物种类和数量。

2021年1月13日，首批980亩改良示范项目顺利验收。在对照试验地里，记者看到，没改良的地里豆苗稀疏，勉强长出的豇豆也稀稀拉拉，又细又卷，基本没有商品价值；改良后的地块则长势旺盛，叶片肥厚，结出的豇豆密实粗壮、条形顺直。

张志今年种了10亩豇豆。她拿着一把豇豆说："按今年的8~14元/kg的价格，这一把就能卖5元钱。原来的土壤不行，一种豇豆就死苗，专家给我们改良后，现在已采收12次，卖了十万元。"吴敏告诉记者，土壤是根本，土壤改良后的豇豆亩产最高可达2 000kg左右，今年亩产值超过 2 万元。由于土壤改良效果明显,2021 年崖州区将启动上万亩土壤改良,尽快让全区农民享受到科技红利。

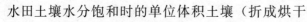

任务一　土壤孔隙度测定与调控

■ 任务目标

　　了解土壤容重和土壤孔隙度的含义,理解通气孔隙、毛管孔隙对植物生长的作用。能够进行土壤质量、孔隙度等的计算,掌握土壤孔隙度测定的方法,学会调控土壤孔隙状况的技术。

■ 任务准备

　　1. 实训教室　有关土壤孔隙的挂图、照片、影像资料。
　　2. 实验室　测定土壤孔隙度的相关物品。
　　3. 实训基地　空白地块及植物正常生长地块。

■ 基础知识

　　土壤是一个疏松的多孔体,在土粒与土粒、土团与土团之间存在着弯弯曲曲、粗细不同、形状各异的孔隙,称为土壤孔隙,它是土壤颗粒之间能容纳水分和空气的小空间。

　　1. 土壤密度及土壤容重的含义

　　(1) 土壤密度。土壤密度是指单位体积固体土粒(不包括粒间孔隙)的质量,单位是 g/cm^3。土壤密度的大小主要取决于组成土壤的各种矿物的密度和土壤有机质的含量。由于多数土壤矿物的密度为 $2.60 \sim 2.70 g/cm^3$,有机质的密度为 $1.25 \sim 1.40 g/cm^3$,并且土壤有机质含量一般并不高,大部分土壤的矿物成分和土壤密度变化不大,所以,一般情况下,将土壤密度视为常数,取 $2.65 g/cm^3$ 为土壤平均密度。

闲土三年也肥沃
七年墙土赛草枯
农谚

　　(2) 土壤容重。土壤容重是指单位体积原状土壤(包括粒间孔隙在内)的干土质量,单位是 g/cm^3。一般土壤的容重为 $1.0 \sim 1.8 g/cm^3$,旱地耕层土壤容重多为 $1.1 \sim 1.5 g/cm^3$。通常土壤容重为 $1.1 \sim 1.3 g/cm^3$ 较为适宜。

　　水田土壤水分饱和时的单位体积土壤(折成烘干土)质量称为浸水容重,其值通常小于 $1.0 g/cm^3$。在一定程度上能反映出水稻土在泡水时的淀浆、板结和肥沃程度。据测定,浸水容重在 $0.5 \sim 0.6 g/cm^3$ 的土壤耕性最好。

　　2. 土壤容重的应用

　　(1) 土壤容重可以反映土壤的孔隙状况和松紧程度(表 3-1)。一般沙土的容重大,为 $1.2 \sim 1.8 g/cm^3$;黏土的容重较小,为 $1.0 \sim 1.5 g/cm^3$。腐殖质含量高的土壤容重小。

表 3-1 土壤容重与孔隙度和松紧状况的关系

项目	分组				
土壤容重/（g/cm³）	<1.00	1.00～1.14	1.14～1.26	1.26～1.30	>1.30
孔隙度/%	>60	60～56	56～52	52～50	<50
松紧程度	最松	松	适当	稍紧	紧

土壤松紧状况直接影响土壤肥力状况和植物生长发育。容重过小、过松的土壤，大孔隙占优势，虽然耕作容易，但根系扎不牢，保水力差，易漏水跑墒；相反，容重过大、土壤过于紧实、小孔隙多、通气透水性差的土壤难耕作，影响种子出苗和植物的正常生长发育。

（2）根据容重可以计算一定面积、一定厚度土壤的质量。

$$土壤质量＝土壤体积×土壤容重$$

【例】耕地面积 667m²，耕作层厚度 0.20m，土壤容重为 1.2g/cm³，土壤质量为：

$$667m² × 0.20m × 1.2g/cm³ × 1\,000 ＝ 160\,080kg$$

同样可以计算出土壤中水分、养分、有机质等物质的含量。如上例中，土壤耕层中全氮含量为 1.0g/kg，则每 667m² 耕层含氮总量为：

$$160\,080kg × 1.0g/kg ＝ 160\,080g ＝ 160.08kg$$

3. 土壤孔隙度及其类型

（1）土壤孔隙度。单位体积自然状态的土壤，所有孔隙体积占土壤总体积的百分数称为土壤孔隙度，它表示土壤中各种孔隙的总量。

$$土壤孔隙度 ＝ \frac{孔隙体积}{土壤体积} × 100\% ＝ \left(1 - \frac{土壤容重}{土壤密度}\right) × 100\%$$

一般土壤孔隙度的变动多在 30%～60%，适宜的土壤孔隙度为 50%～60%。土壤孔隙度只反映土壤孔隙的数量，而孔隙类型及孔隙的多少关系着液、气两相的比例，反映土壤协调水、气的能力。

（2）土壤孔隙的类型。根据土壤孔隙孔径的大小和性质，通常分为三类。

①通气孔隙。通气孔隙指孔径>0.020mm 的土壤孔隙。孔隙中经常充满空气，水分不易保持，成为土壤通气透水的通道。土壤中通气孔隙的体积占土壤总体积的百分数，称为通气孔隙度。旱地作物通气孔隙度一般为 10%～20%，以 12%～20% 为最好，<8% 时通气不良，>20% 则通气过度。

②毛管孔隙。毛管孔隙指土壤中孔径在 0.002～0.020mm 的孔隙。毛管孔隙经常被水分占据，所保持的毛管水可自由移动，能溶解养分，它所保持的水为有效水，能被根系吸收利用。土壤中毛管孔隙的体积占土壤总体积的百分数，称为毛管孔隙度。

③非活性孔隙。非活性孔隙又称为无效孔隙，指土壤中最微细的孔隙，孔径<0.002mm。这类孔隙不能通气，保持的水分不能移动或移动缓慢，植物的根毛难于扎进去，甚至连微生物也不能进入，对植物生长来说，属于无效孔隙。质地黏重、机具压实板结的土壤孔隙较多。土壤中所有非活性孔隙的体积占土壤总体积的百分数称为非活性孔隙度。

$$土壤总孔隙度 ＝ 通气孔隙度 ＋ 毛管孔隙度 ＋ 非活性孔隙度$$

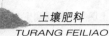

■ 任务实施

1. 查阅资料与讨论　查阅有关土壤孔隙性能的图片、文字材料及网站资料，分组讨论土壤孔隙对于植物生长的重要性，了解土壤水分与土壤空气的关系。

2. 判定土壤孔隙存在的小试验　自己取一土块，用水杯徐徐向土块上滴水，直至水从土中渗出。观察水的入渗过程，体会土壤孔隙的存在，作图示意孔隙的不同类型。

3. 土壤紧实性试验

（1）种子出苗试验。在试验田里，划出面积约 1m² 大小的两个小区，分别播种小麦（或玉米、水稻）种子，其中一个反复踏实，另一个保持疏松状态。观察并记载出苗时间、出苗率、幼苗长势情况。按照同样的方法用棉花（或油菜、白菜）种子做试验。

（2）植株压实试验。在试验田里，选择几株正常生长的植物，在一部分的根部反复踏实。观察今后植株的长势以及对产量的影响。

4. 测定土壤的孔隙度　土壤容重能反映土壤松紧及孔隙状况，并用来计算土壤孔隙度。

（1）测定原理。土壤容重是单位体积原状土壤的干土质量。因此，用已知体积的取土器环刀取土，烘干称量，即可计算出土壤容重，进而计算出土壤孔隙度。

（2）操作用具与试剂。土铲、小刀、天平（感量 0.01g）、铝盒、烘箱、环刀（图 3-1）、酒精等。

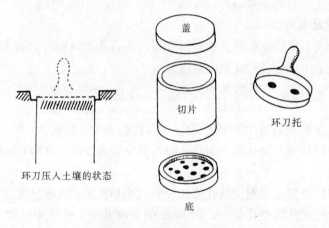

图 3-1　环刀及取土示意

（3）操作步骤。

①取环刀在天平上称量。

②选定待测地块，将环刀垂直压入待测土层中。不要左右摇动，以保持自然状态。

③用土铲挖开环刀周围土壤，并取出装满土的环刀，用小刀小心削平环刀上下端突出的土，使与环刀口相齐，并擦净环刀外面的土，带回室内。

④把装满土的环刀在室内称总质量，减掉环刀本身质量即为湿土质量。

⑤用铝盒取土 5～10g，放入烘箱烘干，或用酒精燃烧法测定含水量。

（4）结果计算。

$$土壤容重 (r) = \frac{干土质量}{环刀容积} = \frac{m}{V(1+w)}$$

$$土壤孔隙度 = (1 - \frac{土壤容重}{土壤密度}) \times 100\%$$

式中 r——土壤容重，g/cm³；

m——环刀内湿土质量，g；

V——环刀容积，100cm³；

w——土壤含水量，%。

(5) 注意事项。①用小刀削平土面时，应防止切割过分或不足；②土壤容重测定也可以将装满土壤的环刀直接于 (105 ± 2)℃的烘箱内烘干。

5. 土壤孔隙状况的调节 根据农业生产实际的需要，采取相应措施对土壤孔隙进行调节。主要的技术路径有：

(1) 优化机械作业，防止土壤压实，特别是要防止土壤湿压。

(2) 增施有机肥和合理轮作。

(3) 合理耕作，创造良好的耕层结构。

(4) 改造或改良铁盘土、砂姜土、漏沙土、黏土等障碍土层，创造良好的土壤孔隙状况，以利于植物生长发育。

■ 知 识 窗

土壤孔隙性的生产意义

1. 土壤孔隙度指标 适宜植物生长的土壤孔隙度因植物种类、种植制度、土壤类型和土壤所处的地形部位而异。旱地土壤耕层土壤总孔隙度应 $>50\%$，通气孔隙度 $>10\%$；水田耕层土壤总孔隙度应在 $50\% \sim 60\%$，通气孔隙度 $>8\%$。

2. 土体内孔隙的垂直分布 同一土体内孔隙的垂直分布应为"上虚下实"。"上虚"要求耕作层土壤疏松一些，便于通气透水和种子发芽、破土、出苗，即耕层上部 $(0 \sim 5cm)$ 总孔度约为 55%，通气孔度为 $10\% \sim 15\%$；"下实"要求下层土壤稍紧实一些，以利于保水保肥和根系稳扎等，即耕作层下部的总孔度约为 50%，通气孔度约为 10%。

3. 不同植物对土壤孔隙状况有不同的要求 玉米、小麦、谷子等单子叶植物幼芽的顶土力和根系穿透力较强，要求适宜的土壤孔隙度为 $50\% \sim 60\%$，孔隙度 $<45\%$ 则不能出苗。棉花、豆类等双子叶植物及多数蔬菜作物幼芽的顶土力和根系穿透力较弱，要求较为疏松的土壤，在沙壤土上 $0 \sim 5cm$ 土层孔隙度 $>55\%$ 棉籽出苗较好，$<50\%$ 时则易造成缺苗或出苗不齐，一般以 $53\% \sim 58\%$ 为宜。

甜菜、甘薯、马铃薯等作物在紧实的土壤中根系延伸困难，块根、块茎不易膨大，产量低、品质差。黄瓜、葱、蒜等蔬菜作物的根系穿透力较弱，要求较疏松的土壤。

■ 观察与思考

有些地方在播种棉花时，为提高出苗率，有的农民在每穴中播下棉籽，同时放入 $2 \sim 3$ 粒玉米籽，这是为什么？

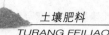

■ 复习测试题

1. 土壤的密度影响不到土壤的紧实度。（对/错）
2. 适宜的土壤孔隙度范围一般在_____。
3. 土壤孔隙在土体的垂直分布，要求以_____为好。
4. 土壤孔隙的类型主要有_____、_____、_____。

任务二   土壤结构及良好结构的创造

■ 任务目标

认识不同的土壤结构；了解土壤团粒结构的生产意义，掌握创造土壤团粒结构的生产措施。

■ 任务准备

1. 实训教室 有关土壤结构的挂图、照片、影像资料，土壤结构体的样品（块状、核状、柱状、片状、团粒等）。

2. 实训基地 典型不良结构的地块。

■ 基础知识

土壤中大小不同的固体颗粒并不是单独存在的，通常是多个土粒相互团聚成大小、形状和性质都不同的土团、土块和土片等团聚体，这种团聚体称为土壤结构体或土壤结构（图3-2）。不同土壤，结构体的形状、大小、排列和相应的孔隙状况等性状差异较大，直接影响土壤水、肥、气、热状况，影响土壤耕作性能，进一步影响作物破土出苗和根系生长等。

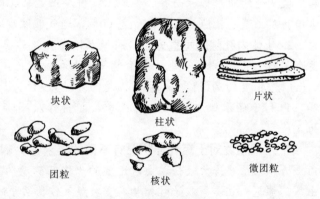

图 3-2 土壤结构体类型

1. 块状结构 土块呈不规则的立方体，长、宽、高三轴大体相当，直径＞5cm 的称为块状结构，俗称坷垃。较小些的称为碎块状结构，又称为碎坷垃。缺乏有机质的黏重土壤通常容易形成块状结构。块状结构内部紧密，土块之间孔隙过大，漏水、漏肥，植物易受干旱与冻害，特别是对植物播种和幼苗生长影响较大。

2. 核状结构 也是近立方体，但表面光滑有胶膜，结构紧实而稳定。大的直径在 1～2cm 或稍大，小的直径为 0.5～1cm，俗称蒜瓣土。它保水保肥能力差，也是一种不良结构体，多见于土质黏重而缺乏有机质的心土、底土中。

3. 柱状结构和棱柱状结构 结构体呈立柱状，俗称立土。其中棱角不明显的称为柱状结构，棱角明显的称为棱柱状结构。它们常出现在地下水位低而质地黏重、缺乏有机质的心土层或底土层中，是在干湿交替作用下形成的。这类结构体内部紧实，结构体之间有着明显裂隙，易漏水漏肥。

4. 片状结构 结构体呈扁平薄片状，俗称卧土。多由水的沉积作用或机械压力所形成，如耕地的犁底层、地表结皮和板结等。这种结构体致密紧实，不利于通气透水，会阻碍种子发芽和幼苗出土。但作为水稻土，犁底层的细碎片状结构体是有益的，它起着托水托肥的作用。

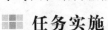

5. 团粒结构和粒状结构 团粒结构近似球形，是稳定性较强的一种土壤结构，其粒径为 0.25～10mm。粒径＜0.25mm 的团聚体称微团粒。粒径为 2～3mm 的团聚体浸水后不易散碎，是农业生产上最理想的水稳性团粒结构，俗称"米糁子""蚂蚁蛋"。粒状结构是指棱角比较明显、水稳性与机械稳定性较差、大小与团粒结构相似的土团，它也是一种较好的土壤结构。

■ 任务实施

1. 查阅资料与讨论 查阅有关土壤结构体的挂图、图片、文字材料及网站资料，分组讨论土壤结构对植物生长的影响。

2. 观察记载不同土壤结构体的外部特性 分组观察并记载块状、核状、柱状、片状、团粒等不同土壤团聚体标本的形状、大小、颜色、紧实度、光滑性、根系的数量等，还可以验证其透水能力。

3. 创造土壤团粒结构 分组调查实训基地具有不良土壤结构体的典型地块，在老师或农技人员的指导下制订出改良措施，并亲自付诸实施。主要的技术路径有：

（1）精耕细作，增施有机肥料。精耕细作使表层土壤松散，形成较多非水稳性的团粒。连续施用有机肥料可促进水稳性团聚体的形成，并且团粒的团聚程度较高。

耕作措施如翻耕、晒垡、冻垡、耙地等使土粒细碎；深耕结合施有机肥可以改善土壤的通透性，同时提供有机质胶结物，促进团粒结构的形成。

（2）合理轮作。合理轮作包括：

①粮食作物与绿肥或牧草作物轮作。

②同一田块每隔几年更换作物类型和品种。一般说来，不论禾本科或豆科作物，还是一年生植物或多年生牧草，只要生长健壮、根系发达，都能促进土壤团粒结构形成。

（3）合理灌溉。大水漫灌和畦灌由于冲刷大，容易破坏土壤结构，造成土壤板结、龟裂；进行喷灌，要注意控制水滴大小和喷水强度，尽量减轻对团粒结构的破坏；细流沟灌、地下灌溉等对团粒结构的破坏作用最小。在尚无地下灌溉和喷灌条件的地区对于密植植物只能采用畦灌，宜改大畦为小畦，以减轻破坏作用，并尽量在灌后及时松土。

（4）改良土壤酸碱性。过酸或过碱的土壤结构差。在氢离子和铝离子过多的酸性土上施用石灰，在钠离子饱和度高的碱性土上施用石膏，在调节土壤酸碱度的同时增加了钙离子，能促进团粒结构的形成。如碱土，土粒高度分散，湿时泥泞、干时坚硬，用石膏类物质改良能促使土壤疏松，防止表土结壳。

（5）施用土壤结构改良剂。土壤结构改良剂有两种类型：

①天然土壤结构改良剂。该土壤结构改良剂是以植物残体、泥炭、褐煤等为原料，从中提取腐殖酸、纤维素、木质素等物质作为团粒结构的胶结剂。

②人工合成的土壤结构改良剂。常用的人工合成的土壤结构改良剂有水解聚丙烯腈钠盐和乙酸乙烯酯等。该土壤结构改良剂能使分散的土粒形成具有水稳性、力稳性和生物稳定性的团粒，用量一般为耕层土重的 $0.01\%\sim0.10\%$，使用时以土壤含水量为田间持水量的 $70\%\sim90\%$ 效果最好，以喷施或干粉撒施，然后耙糖均匀即可，创造的团粒结构能保持 2～3 年。

■ 知 识 窗

团粒结构在土壤肥力上的作用

1. 团粒结构土壤大小孔隙兼备 团粒结构具有多级孔隙（图 3-3），不仅总孔隙度高，而且大小孔隙比例适当。

2. 协调水分和空气的矛盾 团粒内部的毛管孔隙保水能力强，起着"小水库"的作用（表 3-2）；团粒之间的大孔隙是良好的通气透水的通道，从而协调了水气矛盾。

3. 能协调保肥与供肥性能 团粒之间氧气充足，好氧微生物活动旺盛，有机质等迟效养分转化速度快、供肥能力强；团粒内部为嫌氧环境，有利于养分的贮藏和积累，起着"小肥料库"的作用。

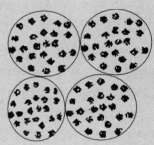

图 3-3　土壤团粒结构的孔隙

表 3-2　土壤结构和水分状况（降水 26.1mm）

（刘凯，2007，土壤肥料）

时间	降雨前	降雨后 1 昼夜	降雨后 3 昼夜
非团粒结构土壤的含水量/%	7.13	12.75	9.25
团粒结构土壤的含水量/%	10.62	18.41	18.55

4. 具有良好的物理性和耕性 由于水、气协调，土温变化小而稳定。团粒之间接触面小，黏结性较弱，耕作阻力小，故宜耕期长，耕作质量好，土壤疏松，根系穿插容易。

耕作土壤一般还富含微团粒结构，微团粒结构的大小一般为 0.001～0.250mm，也是一种比较适宜的土壤结构，通常是土粒与有机质分子直接团聚在一起，具有适宜的孔隙度及水气状况。

■ 观察与思考

公园里常见到人们在收集松树下的土壤用于家庭养花，有什么科学道理呢？

复习测试题

1. 土壤结构体的类型有＿＿＿＿＿＿、＿＿＿＿＿＿、＿＿＿＿＿＿、＿＿＿＿＿、＿＿＿＿＿＿等。
2. 生产上较为理想的土壤结构体为＿＿＿＿＿＿。
3. 生产上所有土壤都应该追求团粒结构。（对/错）
4. 简述团粒结构在土壤肥力上的意义。

任务三　土壤耕作与土壤耕性的改良

任务目标

了解土壤的物理机械性，理解土壤耕性的标准；能够确定土壤的宜耕期，熟悉并掌握生产中常用的耕作方法。

任务准备

1. **实训教室**　有关土壤耕性的挂图、照片、影像资料。
2. **实训基地**　未种植作物的空白地块，需要中耕的蔬菜地块。

基础知识

1. 土壤的物理机械性　土壤的物理机械性是指土壤受到外力作用时显示出的一系列动力学特性，也称为土壤结持性，包括土壤黏结性、土壤黏着性、土壤可塑性和土壤胀缩性等。

（1）土壤黏结性。土壤黏结性是土粒由于分子引力相互黏结在一起的特性。这种性质使土壤具有抵抗外力不被破碎的能力，是耕作时产生阻力的重要原因之一。

（2）土壤黏着性。土壤黏着性是土壤黏附于外物上的特性。由于土粒黏着在农具上，增加了土壤的耕作阻力，并影响了耕作质量。

（3）土壤可塑性。土壤可塑性是土壤在一定湿度范围内，在外力作用下塑造成各种形状，外力消失和土壤干燥后仍保持其形状的性能。

（4）土壤胀缩性。土壤胀缩性是指土壤吸水后体积膨胀、干燥后体积收缩的性质。土壤胀缩性同样影响耕作质量。

2. 土壤耕性的标准　土壤耕性是指耕作时土壤所表现出的性质以及耕作后土壤的生产性能。它是土壤各种理化性质，特别是物理机械性在耕作时的表现，同时也反映土壤的熟化程度。

（1）耕作的难易程度。这是指耕作时土壤对农机具产生的阻力大小，它影响耕作作业和能源的消耗。耕作时省工、省力、易耕的土壤称"土轻""口松""绵软"，而耕作时费工、费力、难耕的土壤称"土重""口紧""僵硬"。

（2）耕作质量的好坏。这是指耕作后的土壤对植物的影响。耕性良好的土壤，耕后疏松、细碎、平整，有利于植物的出苗和根系的发育；耕性不良的土壤，耕后起大土块，不易破碎，会影响播种质量、种子发芽和根系生长。

（3）宜耕期的长短。土壤最适宜耕作时土壤含水量范围称宜耕范围或宜耕期，表现为适于耕作时间的长短。耕性良好的土壤，雨后或灌溉后适于耕作的时间长，对土壤墒情要求不严格，表现为"干好耕，湿好耕，不干不湿更好耕"。耕性不好的土壤，宜耕的土壤含水量范围很窄，表现为"早上软，响午硬，到了下午锄不动"或"干时硬，湿时泞"。一般沙质土壤比黏质土壤宜耕期长。

3. 影响土壤耕性的因素

（1）土壤质地。土壤质地越黏重，土壤的黏结性、黏着性就越强。

（2）土壤有机质含量。土壤有机质的黏结性、黏着性比黏质土弱，比沙质土强。因此，增加土壤有机质含量对改善任何质地的土壤都有好处。

（3）土壤结构。团粒结构多的土壤疏松多孔、耕作阻力小、耕性好；块状、柱状、片状等不良结构多的土壤土质黏重、有机质缺乏、耕性差。

（4）土壤含水量。土壤水分少时，黏结性强、黏着性弱；含水量逐渐增加，黏结性也随之变小，黏着性增强。土壤刚开始表现可塑性时，最低含水量为下塑限；土壤失去可塑性，开始表现为流体时的最大含水量为上塑限。上、下塑限间的含水范围称为可塑范围，差值称为塑性值。塑性值越大，土壤可塑性越强。土壤在可塑范围内耕作时形成僵硬的块状，土块不易破碎。所以，土壤耕作时要在适宜的含水量范围内进行，把握好宜耕期。因此干耕应在低于可塑下限时进行，水耕应在高于可塑上限时进行，才能保证耕作质量。

■ 任务实施

1. 查阅资料与讨论 查阅有关土壤耕性的挂图、图片、文字材料及网站资料，分组讨论土壤耕作对植物生长的重要性，理解土壤耕作对于土壤肥力的影响。

2. 田间判别土壤是否宜耕 通过请教农技人员或有经验的农民，分组到实训基地进行土壤能否耕作的判别。主要的技术路径有：

（1）看土验墒。雨后或灌溉后，地表呈现黑白斑块相间的"喜鹊斑"，外白里黑、外干里湿，畦埂及稍高处地表有干土时，即进入宜耕期。

（2）手摸验墒。用手抓起 3~4cm 深处的土壤，紧握能成团，稍有湿印但不黏手心、不成土饼，呈松软状态。松开土团自由落地，能散开，相当于黄墒至黑墒的水分，半干半湿，水分正相当，即可耕。

（3）试耕。耕后土壤不黏农具，土垡能自然散开，不起大的土块，即为宜耕状态。

3. 田间耕作操作 在教师的指导下，对试验基地未种植作物的空白地块进行深耕及耙地，对菜地进行浅锄。检验耕作的质量，小组间进行评比。生产中，土壤耕作的方式很多，主要技术路径有：

（1）深耕（深翻、犁耕）。用犁具翻转土层，一般深度>20cm，结合施用有机肥料。

（2）浅耕。现多用旋转犁旋耕，一般深度<16cm，起到灭茬、播种的作用。

（3）糖地或稍地。抹平耙齿，平整地面、破除板结。

（4）浅锄（中耕）。一般深度＜10cm，植物生长期间疏松表土、破除板结，可增强土壤通透性，消除杂草。

（5）镇压。保持土表湿润，精耕细作，于播种前或播种后进行。

（6）优良耕作法。

①深松耕。不翻转土层，对犁底层和心土层深松，深度可达35cm以上。

②少耕。对土壤的耕翻次数或强度少于常规耕翻。

③免耕。基本上不对土壤进行耕翻。少耕、免耕能够改善表土结构，促进水分下渗，减少水土流失，提高表土有机质含量，降低农业生产成本；不足是杂草不易控制，植物病害较重。但少耕、免耕是发展方向。

4. 改良土壤耕性　根据土壤耕性的标准，判别试验基地（或农户）地块的耕性，如果耕性不好，制订出改良措施，并指导农户实施。主要的技术路径有：

（1）增施有机肥。有机质疏松多孔、吸附性强，能增加土壤的团粒结构，降低黏质土的黏结性和黏着性，减少耕作阻力；可增强沙质土壤的团聚性，使耕翻质量变好。

（2）通过对黏土掺沙、沙土掺黏，改良土壤质地。

（3）创造良好的土壤结构。

（4）掌握宜耕含水量和宜耕期。

（5）轮作换茬，水旱轮作，深根植物与浅根植物相结合。

■ 知 识 窗

土壤耕作的质量

土壤耕作就是通过农机具的机械力量作用于土壤，调整耕层和地面的关系，为作物播种、出苗和生长发育提供适宜的土壤环境条件。合理的耕作能够松土、翻土、混土、平地、压土，翻埋植物残茬、消灭杂草，改善耕层物理性质，特别是创造良好的土壤结构等。对于耕作的质量，在农事操作时要求"深、细、透、平、严"。深：一般18～20cm；细：不漏耕；透：保持耕深一致，犁底层平；平：翻上来的垡面平整；严：耕后严实。

■ 观察与思考

北方旱作区很多地方习惯于连年旋耕作业，容易造成土壤板结、耕层变薄。有人提出两年旋耕接一年深翻的作业模式，可行吗？有无科学道理？

■ 复习测试题

1. 常用的耕作方法有_____、_____、_____、_____、_____等。

2. 判断土壤耕性好坏的依据有_____。

3. "锄头底下有水，锄头底下有火"的科学道理是什么？

任务四 土壤热量状况观测与调控土温

任务目标

了解土壤的热性质，理解土壤温度状况对植物生长的影响。能够测定土壤温度，掌握农业生产中常用的土壤调温措施。

任务准备

1. 实训教室 有关土壤热量的挂图、照片、影像资料。

2. 实训用具 测定土壤温度与气温的相关用品。

3. 实训基地 农场大田地块、温室大棚地块。

基础知识

1. 土壤热量的来源 土壤热量主要来源于太阳辐射能，地球内部热量的传导也是土壤热量来源之一。另外，土壤有机质分解释放的热量，一部分被微生物利用，大部分用于提高地温（图 3-4）。

2. 土壤的热性质

（1）土壤热容量。土壤热容量是指单位质量或容积的土壤，温度每升高（或降低）1℃所需吸收（或放出）的热量。分别指质量热容量和容积热容量。

容积热容量＝质量热容量×容重

热容量大的土壤，土温较为稳定。由于土壤空气的热容量很小，容重变化不大，所以土壤热容量主要取决于土壤含水量。土壤含水量高，热容量就大，吸收或放出一定热量后，土温的升降慢；反之，含水量低，则土温升降快。如沙质土含水量少，热容量小，土温变幅就大，早春季节易升温，称为热性土；而黏质土通常含水多，热容量大，

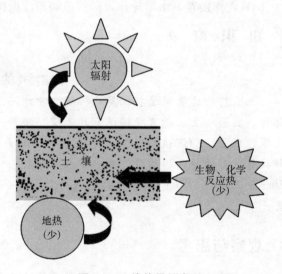

图 3-4 土壤热量的来源

土温变幅就小，早春升温慢，称为冷性土。生产上人们往往利用排水、中耕或灌溉等措施来减少或增加土壤含水量，从而达到调控土壤温度的目的。

（2）土壤的热导性。土壤在接受一定的热量后，除用于本身升温外，还将部分热量传给邻近土层或大气，土壤这种从温度高处向温度低处传导热量的性能称为土壤热导性。土壤热导性用土壤热导率（λ）来衡量。热导率是指在厚度为 1cm，两端温度相差 1℃时，每秒钟通过 1cm² 土壤断面热量的焦耳数。土壤的热导率也和土壤的三相物质比例有关（表 3-3）。

表 3-3 土壤各组分的热容量和热导率

土壤组成	土壤空气	土壤水分	矿物质	有机质
质量热容量/〔J/(g·℃)〕	1.004 8	4.186 8	0.75～0.96	2.01
容积热容量/〔J/(cm³·℃)〕	0.001 3	4.186 8	2.05～2.43	2.51
热导率/〔J/(cm·s·℃)〕	0.000 21～0.000 25	0.005 4～0.005 9	0.016 7～0.025 1	0.008 4～0.012 6

干燥无水的土壤，粒间充满着热导率极小的空气，热量只能从土粒接触处的狭小通道流过，因而热导率很低。孔隙所占容积分数愈大，热导率就愈小，其热导率主要取决于土壤的孔隙度。湿润的土壤，水代替粒间孔隙中的空气，导热的通道也大大加宽，所以土壤热导率随水分的增加而逐渐加大。

（3）土壤吸热性和散热性。土壤吸收太阳辐射能的性能称为土壤吸热性。吸热性与土壤颜色、地面状况、覆盖等有关，土壤湿度越大、颜色越深，吸热性越强；地面粗糙凹凸不平，反射能力弱，吸热性强；地面平坦，反射能力强，吸热性弱；有覆盖的土壤比无覆盖的土壤吸热性小；南坡的土壤吸收的太阳辐射能比北坡多。

土壤散热性是指土壤向大气散失热量的性能。散热性与土壤水分蒸发和土壤辐射有关。土壤水分蒸发需要吸收热量，能降低土温。土壤含水量越高，土壤蒸发越强，散失热量越多，土温降低越快；土壤在白天吸热增温后夜间就向外面放出辐射能，散失热量。当天气晴朗、土壤干燥、无覆盖物时，土壤辐射强，散热多，降温快；如果天气有云雾或烟雾，则辐射弱，散热少。

■■■ 任务实施

1. 查阅资料与讨论 查阅有关土壤热量的挂图、图片、文字材料及网站资料，分组讨论土壤温度对土壤肥力和植物生长的影响。

2. 测定土壤温度 分小组用曲管地温表分别观测大田地块和蔬菜大棚内土壤耕作层温度，用普通温度计分别测定大田与大棚的气温，做好记录，并进行比较。温度的测定可以结合农业气象课程的实训进行。

3. 调节大田地块的土壤温度 按照季节和植物的不同需求，每小组制订出实训基地土壤温度调控的计划和措施，并及时实施。土温调节的原则是春季要求提高土温，以适时提早作物的播种期和促进幼苗的早生快发；夏季要求土温不要过高，防止作物发生干旱和热害；秋冬季要求保持和提高土温，使作物及时成熟或安全越冬。技术路径主要有以下几个方面：

（1）耕翻松土。早春翻耕松土可使土壤疏松，提高表土温度，以利于种子出芽、幼苗发根。

（2）灌溉。夏季灌水可以降低土温，冬季灌水可以保温。据测定，北方冬灌麦田比未灌的地温高 2.3～2.4℃，且降温速度慢，能够有效抵抗寒流的侵袭。

（3）地面覆盖。春季地膜覆盖的土壤 5～10cm 地温可提高 4℃ 左右，苗床上覆盖塑料薄膜、秸秆、草帘等可降低土壤的散热性，在地面撒施草木灰、泥炭等深色物质，可增加土壤吸热性，都能提高土温。夏季高温时，覆盖可以阻挡太阳的直接辐射，降低土温。

（4）增施有机肥。早春育秧或保护地种植模式，施用有机肥，如羊粪、禽粪等热性肥料，可加深土壤颜色，增强土壤吸热性，同时有机质分解时放出的热量也能提高土温，促苗早发快长。

4. 调节温室、大棚等设施的土壤温度　按照季节和植物的不同需求，每小组为实训基地温室或农户大棚等生产设施制订出适宜的土壤温度调控的计划和措施，并及时实施。主要的技术路径有：

（1）保温措施。

①设计合理的设施方位和屋面坡度，尽量减少建材的阴影，选用透光度高的覆盖材料，增大透光率，提高土壤蓄热率。

②减少设施内植物蒸腾和土壤蒸发量，降低潜热损失，提高设施内白天蓄热量。

③在设施周围挖防寒沟，沟中填入稻草等保温材料，防止热量横向流失。

（2）降温措施。

①加湿降温法。室内喷水、喷雾或设置蒸发器，通过扩大水分蒸发"消除"太阳辐射能。

②遮光法。在屋顶上以一定间隔设置遮光覆被物，减少太阳净辐射。

③通风换气法。利用换气扇等人工方法进行换气降温。

知 识 窗

土壤温度对土壤肥力和植物生长的影响

1. 土壤温度对土壤肥力的影响　土壤热量状况是土壤肥力因素之一，温度是衡量土壤热量状况的尺度。土温影响土壤微生物活性和养分的转化与供应，大多数土壤微生物在$15\sim40℃$范围内活性旺盛，分解有机质能力强、速度快，释放的养分多。温度过高或过低，微生物活性受到抑制。土温还影响到土壤中水、气的运动及水分的存在形态。

2. 土壤温度对植物生长的影响　土壤温度影响植物种子的发芽和出苗。土温过高过低，不但会影响种子的发芽率，而且对植物以后的生长发育及产量品质都有影响。不同类型植物种子萌发时所需的最适温度范围相差很大（表3-4）。

表3-4　几种主要农作物种子发芽要求的土温

（张慎举 等，2009，土壤肥料）

作物	最低温度/℃	最适温度/℃	最高温度/℃
水稻	$10\sim12$	$30\sim32$	$36\sim38$
小麦	$3.0\sim3.4$	25	$30\sim32$
大麦	$3.0\sim3.4$	20	$28\sim30$
棉花	$10\sim12$	$25\sim30$	$40\sim42$
烟草	$13\sim14$	28	30

土壤温度还直接影响植物的营养生长和生殖生长。当土温适宜时，植物根系生长发育好，对水分和养分的吸收能力强，代谢作用旺盛，能促进植物的营养生长和生殖生长。土壤温度过高或过低都不利于植物的生长，甚至会对植物产生危害。

观察与思考

有些地方在寒冷的冬季有镇压土壤的习惯，防止寒风袭击植物根部，保苗越冬。这是什么道理？

复习测试题

1. 水的热容量比空气的_____，黏土的热容量比沙土的要_____。
2. 沙土春季升温比黏土_____，秋季降温沙土比黏土_____。
3. 植物生活的温度范围是比较窄的，大多数都在_____。
4. 简述地表覆盖对于土壤温度的调节作用。

任务五 调节土壤的保肥性和供肥性

任务目标

了解土壤胶体的特性，熟悉土壤保肥的途径，理解离子交换吸收保肥作用的意义；能够熟练掌握调控土壤保肥性和供肥性的技能。

任务准备

1. **实训教室** 有关土壤胶体、保肥性和供肥性的图片、影像资料。
2. **实训基地** 大田地块。

基础知识

1. 土壤胶体 直径在 1~1 000nm 的土壤颗粒称为土壤胶体。它们分散在土壤溶液中，是土壤固体颗粒中最微细的部分，也是土壤中最活跃的部分，对土壤理化性质、保肥供肥能力起着极其重要的作用。

（1）土壤胶体的种类。土壤胶体按其微粒组成和来源分为无机胶体、有机胶体和有机无机复合胶体三类。

①无机胶体。无机胶体在数量上远比有机胶体要多，主要是土壤黏粒，它包括铁、铝、硅等的氧化物及其含水氧化物类黏土矿物以及层状硅酸盐类黏土矿物。

②有机胶体。主要指的是土壤中的腐殖质，此外，还有各种高分子有机化合物，如蛋白质、纤维素、多糖类等。有机胶体的保肥作用比无机胶体大的多。

③有机无机复合胶体。土壤中有机胶体和无机胶体很少单独存在，而是相互结合在一起形成有机无机复合胶体，这是土壤胶体的主要存在形式。这种胶体的大量存在，在土壤中往往形成良好的团粒结构，稳定性能好。

（2）土壤胶体的构造。土壤胶体微粒由胶核与双电层组成（图 3-5）。

①胶核。胶核是胶体微粒的核心部分，由黏土矿物、腐殖质等无机、有机物质组成。

②决定电位离子层。位于胶核表面的电荷层，它所带的电荷决定了土壤胶体的类型。如果该层带正电荷，则该种胶体为正电荷胶体；带负电荷，则为负电荷胶体。一般绝大部分土壤胶体为负电荷胶体。

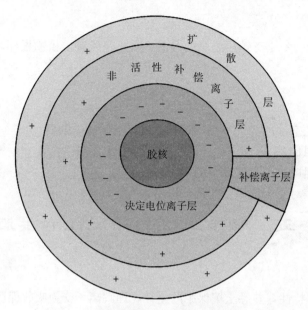

图 3-5　土壤胶体微粒结构

　　③补偿离子层。决定电位离子层要吸附带相反电荷的离子以平衡其电荷，形成补偿离子层。根据被决定电位离子层吸附强弱的不同，补偿离子层分为非活性补偿离子层和扩散层。

　　a. 非活性补偿离子层。距离决定电位离子层较近，受到的电性引力大，离子不能自由活动，只能随胶核移动，难于和粒间溶液中的离子进行交换。

　　b. 扩散层。距离决定电位离子层较远，受到的电性引力小，有较大的活动性，能和土壤溶液中的离子互相交换，把土壤溶液中的养分离子吸收保存起来。

　　土壤胶体的决定电位离子层和补偿离子层合称为双电层，它们所带电荷数量相等，电性相反，所以土壤胶体不显电性。

　　（3）土壤胶体的特性。

　　①土壤胶体具有巨大的表面能。比表面是指单位质量物体的总表面积。颗粒越小，比表面越大（表 3-5）。物体表面分子与外界的气体或液体接触，内外两面受到的是不同的分子引力，有剩余的分子引力，由此而产生表面能，这种表面能使得物体具有吸附能力（图 3-6）。土壤胶体数量越多，比表面越大，表面能也越大，吸附能力也愈强。

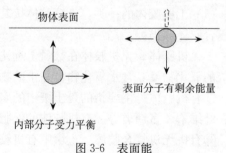

图 3-6　表面能

　　②土壤胶体的带电性。土壤胶体带电性指的是决定电位离子层所带电荷的性质。一般情况下土壤胶体带负电荷的数量远大于正电荷的数量，所以大多数土壤胶体带有净负电荷。只有含铁、铝氧化物较高的强酸性土壤，才有可能带净正电荷。

　　③土壤胶体的凝聚作用和分散作用。土壤胶体有两种不同的状态：一种是土壤胶体微粒均匀地分布在水中，呈高度分散的溶胶；另一种是胶体微粒彼此凝聚在一起呈絮状的凝胶。土壤胶体由溶胶变成凝胶的过程称凝聚作用，由凝胶分散成溶胶的过程称胶体的分散作用。

表 3-5 不同土壤胶体的比表面

胶体种类	腐殖质	蒙脱石	伊利石	高岭石
比表面/（m^2/g）	800～1 000	800	100～200	5～20

土壤溶液中的阳离子能使土壤胶体凝聚。阳离子的价数越高，凝聚作用越强；同价离子之间离子半径越大，凝聚作用越强。

$$Fe^{3+}>Al^{3+}>Ca^{2+}>Mg^{2+}>NH_4^+>K^+>Na^+$$

当土壤中的水分减少时，会使电解质的浓度增加，也可以引起土壤胶体的凝聚。所以，生产上有时以冻融、烤田等措施促进土壤胶体的凝聚和团粒结构的形成。

当土壤胶体处在凝胶状态时，有利于水稳性团粒的形成。当土壤胶体处在溶胶状态时，会使土壤黏结性、黏着性、可塑性增加，耕作质量变差。生产中常通过施用石灰、石膏等物质促进土壤胶体凝聚和良好结构的形成。

2. 土壤保肥性 土壤具有把进入土壤的各种分子态、离子态或气态、固态养分保存起来的能力和特性，称为土壤保肥性，也称为土壤吸收性能。如混浊的水通过土壤会变清，粪水通过土壤后臭味消失或减弱，海水通过土壤会变淡等。土壤保肥机制大致有 5 种形式。

（1）机械吸收性能。具有多孔体的土壤对进入土体的固体颗粒的机械截留作用。如粪便残渣、有机残体和磷矿粉等主要靠这种形式保留在土壤中。

（2）物理吸收性能。土粒依靠巨大的表面能对分子态物质（如氨、氨基酸、尿酸等）吸收保持的性能。

（3）化学吸收性能。土壤溶液中一些可溶性养分与其他物质发生化学反应生成难溶性化合物而沉淀保存在土壤中的过程。这种吸收作用往往会降低养分的有效性。

（4）生物吸收性能。土壤中微生物和植物根系对养分的吸收、保存和积累。这是无机养分的有机化，保存于生物体中的养分虽然对植物而言暂时失去了有效性，但避免了养分的流失或化学固定。生物死亡后，被保存的养分还可以转化为对植物有效的状态。

（5）离子交换吸收性能。土壤溶液中的离子与土壤胶体扩散层中的同电性离子相互交换而保留在土壤中。这是土壤保蓄养分的最主要方式。

①土壤阳离子交换吸收作用。土壤的阳离子交换作用是指带负电荷的土壤胶体所吸附的阳离子与土壤溶液中的阳离子不断进行交换的过程。土壤阳离子交换吸收具有可逆反应、等电荷交换和符合质量作用定律等特点。

$$\boxed{\text{土壤胶体}}\begin{matrix}K^+\,K^+\\\\Ca^{2+}\end{matrix} + 4NH_4^+ \rightleftharpoons \boxed{\text{土壤胶体}}\begin{matrix}NH_4^+\,NH_4^+\\\\NH_4^+\,NH_4^+\end{matrix} + Ca^{2+} + 2K^+$$

a. 可逆反应。土壤阳离子交换吸收反应同时向两个方向进行，并很快达到平衡。

b. 等电荷交换。离子间以相等电荷数为根据进行交换。如 1mol Ca^{2+} 可交换 2mol K^+。

c. 符合质量作用定律。阳离子交换吸收作用受质量作用定律的支配，即离子浓度越大，交换能力越强。

②土壤阴离子的交换吸收作用。土壤阴离子交换吸收作用是指带正电荷的土壤胶体所吸附的阴离子与土壤溶液中的阴离子发生交换而达到动态平衡的过程。其吸附机制较为复杂，依其吸收能力的大小分为三类：易吸附的离子，如磷酸根类（$H_2PO_4^-$、HPO_4^{2-}、PO_4^{3-}），

硅酸根类（$HSiO_3^-$、SiO_3^{2-}）及若干有机酸根；不易吸附的离子，如 Cl^-、NO_3^- 等；中间类型的离子，如 SO_4^{2-}、CO_3^{2-} 等。

3. 土壤供肥性 养分在土壤中存在形态不同，对植物的有效性也不同。速效性养分主要是水溶态和交换态养分；缓效性养分主要是某些矿物中较易释放的养分，可作为速效养分的补充给源；迟效性养分主要是原生矿物和有机质中的养分，不能被植物吸收利用，需经过分解转化后才能释放出的养分。土壤在植物整个生育期内，持续不断地供应和协调植物生长发育所必需的各种速效养分的能力和特性，称为土壤供肥性。它是评价土壤肥力的重要指标。

（1）影响土壤供肥性的因素。

①土壤速效养分的数量。土壤中养分的数量是反映植物根系能直接吸收利用的养分数量。土壤速效养分多，供肥能力强；速效养分少，供肥能力弱。

②迟效养分的有效化。迟效养分包括土壤中矿物态养分和有机态养分。矿物态养分经过风化作用可以释放多种可溶性矿质养分，供植物吸收利用；有机态养分主要依靠微生物分解使其有效化。

③交换性养分离子的有效性。土壤胶体表面吸附的离子可以通过离子交换进入土壤溶液供植物吸收利用。所以被土壤胶体吸附的离子不会失去对植物的有效性，但是被土壤胶体吸附的离子的有效性受离子饱和度效应影响很大。

离子饱和度是指土壤胶体上吸附的某一种阳离子的总量占土壤阳离子交换量的百分率。土壤胶体上某种离子的饱和度越大，被解吸的机会越大，该离子的有效性越强，所以交换性离子的有效性不仅仅与该种离子的绝对数量有关，更主要的还取决于该种离子的饱和度。所以施肥要相对集中施用，增加离子饱和度，以提高肥效。

④植物根系的作用。植物在其生长过程中持续不断地吸收各种养分，不同植物及植物生长的不同阶段根系吸收养分的能力是不一样的。根系发达的植物吸收和富集养分的能力就强。根系在生长过程中还会向土壤中分泌一些有机酸和激素类物质，这在根际范围内更为明显，这有利于土壤中养分的溶解释放及提高根系的吸收能力。

（2）土壤供肥性的表现。

①作物长相。人们通常将土壤的供肥性划分为不同类型：一是供肥性好，保肥性差。作物长相可描述为"发小苗不发老苗，有前劲无后劲"。二是供肥性差，保肥性好。作物长相可描述为"不发小苗发老苗，前劲小后劲足"。三是供肥性好，保肥性也好。作物长相可描述为"既发小苗又发老苗，肥劲稳长"。"有劲""无劲"反映了土壤的供肥状况。

②土壤形态。耕作层深厚、土色深暗、沙黏适中、土壤结构良好、松紧适度的土壤供肥性能好。

③肥料效应。不同质地的土壤具有不同的保肥供肥特性。沙质土透气性强，有机质消耗快，保肥性差，供肥性好，群众形容它是"不施肥稻像草，多施肥立即倒"，施肥时应少施、勤施，以免"烧苗"或使养分流失。黏质土保肥性好，肥多不烧苗、不徒长、不倒伏，缺肥时作物症状显现慢，这类土壤不择肥、不漏肥，肥劲稳长。

任务实施

1. 查阅资料与讨论 查阅有关土壤胶体、土壤保肥性、土壤供肥性的图片、文字材料及网站资料，分组讨论土壤胶体对土壤肥力的重要性及土壤保肥性、供肥性对植物生长的意义。

2. 判定土壤胶体具有巨大比表面的小试验 取一支粉笔，从中间一分为二，再把两段分为四段，四分为八……观察粉笔总外表面积的增加过程。在相同质量情况下，体会沙粒、粉粒、黏粒的总表面积的差别。

3. 调节土壤的保肥性和供肥性 调节原则：土壤的保肥性能和供肥性能之间往往存在一定的矛盾。如南方的酸性土和北方的石灰性土壤对磷的吸收保存力很强，但土壤的供磷水平往往很低。有的土壤，如沙土，保肥性差，但供肥性好。只有保肥性和供肥性协调的土壤，才是营养状况良好的土壤。

分组调查研究试验基地（或农户）地块的土壤保肥性能和供肥性能，制订切实可行的调控计划，结合调控其他的土壤性状来实施。主要的技术路径有：

（1）增加肥料投入，调节土壤胶体状况。增施有机肥料、秸秆还田和种植绿肥，提高土壤中的有机质含量；翻淤压沙或掺黏改沙，增加沙土中的胶体数量；适当增施化肥，以无机促有机，改善土壤保肥性与供肥性。

（2）科学耕作，合理灌排。合理耕作，以耕促肥；合理灌排，以水促肥。

（3）调节交换性阳离子的组成，改善养分供应状况。酸性土壤施用适量石灰、草木灰；碱性土壤施用石膏，可调节交换性阳离子组成，改善土壤保肥性与供肥性。

知 识 窗

土壤阳离子交换量与盐基饱和度

1. 土壤阳离子交换量（CEC） 土壤阳离子交换量是指土壤胶体对阳离子的吸收量，一般用一定的 pH 条件下，每千克干土所能吸附的全部交换性阳离子的厘摩尔数来表示，单位为 cmol（H^+）/kg。为便于计算和比较，统一折算为 H^+ 的量。

土壤的阳离子交换量基本上代表了土壤能够吸附阳离子的数量，反映了土壤的保肥能力。一般来讲，阳离子交换量＞20cmol（H^+）/kg 的土壤保肥性强；10～20cmol（H^+）/kg 的土壤保肥性中等；＜10cmol（H^+）/kg 的土壤，保肥性弱（表3-6）。质地黏重、有机质含量高的土壤，往往保肥性能好。

表3-6 不同质地土壤的阳离子交换量

质地类型	沙土	沙壤土	壤土	黏土
阳离子交换量/［cmol（H^+）/kg］	1～5	7～8	15～18	25～30

2. 土壤的盐基饱和度 土壤交换性阳离子可分为两类：一类为致酸离子，如 H^+、Al^{3+}；一类为盐基离子，如 Ca^{2+}、Mg^{2+}、NH_4^+、K^+、Na^+ 等。盐基离子占交换性阳离子总量的百分数称为盐基饱和度。

一般来讲，土壤阳离子交换量越大，盐基饱和度越高，则土壤的保肥性就越强。

观察与思考

生产中有这样的观点：栽培须根系密植植物时，肥料撒施后耕翻，集中施肥；直根系植物施肥时，更应该强调沟施、穴施、条施。这种观点有道理吗？

复习测试题

1. 土壤胶体是直径在_____ nm 的土壤颗粒。
2. 溶胶变成凝胶的过程称为土壤胶体的_____。
3. 沙土不如黏土保肥性好。有机质的 CEC 大，含有机质多的土壤保肥性强。（对/错）
4. CEC 大的土壤，不一定保肥性就强。（对/错）
5. 沟施、穴施、条施等集中施肥的方法易引起烧苗现象。（对/错）
6. 简述土壤保蓄养分的几种方式。各有何特点？

任务六 土壤酸碱性测定及调节

任务目标

了解土壤酸碱性的分级，学会测定土壤酸碱性的方法，掌握调节土壤酸碱性的田间操作技术；理解土壤的缓冲性能。

任务准备

1. **实训教室** 有关土壤酸碱性的图片、影像资料。
2. **实验室** 测定土壤酸碱性的相关物品。
3. **实训基地** 空白地块及种植地块。

基础知识

1. 土壤酸碱性的分级 土壤酸碱性是指土壤溶液中 H^+ 浓度和 OH^- 浓度比例不同而表现出来的酸碱性质。土壤酸碱性用土壤溶液的 pH 来表示，土壤 pH 是指土壤溶液中 H^+ 浓度的负对数值。我国土壤的 pH 大多数在 4.5～8.5 范围内（表 3-7），在地理分布上有"南酸北碱"的规律性，即由南向北，pH 逐渐增大。

表 3-7 土壤酸碱性的分级

土壤 pH	<4.5	4.5～5.5	5.5～6.5	6.5～7.5	7.5～8.5	8.5～9.5	>9.5
土壤酸碱性	强酸性	酸性	微酸性	中性	微碱性	碱性	强碱性

2. 土壤酸性 土壤中酸性物质主要来源于碳酸、有机质分解产生的有机酸、土壤微生物和施肥产生的无机酸，而最主要的还是土壤胶体上吸附的 H^+、Al^{3+} 所产生的酸。

（1）活性酸。土壤溶液中 H^+ 浓度直接反映出来的酸度，称为活性酸，常用 pH 表示。这种酸度对土壤肥力和植物生长有重要的影响，故又称实际酸度或有效酸度。

（2）潜性酸。土壤胶体上吸附的 H^+、Al^{3+} 所引起的酸度，称为潜性酸，常用每千克烘干土中氢离子的厘摩尔数表示 [coml（H^+）/kg]。

活性酸和潜性酸是一个平衡系统的两种酸度，潜性酸可以代换出来变成活性酸；活性酸也可以被胶体吸附成为潜性酸。活性酸的 H^+ 数量很少，而潜性酸的量要大很多，所以在酸性土壤改良时，要根据潜性酸的量来考虑所要施用石灰的数量。

3. 土壤碱性　土壤中碱性物质主要来源于土壤中碳酸钙、碳酸钠等弱酸强碱盐的水解，土壤胶体上吸附的 Na^+ 的水解等。

（1）pH 表示法。土壤溶液中 OH^- 浓度超过 H^+ 浓度时，土壤表现为碱性。含有碳酸钠、碳酸氢钠的土壤，pH 常在 8.5 以上。pH 越大土壤碱性越强，对植物（少数耐碱或喜碱的植物除外）生长和微生物的活动不利。

（2）土壤的碱化度。通常把交换性钠离子的数量占交换性阳离子总量的百分数，称为碱化度。一般碱化度为 5%～10%时，称弱碱化土；10%～15%称中碱化土；15%～20%称重碱化土；>20%称碱性土。

4. 土壤缓冲性　土壤具有抵抗外来物质引起酸碱反应剧烈变化的性能，称为土壤缓冲性。土壤具有缓冲性能使土壤 pH 不致因根系呼吸、施肥、有机质分解等引起剧烈变化，为植物生长和微生物活动提供一个比较稳定的土壤环境条件，但同时也给土壤改良带来了一定的困难。

土壤是一个巨大的缓冲体系，土壤缓冲能力的强弱取决于土壤有机质和土壤中黏粒的含量等因素。一般来讲，有机质含量越多，黏粒含量越高，缓冲能力越强。酸性土对碱性物质缓冲力强，碱性土对酸性物质缓冲能力强。农业生产中，可通过增施有机肥、改良土壤质地等措施来提高土壤缓冲能力。

■ 任务实施

1. 查阅资料与讨论　查阅有关土壤酸碱性的图片、文字材料及网站资料，分组讨论土壤酸碱性对土壤肥力的重要性及对植物生长的意义。

2. 生产调查　在教师或技术人员的指导下，分组对当地自然植物群落和主要栽培作物做一次粗略调查，经讨论、查阅资料，找出有代表性的自然植被类型（或指示植物），确定当地的作物布局。

一定区域范围内能指示生长环境或某些环境条件的植物种、属或群落称为指示植物。土壤指示植物是用植被来鉴别土壤性质的植物。如芒萁为酸性土的指示植物，柏木为石灰性土壤的指示植物，多种碱蓬类植物是强盐渍化土壤的指示植物。

3. 测定土壤的酸碱度　土壤酸碱度（pH）是土壤的基本性质，对植物生长及土壤性质有很大影响。了解土壤酸碱反应，可以因土种植，还能作为土壤改良与培肥的依据。

（1）测定原理。采用电位法测定土壤 pH，是将 pH 玻璃电极和甘汞电极（或复合电极）插入土壤悬液或浸出液中构成一原电池，测定其电动势值，再换算成 pH。在酸度计上测定，经过标准溶液定值后可直接读取 pH，水土比例对 pH 影响较大，尤其对于石灰性土壤稀释效应的影响更为显著。以采取较小水土比为宜，本方法规定水土比为 2.5∶1。同时酸性土壤除测水浸土壤 pH 外，还应测定盐浸 pH，即以 1mol/L KCl 溶液浸取土壤 H^+ 后用电位法测定。本方法适用于各类土壤 pH 的测定。

（2）操作用具。酸度计（精确到 0.01 的 pH 单位，有温度补偿功能）、pH 玻璃电极、饱和甘汞电极（或复合电极）、搅拌器。

（3）配制试剂。

①去除 CO_2 的蒸馏水。煮沸 10min 后加盖冷却，立即使用。

②氯化钾溶液 [c(KCl)＝1mol/L]。称取 74.6g KCl 溶于 800mL 蒸馏水中，用稀氢氧化钾和稀盐酸调节溶液 pH 为 5.5～6.0，稀释至 1L。

③pH 4.01（25℃）标准缓冲溶液。称取经 110～120℃烘干 2～3h 的邻苯二甲酸氢钾 10.21g 溶于蒸馏水，移入 1L 容量瓶中，用蒸馏水定容，贮于聚乙烯瓶中。

④pH 6.87（25℃）标准缓冲溶液。称取经 110～130℃烘干 2～3h 的磷酸氢二钠 3.533g 和磷酸二氢钾 3.388g 溶于蒸馏水，移入 1L 容量瓶中，定容后贮于聚乙烯瓶中。

⑤pH 9.18（25℃）标准缓冲溶液。称取经平衡处理的硼砂（$Na_2B_4O_7 \cdot 10H_2O$）3.800g 溶于无 CO_2 的蒸馏水中，移入 1L 容量瓶中，用蒸馏水定容，贮于聚乙烯瓶。

硼砂平衡处理是将硼砂放在盛有蔗糖和食盐饱和水溶液的干燥器内平衡两昼夜。

（4）操作步骤。

①仪器校准。各种 pH 计和电位计的使用方法不尽一致，电极的处理和仪器的使用按仪器说明书进行。将待测液与标准缓冲溶液调到同一温度，并将温度补偿器调到该温度值。用标准缓冲溶液校正仪器时，先将电极插入与所测试样 pH 相差不超过 2 个 pH 单位的标准缓冲溶液，启动读数开关，调节定位器使读数刚好为标准液的 pH，反复几次至读数稳定。取出电极洗净，用滤纸条吸干水分，再插入第二个标准缓冲溶液中，两标准液之间允许偏差 0.1 个 pH 单位，如超过则应检查仪器电极或标准液是否有问题。仪器校准无误后，方可用于样品测定。

②土壤水浸液 pH 的测定。称取通过 2mm 孔径筛的风干土壤样品 10.0g 于 50mL 高型烧杯中，加 25mL 去 CO_2 的蒸馏水，以搅拌器搅拌 1min，使土粒充分分散，放置 30min 后进行测定。将电极插入待测液中（注意玻璃电极球泡下部位于土液界面处，甘汞电极插入上部清液），轻轻摇动烧杯以除去电极上的水膜，促使其快速平衡，静置片刻后按下读数开关，待读数稳定（在 5s 内 pH 变化不超过 0.02）时记下 pH。放开读数开关，取出电极，以水洗涤，用滤纸条吸干水分后即可进行第二个样品的测定。每测 5～6 个样品后需用标准液检查定位。

③土壤氯化钾盐浸提液 pH 的测定。当土壤水浸 pH＜7 时，应测定土壤盐浸提液 pH。测定方法除用 1mol/L KCl 溶液代替无 CO_2 蒸馏水以外，其他测定步骤与水浸 pH 测定相同。

（5）注意事项。

①长时间不用的玻璃电极需要在蒸馏水中浸泡 24h，使之活化后才能进行正常应用。暂时不用的可浸泡在蒸馏水中，长期不用时应干燥保存。甘汞电极腔内要充满饱和氯化钾溶液。玻璃电极的内电极与球泡之间、甘汞电极内电极与陶瓷芯之间不得有气泡。

②标准缓冲溶液在室温下一般可保存 1～2 个月，在 4℃冰箱中可延长保存期限。用过的标准缓冲溶液不要倒回原液中混存，发现混浊、沉淀就不能再使用。

③温度影响电极电位和水的电离平衡，温度补偿器、标准缓冲溶液、待测液温度要一致。标准缓冲溶液 pH 随温度稍有变化，校准仪器时可参照表 3-8。

表 3-8　标准缓冲溶液在不同温度下的变化

温度/℃	pH		
	标准缓冲溶液 4.01	标准缓冲溶液 6.87	标准缓冲溶液 9.18
0	4.003	6.984	9.464
5	3.999	6.951	9.395
10	3.998	6.923	9.332
15	3.999	6.900	9.276
20	4.002	6.881	9.225
25	4.008	6.865	9.180
30	4.015	6.853	9.139
35	4.024	6.844	9.102
38	4.030	6.840	9.081
40	4.035	6.838	9.068
45	4.047	6.834	9.038

④依照仪器使用说明书，至少使用两种 pH 标准缓冲溶液进行 pH 计的校正。

⑤测定批量样品时，最好按土壤类型等将 pH 相差大的样品分开测定，可避免因电极响应迟钝而造成的测定误差。

⑥测试期间应经常检查复合电极是否正常。

⑦测量时土壤悬浮液温度与标准缓冲溶液温度之差不应超过 1℃。

4. 改良土壤的酸碱性　选择过酸或过碱的地块，以小组为单位，制订计划和措施进行改良。如果当地没有这类土壤，可以观看有关泛酸田、盐渍土改良的视频资料，记录其主要的改良措施。

（1）因土选种适宜的植物。南方酸性很强的山地黄壤，可以种植喜酸的茶；碱性强的盐碱地，可种植耐盐、耐碱能力较强的甜菜、向日葵、紫花苜蓿、棉花等作物；对酸碱反应敏感、适应 pH 范围窄的经济作物，如西洋参（药用）、茉莉（香料）、郁金香（花卉）等，引种培育则要慎重。多数植物对酸碱性的适应能力较强，适宜的 pH 范围也宽。所以，酸性和碱性不强的土壤，只要根据土壤和植物的特性，因土种植即可。

沙地花生淤地麦
碱地棉花也能发

农谚

（2）酸碱性土壤的化学改良。酸性土壤的化学改良方法，通常是通过施用石灰质物质（包括生石灰、熟石灰、碳酸石灰等）来中和酸性，碱性土壤通常通过施用石膏、磷石膏、明矾等物质来中和碱性。该类物质中常含有钙等高价离子，还能够促进土壤胶体的团聚，创造良好的土壤的结构。

知 识 窗

土壤酸碱性对土壤肥力和植物生长的影响

1. 土壤酸碱性对土壤养分有效性的影响 土壤酸碱性对微生物活动影响很大（图3-7），土壤细菌和放线菌（如硝化细菌、固氮细菌和纤维分解细菌等）均适宜于中性和微碱性环境，在此条件下活动旺盛，有机质分解矿化快，固氮作用强。真菌可在较大的 pH 范围内活动，在强酸性土壤中以真菌占优势。土壤酸碱性对营养元素的有效性影响很大，土壤中氮素在 pH 6.0~8.0 范围内有效性最大；磷在酸性土壤中易被铁、铝固定，在石灰性土壤（pH 7.5~8.5）中易被钙固定，在 pH 6.5~7.5 时有效性最高；钾、钙、镁、硫在 pH 6.0~8.0 时有效性最大；铁、锰、铜、锌、硼一般在酸性条件下有效性最高，而在石灰性土壤等偏碱性或碱性条件下易形成沉淀。而钼在偏碱性条件下有效性较高。

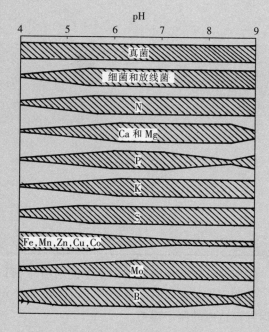

图 3-7　土壤 pH 对微生物和养分有效性的影响

2. 土壤酸碱性对植物生长的影响 不同种类植物适应酸碱环境的能力差异很大，多数植物适宜中性至微酸性土壤（表3-9）。有些植物对酸碱反映很敏感，如甜菜、紫花苜蓿等，要求中性、微碱性的土壤，而不太适应酸性土壤；茶树、杜鹃等适宜酸性土壤，不适应中性、微碱性土壤。有些植物对酸碱条件的适应能力很强，如荞麦、黑麦、芝麻等，在很宽的 pH 范围内都能生长良好。

表 3-9　常见栽培植物适宜的 pH 范围

植物	pH	植物	pH	植物	pH	植物	pH
小麦	6.0~7.0	油菜	6.0~8.0	西瓜	6.5~7.0	菊花	5.5~7.5
玉米	6.0~7.5	花生	5.0~7.0	苹果	6.0~7.0	牡丹	6.5~8.0
水稻	6.0~7.5	烟草	5.0~6.0	柑橘	6.0~8.0	槐	6.0~7.0
棉花	6.0~8.0	番茄	6.0~7.0	葡萄	5.0~7.0	白杨	6.0~8.0
甘薯	5.0~6.0	萝卜	6.0~7.0	梨	5.0~7.0	松	5.0~6.0
甘蔗	6.0~8.0	芹菜	6.0~6.5	茶	5.0~5.5	榆	6.0~8.0
大豆	6.0~7.0	黄瓜	6.0~8.0	杜鹃	4.5~5.5	柽柳	6.0~8.0

观察与思考

在我国北方广泛分布着富含碳酸钙或碳酸氢钙等石灰性物质的土壤，称为石灰性土壤，其土壤 pH 一般为 7.5~8.5，为什么？

复习测试题

1. 某土壤 pH 为 6.8，该土壤的酸碱反应为＿＿＿＿＿＿＿。
2. 化学改良酸性土，通常用＿＿＿＿＿＿＿类物质。
3. 化学改良碱性土，通常用＿＿＿＿＿＿＿类物质。
4. 土壤酸碱性对土壤养分影响很大，但对植物的立地条件影响不大。（对/错）
5. 增施有机肥、改良土壤质地等措施可以提高土壤缓冲能力。（对/错）

模块二

MOKUAIER

科学精准施肥

KEXUE JINGZHUN SHIFEI

04 | 项目四 植物的营养特性与施肥原理

 **项目目标**

【知识目标】熟悉植物吸收营养的特性、植物必需营养元素、植物施肥基本原理。

【能力目标】知道当地主栽植物施用氮、磷、钾肥的关键时期，学会运用施肥原理指导施肥和农业生产；能够进行田间施肥的农事操作。

【素养目标】树立学以致用、服务社会的意识，培养实事求是、科学严谨的精神和作风。

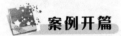 **案例开篇**

肥料也是"毒药"

广西一果农种植了两年的沃柑树不到1m高，因感觉叶片不够浓绿，听取专家建议施用镁肥，3.5万kg水加了400kg镁肥，还加了花生枯等肥料，用滴灌设施淋肥后就出去旅游了7d，回来后大惊，全园新梢黄化，类似缺锌的黄化症状，特别严重，后来就打电话给专家咨询情况。

专家来到果园后，就解释了这个情况：首先，沃柑浓绿的叶片是不正常的，往往是氮或磷肥过量的表现，淡绿色才是正常的叶片颜色。其次，小树一般情况下不用补充镁肥，除非是沙性土或酸化严重的土壤，正常情况下小树很少缺少镁或其他微肥。最后，要注意施肥浓度，本果园施肥时用400kg镁肥兑水3.5万kg，肥料浓度＞1%，任何肥料水肥浓度＞1%都会产生肥害。综上所述，本果园的黄化症状就是肥害。

专家建议：镁肥使用过量，会使土壤中镁离子浓度过高，镁离子附着在根系上会伤害根系，要先用豆浆使离子从根系上剥离开，豆浆中的植物蛋白可以将重金属离子包裹起来；再使用腐殖酸促根，加咪鲜胺杀菌，防止根系腐烂。

任务一　植物营养特性的诊断

■ 任务目标

熟悉植物必需营养元素的种类，掌握植物营养关键期的含义，了解植物吸收养分的途径；掌握盆栽试验的方法，进一步提高生产情况的调查技能。

任务准备

1. 实训教室 有关土壤植物营养的图片、影像资料。

2. 实验室 盆栽试验常用的相关物品。

3. 野外 野外调查常用的图表、资料、物品等。

基础知识

1. 植物生长发育必需的营养元素

（1）植物体的组成元素。水和干物质是新鲜植物体的两个组成部分，其中水分占75%～95%，干物质占5%～25%，而干物质中有机物占90%～95%，其余的是无机物。

当植物灼烧后，其有机物会因氧化而被分解成各种气体，并残留一些灰分。这些气体主要由碳、氢、氧、氮等元素组成，残留的灰分较为复杂，主要有磷、钾、钙、镁、钠、铁、锰、铜、锌、硼、钼、氯、硅、钴、铝、镍、钒、硒等。研究表明，自然界存在的元素在植物体内几乎都可以找到，现已查明了70余种。

（2）植物生长发育必需的营养元素。植物吸收的元素，有的起到营养作用，有些是被动吸收进去的。所有植物生长发育都必需的营养元素，我们称为必需营养元素。必需营养元素应满足3个条件：

①植物完成其生活周期必不可少。

②其他营养元素不能代替它的功能，如果缺少，植物呈现专一的缺素症。

③在植物营养上直接参与植物代谢作用，并非由于它改善了植物生活条件所产生的间接作用。

目前，确定的植物必需营养元素有碳（C）、氢（H）、氧（O）、氮（N）、磷（P）、钾（K）、钙（Ca）、镁（Mg）、硫（S）、铁（Fe）、锰（Mn）、铜（Cu）、锌（Zn）、硼（B）、钼（Mo）、氯（Cl）共16种（图4-1）。

必需营养元素
- 大量元素（0.1%以上）
  - C、H、O　非矿质元素（来自空气和水）
  - N、P、K　植物营养三要素（肥料三要素）
  - Ca、Mg、S（也称中量元素）
- 微量元素（0.1%以下）　Fe、Mn、Zn、Cu、Mo、B、Cl

（N、P、K，Ca、Mg、S 及微量元素：矿质元素（来自土壤））

图4-1 植物必需营养元素分组

有些元素只对某些植物的生长有一定作用，而不是所有植物生长发育所必需的，称为“有益元素”。如钠对甜菜及纤维作物，硅对水稻等禾谷类作物，碘对紫云英，钴对豆科作物，铝对茶树等。如果把“有益元素”与必需元素结合在某些作物的平衡营养、平衡施肥体系中，对于提高肥效和产量以及改善农产品品质必然是有利的。

必需营养元素对于植物的生命活动来讲，都是同等重要、不能互相替代的。植物必需营养元素的各种功能一般是通过植物的长相表现出来的，当植物缺乏或过量吸收某一元素时，会出现特定的外部症状，这些症状统称为植物营养失调症，包括营养元素缺乏症和营养元素毒害症。

2. 植物营养的关键时期 植物从种子萌发到成熟，各阶段所吸收营养元素的种类、数量和比例各不相同，形成了植物营养的阶段性。植物吸收营养元素是不间断地进行的，其规律是种子发育期不需要从外界吸收营养元素，生长初期吸收元素的种类、数量较少，随着生长时间的推移而逐渐增加，到成熟期则慢慢减少直至停止吸收。植物吸收养分的状况与其干物质的积累变化是相似的（表4-1）。在植物吸收养分的整个过程中，有两个非常关键时期，即植物营养临界期和植物营养最大效率期。

表 4-1　棉花各生育期养分吸收百分率（％）

生育期	出苗—真叶	真叶—现蕾	现蕾—开花	开花—成熟
氮（N）	0.78	9.96	52.76	36.50
磷（P_2O_5）	0.59	5.21	28.80	65.40
钾（K_2O）	0.21	1.90	17.29	80.60

（1）植物营养临界期。植物生长发育过程中，有这样一个时期：对某种养分要求的绝对数量不多，需求却很迫切，如果这个时候缺少该种养分，植物的生长发育和将来的产量将会受到严重影响，即使以后再补施更多的该种养分也难以弥补，这个时期称为植物营养临界期。

植物营养临界期大多出现在生长发育早期，而且多数植物对磷的要求均早于氮素，几乎都在幼苗期。如氮素的营养临界期，冬小麦为分蘖期，玉米为幼穗分化期，棉花是现蕾初期；磷素的营养临界期，冬小麦为分蘖始期，玉米为三叶期，棉花是二三叶期；钾素的营养临界期，水稻是分蘖期等。因此，在农业生产中，保证苗期营养是很重要的，尤其在严重缺肥、地力水平很低的情况下，苗期施肥显得十分重要。

（2）植物营养最大效率期。在植物生长发育过程中，有这样一个时期：植物需要养分绝对数量最多、吸收率最快、增产效果最显著。我们把这个时期称为植物营养最大效率期。

大多数植物的营养最大效率期出现在生长的中期，也就是植物体生长旺盛、吸收养分能力最强的时期。如小麦拔节期、水稻穗期、玉米大喇叭口期、棉花花铃期、油菜抽薹期等。此时，单靠土壤中养分的供应已不能满足植物的需求，应该及时施肥给予补充，这时施肥的经济效益也较大。

3. 植物对养分的吸收　植物需要的养分最主要是通过根来吸收，植物的茎、叶是吸收营养的辅助器官。所以有人把植物营养分为根部营养和叶面营养两个途径。

（1）植物根部营养。植物根尖的根毛区是吸收养分最多的部位。主要吸收离子态养分，如 K^+、NH_4^+、Ca^{2+}、Mg^{2+}、Cu^{2+}、NO_3^-、$H_2PO_4^-$、SO_4^{2-}、MoO_4^-、$H_2BO_3^-$、$B_4O_7^{2-}$ 等。植物根也可吸收少量分子态养分，主要是小分子的有机态养分，如氨基酸、尿素、维生素等。

土壤中的养分主要通过截获、质流、扩散等3种方式流向植物根表（图4-2）。根系与土壤直接接触获取养分的方式称为截获；由于根系的不断吸收，造成土壤养分从高浓度向根系附近低浓度处不断地迁移称为扩散；土壤溶液中的养分随着水分的运动向根系迁移称为质流。截获的养分数量很少，根系获取养分的方式以扩散和质流为主，并且质流比扩散的作用

距离更远一些。

（2）植物叶面营养。植物叶面也能吸收养分，称为叶面营养或根外营养。叶面营养能够直接促进植物体内的代谢作用，具有较高的吸收转化速率，能及时满足植物对养分的需要，能够节省肥料和防止土壤对养分的固定，对改善植物营养具有重要作用，但它只是植物获取养分的辅助方式，不能完全代替根部营养。

4. 植物必需营养元素间的相互作用

（1）离子间的促进作用。一种养分离子的存在可以促进植物对另一种养分的吸收，或是两种养分

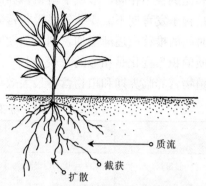

质流
截获
扩散

图 4-2　土壤中离子移动至根表的途径

离子相互促进，称为营养元素的促进作用。植物吸收营养过程中，氮与磷、氮与钾、磷与钼、钾与硼、钾与锌、锌与镁等元素之间存在着相互促进的关系。如单独施用氮肥或磷肥的效果不如氮、磷配合施用的效果。施肥时，应充分利用营养元素间的相互促进作用。

（2）离子间的颉颃作用。一种养分离子的存在，抑制植物对另一种养分离子的吸收，或者两者相互抑制，称为营养元素的颉颃作用。植物吸收养分过程中，磷与锌、钾与亚铁、镁与钾、钙与氮、钙与锌、铁与氮、铁与磷等元素之间存在着颉颃关系。施肥时，要注意养分之间的协调配合和比例关系，避免营养离子间的颉颃作用。

■ 任务实施

1. 查阅资料与讨论　查阅有关植物营养的图片、文字材料及网站资料，分组讨论植物营养的全面性，了解土壤养分条件与植物生长的关系。

2. 植物缺素症状的盆栽小试验　结合植物与植物生理课程的学习，分组进行不同缺素处理的盆栽试验，植物材料可选择生长期较短、较易出现缺素症状的蔬菜作物。记录试验进程及植物表现出的各种缺素症状，体会植物必需营养元素确定的过程。

3. 当地主栽作物营养状况的调查　分组调查当地主栽作物补充养分的时期及补充养分的类型，特别注意个别地块有无营养元素失调现象的发生，记录症状并通过咨询技术人员或当地农民找到原因。

■ 知识窗

植物营养的关键时期与施肥

植物营养临界期是某种养分缺乏、过多或比例不当对植物生长影响最大、最为敏感的时期，一般在植物生育的前期。施肥时应该施足基肥、施好种肥、轻施苗肥，结合氮肥，基施磷、钾肥。

大多数植物的营养最大效率期往往是植物营养生长与生殖生长并进的时期，为了补充养分，生产中此期应该适时追肥。追肥要以氮肥为主，根据植物种类不同配合施用磷肥和钾肥。

观察与思考

思考辩论：植物必需营养元素与土壤养分是一回事吗？

复习测试题

1. 植物必需营养元素有_____。
2. 硅是水稻的_____元素。
3. 小麦（水稻、玉米、棉花）氮素的营养临界期为_____，最大效率期为_____。
4. 氮、磷、钾被称为植物营养的三要素，所以比其他营养元素重要。（对/错）
5. 磷的植物营养临界期一般为幼苗期，因此磷肥要早施。（对/错）
6. 叶面营养能及时满足植物的需要，若增加喷施次数，就能代替根部营养。（对/错）
7. 土壤中的养分主要通过_____、_____、_____方式流向植物根表。

任务二　科学施肥的基本原理

任务目标

理解科学施肥的含义，了解用于指导施肥的理论依据，初步学会运用施肥的基本理论来指导生产中的施肥工作；能够剖析和解答生产中不合理的施肥现象。

任务准备

1. **实训教室**　有关施肥基本理论的图片、影像资料。
2. **试训基地**　空白地块或未施基肥地块，种植叶菜类的地块。

基础知识

1. 养分归还学说　植物收获必然要从土壤中带走某些养分，如果不把植物从土壤中所摄取的养分物质归还给土壤，土壤就会变得十分瘠薄。因此要维持土壤的肥力和植物的产量，就必须采用施肥措施，把被植物因收获带走的养分归还到土壤中去，这就是土壤的养分归还学说。

土壤是个巨大的养分库，但并不是取之不尽、用之不竭的，必须通过施肥的方式，把植物带走的养分归还于土壤，才能保持土壤有足够的养分供应量和供应强度。养分归还学说是合理施肥的基础理论，但并不是所有的养分都需要归还，应根据具体情况而定。如果植物需要某种元素多，土壤含量又不丰富，则必须归还甚至应该多补充。养分归还方式是施用有机肥料和化学肥料，二者各有优缺点，配合施用能够取长补短、增进肥效，是农业可持续发展的正确之路。

2. 最小养分律　最小养分律的中心意思是植物为

庄稼一枝花
全靠肥当家

农谚

了生长发育，需要吸收各种养分，但是决定植物产量的却是土壤中那个相对含量最小的有效养分（图4-3）。在一定限度内，植物产量的高低随最小养分的增减而相应增减。

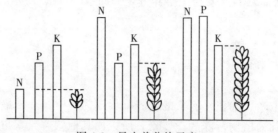

图4-3 最小养分律示意

在生产实践中，施肥必须遵循最小养分律，正确选择肥料品种，缺什么养分就补什么养分，有针对性地进行施肥。随着我国种植水平的不断提高，要特别重视钾素和微量元素的施用，以达到养分的平衡供应。

3. 报酬递减律和米采利希学说 报酬递减律是根据投入与产出的关系提出来的经济学规律：从一定土地或土壤上所得到的报酬随着向该土地投入的劳动力和资本量的增大而有所增加，但报酬的增加却在逐渐减小。也就是说，最初投入的劳动力和资本量所得到的报酬最高，以后递增的单位劳动力和资本量所得到的报酬渐次递减。

米采利希等人通过燕麦施用磷肥的沙培试验，深入探讨了施肥量与产量的关系（表4-2），获得了与报酬递减律一致的结论：在其他技术条件相对稳定的前提下，随着施肥量的渐次增加，植物产量也随之增加，但植物的增产量却随施肥量的增加而呈递减趋势。也就是指单位肥料的增产量随施肥量的增加而逐渐减少。不过，报酬递减律和米采利希学说是有前提的。它是假定其他生产条件不变，只改变某一个生产条件发生的情况。事实上，人类的科学技术水平是不断进步的，随着各种生产条件的改善，植物产量是会不断提高的。在施肥实践中，要避免盲目性（图4-4），充分利用测土配方施肥技术，发挥肥料的最大增产作用，争取获得最好的经济效益。

表4-2 燕麦磷肥试验

（腊塞尔，1979，土壤条件与植物生长）

施磷量（P_2O_5）/g	干物质/g	用公式的计算值/g	每0.05g P_2O_5的增产量/g
0	9.8±5.00	9.80	
0.05	19.3±0.52	18.91	9.11
0.10	27.2±2.00	26.64	7.73
0.20	41.0±0.85	38.63	5.99
0.30	43.9±1.12	47.12	4.25
0.50	54.9±3.66	57.39	2.57
2.00	61.0±2.24	67.64	0.34

4. 因子综合作用律 植物的生长发育是受到各因子（水、肥、气、热、光及其他农业技术措施）影响的，只有在外界条件相互协调的前提下，植物才能正常生长发育。因子综合

作用律的中心意思就是植物产量是影响植物生长发育的诸因子综合作用的结果，但其中必然有一个起主导作用的限制因子，植物产量在一定程度上受该限制因子的制约。因子综合作用律可用装水木桶图解（图4-5）。在具体分析生产中的存在问题和制订增产措施时，要综合考虑各种因素。施肥不能只注意养分的种类和数量，还要考虑影响植物生育和肥效发挥的其他因素。只有在各生态因子充分满足植物生长的条件下，施肥才能发挥最大的增产效率。如施肥与灌溉相结合，可以同时提高肥料和灌溉的经济效益（图4-6）。

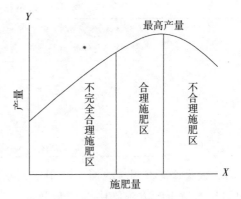

图4-4 施肥量与产量的关系

图4-5 影响植物生长发育的限制因子示意
（金为民 等，2001）

任务实施

1. 查阅资料与讨论 查阅有关施肥理论的图片、文字材料及网站资料。分组讨论：科学试验研究在现代化植物生产中的意义；施肥的基本理论对指导施肥的重要性。

2. 地力衰竭田间试验 利用实训基地，全班配合，结合肥料利用率的田间试验，空白试验的小区连续2年（或多季作物）不施肥，观察记载作物长势、长相和产量水平。体会养分归还学说的实用性。

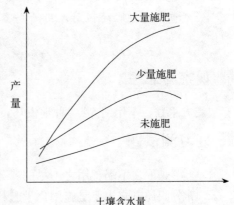

图4-6 土壤含水量对施肥效果的影响

3. 确定最小养分

（1）养分测定。通过测定土壤中各种速效养分的数量，与植物需要养分的特点相比较来确定最小养分（可以结合测土配方施肥进行）。

（2）模拟试验。确定最小养分（个人完成），然后讨论其对于指导施肥的意义（表4-3）。

表 4-3　最小养分的判别模拟试验记录

速效养分	某植物适宜的养分供应量/（mg/kg）	土壤中养分的实际含量/（mg/kg）	土壤养分对于植物的满足程度/％	最小养分的判别
氮（N）	80	48		
磷（P）	20	18		
钾（K）	150	160		
锌（Zn）	0.5	0.5		

4. 试验验证报酬递减律　利用实训基地，全班配合，布置不同肥料用量的田间试验（可以结合测土配方施肥中的肥料效应试验进行）。根据施肥量与产量的对应关系，按照米采利希等燕麦磷肥试验的方法，计算每单位肥料的增产量，体会报酬递减律的含义及实用性。

5. 因子综合作用律对比试验　以小组为单位，选择叶菜类蔬菜作物，一小区施适量氮肥但不浇水，另一小区施氮肥配合浇水。观察蔬菜的长势及产量的差别，体会因子综合作用律的含义及对施肥的指导意义。

知 识 窗

科学施肥的意义

科学施肥就是根据植物特性、气候条件、土壤状况、肥料性质及耕作制度等所采取的正确施肥措施，要达到高产、优质、高效、改土的目的。具体包含 3 层意思：

（1）通过科学施肥，协调土壤供给与植物需要营养的矛盾，从而达到植物高产、优质的目的。

（2）通过施入较少的肥料，使植物获得较高的产量和最大的经济效益。

（3）重视有机肥的施用，用地与养地相结合，为植物高产、稳产创造良好的土壤条件。

观察与思考

"粪大水勤，不用问人""种地没巧，有肥就好"的说法是否严谨？有无科学道理？

复习测试题

1. 土壤是取之不竭、用之不尽的养分库，实际上没必要再补充养分。（对/错）
2. 养分归还方式主要是施用化学肥料，有机肥料用处不大。（对/错）
3. 土壤最小养分是土壤中绝对数量最少的养分，如微量元素养分。（对/错）
4. 土壤最小养分通常是大量元素养分，如氮、磷、钾等。（对/错）
5. 施肥效益的体现，有时候也会受到其他因素的制约。（对/错）
6. 用_____原理能解释"增产不增收"现象。

任务三　科学施用肥料的方法

任务目标

理解基肥、种肥、追肥的作用，熟悉基肥、种肥、追肥施用的原则，学会并熟练掌握田间施肥的基本技能。

任务准备

1. **实训教室**　有关田间施肥方法的挂图、照片、影像资料。
2. **实训工具**　田间施肥操作的相关工具、设备及肥料。
3. **实训基地**　大田农作物、蔬菜、果树等地块，带有滴灌设施的地块。

基础知识

科学合理的施肥，要从当地气候条件、植物的特性、土壤状况及所用肥料的性质等各方面综合考虑，但科学的施肥方式和方法同样重要，否则，同样难达目的。要充分利用各种方式、方法使得需要补充的营养物质持续有效地对植物体起作用，提高肥效和工效。在生产实践中，大多数植物需要通过基肥、种肥和追肥 3 个基本的施肥环节才能满足植物整个生育期对营养的需求。由于各地植物的栽培制度不同，每一个施肥环节所起的作用不同，施肥的方式、方法也就多种多样。

1. 基肥　播种或定植前结合土壤耕作施用的肥料，也称为底肥。基肥能为植物整个生育期提供较为充足的养分，能培肥地力、改善土壤环境，为植物生长创造良好条件。

基肥可均匀施于耕作层，一般用量较大，但不至于造成肥害。由于没有植物的影响，施肥操作较为方便。

基肥施用的原则：在施用基肥时，提倡有机肥料与化学肥料的相互配合，长效性肥料与速效性肥料的配合，不同养分间的配合施用。

根据我国各地的施肥经验，有机肥基本上全部作为基肥施用，氮肥的 30%～50%，绝大部分的磷、钾肥及微量元素肥料作为基肥。当然，由于我国区域辽阔，种植制度复杂，具体施肥制度的制定应因地制宜。

2. 种肥　播种或定植时施于种子附近或与种子混播或施于定植苗附近的肥料。种肥能及时迅速地提供植物幼苗期生长发育所需的养分，利于缓苗、壮苗。种肥一般用量较小，在土壤肥力差或基肥不足时用得较多。

种肥施用的原则：肥料品种选用少量腐熟的有机肥、生物菌肥或速效性化肥。种肥施用不当会引起烧种、烂种、烧苗。凡是浓度过大、过酸、过碱或含有毒物质以及易产生高温的肥料，均不宜作为种肥。如化肥宜选用硫酸铵、磷酸二铵和硫酸钾等肥料。肥料用量一般要小于作物总施肥量的 10%。

3. 追肥 追肥是指在植物生长期内施用的肥料。主要是为了供应植物某个时期对养分的大量需要，或者补充基肥的不足。追肥一般选择在营养临界期和最大效率期进行，可根据不同植物的需求一次或多次追施。

追肥施用的原则：追肥的施用要综合考虑土壤状况、植物长势及生育期、肥料的性质及天气和灌溉条件等情况，一般以速效性化肥为主，腐熟好的有机肥也可以用作追肥，但较为少见，并且要深施覆土。追肥量一般占总施肥量的50%左右，很多情况下是以补充氮素为主，对于多次采收产品的植物，应追施复混肥料。

■ 任务实施

1. 田间施用基肥操作 在老师或技术人员的指导下，分组在试验基地（或农户）种植粮食或蔬菜作物的地块分别用撒施法、沟（条）施法、穴施法施用所需肥料，在果树上分别用条状沟施肥法、放射状沟施肥法、环状沟施肥法、全园施肥法施用肥料。

（1）撒施法。耕地前将肥料均匀撒于地表，及时耕翻，不能长时间暴露于地表。也可以结合深耕施肥，深耕可以扩大植物根系吸收养分的空间，可有效避免肥料在表土层聚积并促使根系向上移，有利于促根、壮苗。基肥可全耕层施用。对氮肥来说，深施还可以减少氮的挥发损失。密植植物和施肥量较大的迟效性肥料可采取此种方法。

图4-7 施肥农具

（2）沟施法或条施法。在土壤表面挖条直沟，沟内撒入肥料，然后覆土，填平土沟的施肥方法。利用施肥农具进行条施效率更高（图4-7）。玉米、小麦、棉花等肥料使用量较小的作物多采用这种施肥方法。作基肥的磷、钾肥及微肥采取条施或沟施还可以减少养分的土壤固定。

由于果树和园林植物的个体较大，其施肥方法与大田植物差异较大，多采用条状沟施肥法、放射状沟施肥法、环状沟施肥法或全园施肥法（图4-8）。

①条状沟施肥法。在树行间或株间于树冠外围投影处顺行向开沟，深、宽各40～50cm。条状沟每年要轮换位置，即行间和株间轮换开沟。此法便于机械或畜力作业，节省劳动力。

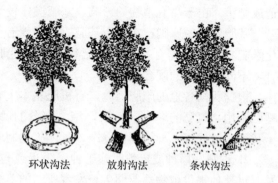

环状沟法　　放射沟法　　条状沟法

图4-8 林木、果树常用施肥方法

②放射状沟施肥法。以植物茎干为中心，在离植物茎干适当距离开始向树冠外围挖4～8条放射状的土沟，沟深和宽各30～50cm，沟长与树冠相齐，然后将肥料撒在沟内，并覆土的施肥方法，翌年则在与上年施肥位置交错的位置开沟施肥。

③环状沟施肥法。在树冠垂直投影外的地面上，挖一环状沟，沟深和宽各 30～60cm，施肥后覆土踩实，翌年则在与上年施肥位置外侧再挖沟施肥。

④全园施肥法。将肥料撒施在树的行间或株间，耕锄入土，此法适用于成年树。全园施肥法与条状沟施肥法、放射状沟施肥法和环状沟施肥法结合进行效果更好。

（3）穴施法。在播种前或幼苗移入土穴前，将肥料撒到土穴中，并与土拌均匀的施肥方法。这种施肥方法用肥量少，增产效果好，在烟草、蔬菜、果树和林木栽培上用得比较多。

2. 施用种肥操作　在教师或技术人员的指导下，分组在实训基地（或农户）种植粮食或蔬菜作物的地块练习种肥的不同施用方法。主要的技术路径有：

（1）拌种施肥。播种前将种子与农药、菌肥拌均匀，然后一同播种到土壤中。或将肥料配制成一定浓度的溶液，喷拌于种子上，以没有残留液为宜，晾干后及时播种。

（2）浸种施肥。用一定浓度的肥料溶液浸泡种子，浸泡一定时间后晾干播种。

（3）盖种肥。播种后，用充分腐熟的有机肥或草木灰盖在种子上面，能够保墒、保温和给幼苗提供养分。

（4）蘸根。植物幼苗移栽前将其根用适当浓度的肥料或微生物制剂配成的溶液浸蘸，然后再定植。

（5）土壤施肥。一般采取条施的方法，将肥料施于种子附近，离开不少于 3cm 的距离，以大量元素肥料为主。现在有些播种机具能够同时播种和施肥。

3. 田间施用追肥操作　在教师或技术人员的指导下，参照基肥的施用方法进行追肥；结合田间滴灌，操作微灌施肥系统；配制一定浓度的肥料溶液，结合病虫害的防治，进行根外追肥。不同于基肥的追肥技术路径主要有：

（1）灌溉施肥法。在灌溉时将肥料溶于灌溉水，从而把肥料施入土壤中。结合灌溉施肥不仅可以把肥料带入土壤深层，还可实现肥、水因子的交融，有利于植物吸收养分。因为土壤水分对养分转化、移动、吸收有很大影响，会影响施肥的效益。

①冲施肥法。将肥料均匀撒在土壤表面后灌水或将编织袋放于水渠中，肥料随水溶解进入田间。该法施肥方便、省工省时、不伤根、施肥较为均匀、植物吸收快。但浇水量过大时，肥料中的养分流失较多，浪费严重。在水流不稳定或田块有小起伏时，肥料分布不均匀。该方法对肥料的种类要求比较严格，一般只适用于水溶性比较强的化肥。

②微灌施肥法。通过灌溉设备进行施肥，利用管道系统将肥料输送至田间及植物根部（图 4-9）。微灌属于局部灌溉和精确灌溉，又称为水肥一体化技术。在园林园艺植物及保护地栽培条件下应用较多。微灌不但可以与施肥结合，也可以和杀虫剂、除草剂、土壤消毒剂一起使用。

微灌施肥法能够准确提供水分、养分，直接作用于植物根部，肥料流失少，节水节肥，防止了土壤侵蚀和盐碱化。但微灌施肥系统的投资较高，灌水器容易堵塞。

（2）喷施法。将肥料配成浓度适宜的溶液，喷洒在植物叶（茎）面的施肥方法，也称为根外追肥或叶面施肥。

喷施法具有肥料用量较少、吸收快、利用率高等优点。在植物根系自身功能衰退或吸收养分有障碍时，叶面喷肥显得尤为重要。矿物质营养元素及易溶于水的有机营养物质都可用于喷施。此法虽然节省肥料，但也只是一种辅助的施肥方法。

在下列情况下，适宜用喷施法追肥：

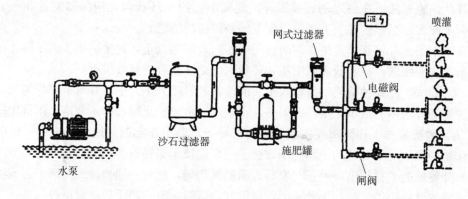

图 4-9　微灌施肥系统示意

①基肥不足，有明显的脱肥现象。

②植物遭受严重伤害或自然灾害。

③无法开沟追肥。

④深根系植物（果树、园林植物等）。

⑤为快速恢复某种营养元素缺乏症。

喷施法要选择恰当的肥料、喷施浓度、喷施时间、喷施部位、用量、次数等。最好选择无风阴天、晴天的早晨或傍晚进行，尽量避免喷后高温和阳光暴晒；植物叶片背面对养分的吸收能力更强，要对叶片正反两面喷施。用量以叶片正反两面喷至布满雾滴而又不致形成大滴滑落为宜。

■ 知 识 窗

温室、大棚增施二氧化碳气肥技术

植物补充二氧化碳后，可显著提高植物的光合作用效率，加速植物对养分的吸收，植株生长健壮，抗逆性增强，产量显著提高，品质明显改善，病害得到抑制或减轻，上市早。试验证明：补充二氧化碳可提高茄果类植物坐果率 10% 以上，提早上市 7～10d，增加产量 20% 以上。棚室内增施二氧化碳气肥常用的有燃烧法、化学反应法、有机肥发酵法、施用颗粒有机生物气肥法等。

■ 观察与思考

结合当地的生产实际讨论：施好种肥是不可或缺的施肥环节吗？

■ 复习测试题

1. 基肥、种肥和追肥配合施用，才能满足植物整个生育期对营养的需求。（对/错）

2. 基肥施用的方法有_____、_____、_____、_____等。

3. 种肥施用的方法有_____、_____、_____、_____、_____等。

4. 追肥施用的方法有_____、_____、_____、_____、_____等。

5. 简述在什么情况下适宜用喷施法追肥。

05 项目五 科学施用化学肥料

项目目标

【知识目标】了解各营养元素对植物生长的影响，掌握各化学肥料的基本性质及施用知识。

【能力目标】能够较准确地识别常用的化学肥料，能根据不同土壤结合植物生长的需要合理施用各种化学肥料；能够为农场、合作社或种植专业户制订科学施用化肥的方案。

【素养目标】树立科学发展观和创新发展理念，厚植学农、知农、爱农的"三农"情怀。

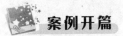

案例开篇

"化肥用多了也有害啊"

吴大爷承包了一个面积约 600m² 的温室，虽然他文化程度不高，但有 30 多年的种菜经验。吴大爷在温室里栽植了黄瓜，经过几个月的精心管理，黄瓜长势喜人，指望春节期间黄瓜能卖个好价钱。腊月二十左右，吴大爷要给黄瓜追肥，为了让黄瓜有足够的养分，他准备了 4 袋（160kg）硝酸铵。农技员小张提醒说："大爷，一次追 4 袋硝酸铵太多了，会把黄瓜烧坏的。"吴大爷却不以为然，追肥后的第二天，天降大雪，断断续续持续了 4d，日光温室无法通风，等到日出天晴温室可以通风时，一切都晚了，植株全都蔫了。吴大爷赶快请农技人员诊断，原来是一次施硝酸铵太多，黄瓜叶片让土壤中挥发出来的氨气熏坏了。吴大爷喃喃自语说："唉，化肥用多了也有害啊，种菜光靠经验不行啊！"

任务一 科学施用氮肥

任务目标

学会判别植物氮素营养失调的外部症状；了解土壤氮素的形态和转化规律，掌握测定土壤有效氮含量的方法；初步认识常见的氮肥种类，掌握常用氮肥的成分、性质和施用技术，在生产中能够合理选择、分配和施用氮肥。

▦ 任务准备

1. 实训教室　有关植物氮素营养的挂图、照片、影像资料，常用氮肥标本及袋装氮肥（或化肥包装袋）。

2. 实训基地　模拟农资店（或附近的农资经营网点）；空白地块、粮食作物地块、果蔬花卉作物地块等。

3. 实验室　测定土壤有效氮素的相关物品。

▦ 基础知识

1. 植物的氮素营养

（1）植物体内的氮素含量。氮是植物体内蛋白质、核酸、叶绿素和一些生理活性物质的组分，有生命元素之称。在植物体的元素组成中，除碳、氢、氧以外，氮是含量最多的元素，主要以各种有机含氮化合物存在，也有少量的铵态氮和硝态氮。一般来讲，植物的含氮量为干重的 0.3%～5.0%，其含量的多少因植物的种类、器官和发育阶段的不同而不同。多数禾本科植物干物质中含氮仅 1.0% 左右，而含蛋白质多的豆科植物干物质中含氮量可达 2.5% 左右。

氮素主要存在于蛋白质和叶绿素中，因此，幼嫩器官、叶片和种子中含氮量高，而茎秆中含氮量低。如小麦籽粒中含氮 2.0%～2.5%，茎秆中含氮仅 0.5%。在植物的一生中，营养生长期，氮素多在幼嫩器官中，转入生殖生长期，氮素则转向生殖器官或贮藏器官。

（2）植物吸收氮素的主要形态及其营养特点。植物能吸收利用的氮素形态有氨基酸、尿素、氨、铵、硝酸根及亚硝酸根等，但主要是铵离子和硝酸根离子。植物不同、生育时期不同、环境条件不同，植物对铵离子和硝酸根离子的反应也不同。有些植物如水稻和薯类等更喜欢铵态氮，而小麦、玉米、棉花和蔬菜等对硝态氮反应较好，而烟草以硝态氮和铵态氮配合效果较好。

（3）植物氮素营养失调症状。植物缺氮时，蛋白质合成减少，使酶的数量下降，细胞分裂受阻，植株生长缓慢、矮小、瘦弱，叶片薄而小，叶直立。禾本科作物表现出分蘖少，双子叶植物分枝少。叶绿素合成受阻，引起植物失绿，叶片变为淡绿色，严重时为淡黄色，易脱落。由于氮素在植物体内的移动性大，因此植物缺氮时首先表现为下部叶片黄化，然后逐渐向上部叶片扩展。

植物缺氮可提早成熟，出现早衰，且花和果实减少。禾本科作物表现出穗短小、穗粒数少，籽粒不饱满，产量下降。果树缺氮果实小，果皮硬，产量低，品质差。

氮素过多时，茎叶徒长，叶面积增大，叶色浓绿，叶片披散，互相遮阳；茎秆软弱，易倒伏；群体郁闭，通风不良，相对湿度增加，易感染病害；组织柔嫩，易招来虫害；贪青晚熟，影响产量，降低品质。

2. 土壤氮素状况

（1）土壤氮素的含量、形态及其有效性。一般耕地表层土壤含氮量为 0.5～3.0g/kg，少数肥沃的耕地、草原、林地的表层土壤含氮量＞5.0g/kg，主要受植被、温度、耕作、施肥等条件影响。我国土壤的含氮量，从东向西、从北向南逐渐减少（表5-1）。

表 5-1　我国土壤全氮量分级

土壤氮素水平	高	较高	一般	稍低	低	极低
全氮量/（g/kg）	＞2.0	1.5~2.0	1.0~1.5	0.75~1.0	0.5~0.75	＜0.5

土壤中的氮素包括无机态和有机态两大类，95%以上为有机态氮，主要包括腐殖质、蛋白质、氨基酸等。小分子的氨基酸可直接被植物吸收，蛋白质、腐殖质中的氮矿化后才能被植物吸收利用，属于缓效氮。

土壤全氮中不到 5% 为无机态氮，主要是铵和硝酸盐，亚硝酸盐、氨、氮气和氮氧化物等一般非常少。大部分铵态氮和硝态氮很容易被植物直接吸收利用，属于速效氮。

（2）土壤中氮素的转化。

①有机态氮的矿化作用。有机态氮如蛋白质在微生物分泌的酶作用下，水解为氨基酸，再分解为氨，这就是有机氮的矿化作用。矿化作用产生的氨可溶于土壤水溶液中而成为铵离子。铵离子可被植物吸收；可被土壤胶体吸附成为交换态养分；还可与土壤中的有机酸、无机酸结合以铵盐的形态存在于土壤中；在好氧条件下可被氧化为硝态氮。

②硝化作用。在通气良好的土壤中，氨或铵在微生物作用下转化为硝态氮的过程称为硝化作用。此过程分两步完成，在亚硝酸细菌的作用下，铵首先转化为亚硝酸，再在硝化细菌作用下，将亚硝酸氧化为硝酸。

$$2NH_3 + 3O_2 \longrightarrow 2HNO_2 + 2H_2O$$
$$2HNO_2 + O_2 \longrightarrow 2HNO_3$$

旱地土壤所含的速效氮主要是硝态氮，而水田则以铵态氮为主。

③反硝化作用。土壤中的硝态氮经微生物的作用，还原为气态氮而逸出大气的过程称为反硝化作用。在缺氧条件下，反硝化细菌首先将 NO_3^- 还原为 NO_2^-，再继续还原成 N_2O 或 N_2 等气体。

在通气不良（缺氧）、有较多新鲜有机质存在、土壤微酸至微碱性、温度在 30~35℃ 的条件下，有利于反硝化作用的进行。

④土壤氮素的无效化。土壤氮素无效化的原因有黏粒对铵的固定、形成腐殖质、氨的挥发、硝酸盐的淋失、反硝化脱氮等（图 5-1）。

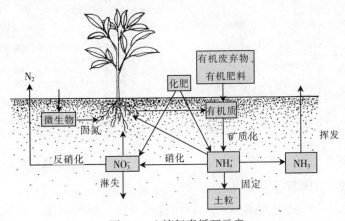

图 5-1　土壤氮素循环示意

NH_4^+ 大小与黏土矿物的晶格相近，很容易陷入而固定下来，就固铵能力来讲，蛭石＞蒙脱石＞高岭石。

腐殖质形成过程中利用大量的氮，由于其分解很慢，对植物来说基本上是无效的。

铵很不稳定，在碱性条件下极易变成氨而挥发掉，这是铵态氮肥氮素损失的主要途径。

土壤胶体对硝酸根的吸附力非常弱，硝酸根极容易随水流失掉，或进入地下水中，或进入河流湖泊，从而导致水体的污染。

3. 常用氮肥的种类、性质和施用 常用氮素化学肥料品种很多，根据氮素的形态可分为铵态氮肥、硝态氮肥和酰胺态氮肥等三大类（表 5-2）。

表 5-2 主要氮肥类型

类型	主要品种	主 要 特 点
铵态氮肥（NH_4^+）	碳酸氢铵、硫酸铵、氯化铵等	①易溶于水，植物能够被直接吸收利用，为速效性肥料 ②施入土壤后（图 5-2），铵离子被土壤胶体吸附，成为交换态养分，可逐步供给植物吸收利用，因此可作为基肥施用 ③在通气良好的条件下，铵态氮可进行硝化作用，转变为硝态氮，增加了氮素在土壤中的移动性，便于植物吸收利用，但也易造成随水流失 ④遇碱性物质易分解放出氨，造成氮素的损失。因此在贮存和运输过程中，应避免与碱性物质接触，施用时不能与碱性肥料混合施用，要注意深施覆土
硝态氮肥（NO_3^-）	硝酸铵、硝酸钠、硝酸钙等	①极易溶于水，是速效性肥料 ②硝酸根被土壤吸附得很少，易随水移动到深层土壤（图 5-3），或随地表水流失掉 ③在土壤通气不良的条件下，硝酸根可进行反硝化作用，形成 N_2O 和 N_2 等气体，造成氮损失 ④吸湿性强，吸湿潮解后易结块，受热时能分解放出氧气，助燃易爆 ⑤不宜作基肥，更不能作为种肥，只能作为追肥，也不适宜用于水田等淹水土壤
酰胺态氮肥（—$CONH_2$）	尿素	①易溶于水，吸湿性强（加入疏水物质后吸湿性大大降低） ②在土壤中易转化为铵盐，肥效较铵态氮及硝态氮稍慢 ③适宜叶面追肥

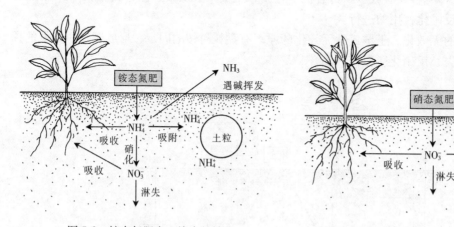

图 5-2 铵态氮肥在土壤中的转化　　　　图 5-3 硝态氮肥在土壤中的转化

（1）碳酸氢铵（NH_4HCO_3）。

①性质。含氮 17% 左右，简称碳铵。为白色或灰白色细粒晶体，有强烈的刺激性氨臭味，易溶于水，属于速效性氮肥。易吸湿结块，水溶液呈碱性（pH 8.2～8.4）。碳铵化学

性质很不稳定，常温下敞口放置就能分解，产生氨气、二氧化碳和水。

$$NH_4HCO_3 \longrightarrow CO_2\uparrow + H_2O + NH_3\uparrow$$

干燥的碳铵在常温下很少分解，但是肥料中含水量较高时，分解速度就明显加快。随着温度的上升，碳铵分解加快，当温度达到30℃时，5d分解达到68%，10d分解达到94%。碳铵的挥发还与空气湿度、暴露面积有关。

②在土壤中的转化。碳铵施入土壤后很快溶于水，形成的 NH_4^+ 和 HCO_3^- 均可被植物吸收，在土壤中无残留，故长期施用不会对土壤产生不良影响。

③有效施用。适用于各种植物和土壤，可作为基肥和追肥，但不宜作为种肥。作为基肥施用时，一般大田作物用量 $500\sim750kg/hm^2$，宜深施（7～10cm）并立即覆土，切忌撒施地表。作为追肥时，用量 $450\sim600kg/hm^2$，在植物根旁7～10cm处穴施或条施，施后立即覆土。可按一定比例将碳铵与黏土、腐熟有机肥、磷肥等混合制成球状，立即施用，也可直接将碳铵压成颗粒施用。施用时避免直接接触植物。

（2）硫酸铵 $[(NH_4)_2SO_4]$。

①性质。含氮20%～21%，简称硫铵。白色或略带颜色的结晶，易溶于水，水溶液呈中性。如果含游离酸多，贮存时会吸湿结块，但不影响肥效。

②在土壤中的转化。施入土壤后，迅速形成 NH_4^+ 和 SO_4^{2-}，为生理酸性肥料。长期施用硫铵会使酸性土壤酸害加重，在石灰性土壤中长期施用易导致土壤板结。

③有效施用。适用于各种土壤和各类植物，可作为基肥、追肥和种肥。作为基肥施用时，一般大田作物用量 $400\sim600kg/hm^2$。作为追肥时，用量 $300\sim450kg/hm^2$。作为种肥时，用量 $45\sim65kg/hm^2$，拌种时种子和肥料应干燥，以防烧伤种子。酸性土壤长期施用硫铵时，应结合施用石灰，以调节土壤酸碱度。

（3）氯化铵 (NH_4Cl)。

①性质。含氮量24%～25%，简称氯铵。白色结晶，吸湿性比硫铵稍大，易结块。溶解度比硫酸铵低，水溶液中性。

②在土壤中的转化。与硫铵相似，残留在土壤中的氯离子（Cl^-）导致土壤酸化。硝化作用比硫铵慢，可能是由于氯离子（Cl^-）对硝化细菌具有抑制作用。

③有效施用。与硫铵相似，但不宜施用于茶、烟草、柑橘、甜菜、甘薯、甘蔗、葡萄、西瓜等忌氯作物，会降低淀粉含量，降低烟草的燃烧性和芳香味，影响茶叶的品质，降低果品类的含糖量和口感风味。水田施用氯化铵比硫铵效果好，不会产生硫化氢的危害，氯能提高秸秆的韧性和强度，使水稻增强抗倒伏能力。

（4）硝酸铵 (NH_4NO_3)。

①性质。含氮33%～34%，简称硝铵。白色结晶，水溶液呈中性，吸湿性很强。具有助燃性和爆炸性。我国已将硝酸铵列为民用爆炸品管理，禁止直接农用。现在正积极推广农业用改性含磷防爆型硝酸铵。其性质同普通硝酸铵相近。

②在土壤中的转化。施入土壤后，很快溶解于土壤水中，以 NH_4^+ 和 NO_3^- 的形式存在。

③有效施用。适宜在北方干旱地区施用，宜作为追肥，用量 $225\sim300kg/hm^2$。在降水量多的地区，应分次施用，以免淋失。不宜用于稻田，不宜与有机肥料混合堆沤，以免反硝化脱氮。

硝酸铵钙也是一种普通硝酸铵的替代品，白色圆形造粒，易溶于水，是一种含氮和速效钙、镁的新型肥料，养分比硝酸铵更加全面，植物可直接吸收。硝酸铵钙中含有大量碳酸钙，在酸性土壤上用作追肥有良好的效果。

硝酸钠和硝酸钙性质相近，都易溶于水，吸湿性强，吸湿后易结块。硝酸钠是生理碱性肥料，残留的钠离子会破坏土壤结构，不宜用于盐碱土。甜菜等喜钠作物施用效果较好。硝酸钙施用在酸性土壤上效果最好。

（5）尿素。尿素是我国重点生产的高浓度氮肥品种，也是我国农业生产中最常用的氮肥品种。

①性质。尿素分子式为 $CO(NH_2)_2$，含氮 46%，白色针状或棱柱状结晶，易溶于水，水溶液呈中性，在高温高湿条件下，也能吸湿潮解。目前生产的尿素多为白色颗粒，已加入防湿剂，吸湿性大大降低。尿素在造粒过程中会产生缩二脲。缩二脲是一种有毒物质，含量高时对植物有毒害作用，会抑制种子发芽和植物生长。

②在土壤中的转化。施入土壤中的尿素少部分被植物吸收，少部分被土壤颗粒吸附，绝大部分尿素在土壤微生物分泌的脲酶的作用下分解成碳酸铵（图 5-4）。其转化的速度受土壤 pH、温度和含水量的影响。一般来说，10℃时需要 7～10d，20℃需要 4～5d，30℃只需要 2d。碳酸铵可进一步发生分解和水解，形成碳酸氢铵、氢氧化铵和氨。因此尿素也应深施覆土。尿素在土壤中没有副成分残留，对土壤无不良影响。

$$CO(NH_2)_2 + 2H_2O \xrightarrow{\text{脲酶}} (NH_4)_2CO_3 \longrightarrow NH_4HCO_3 + NH_3$$
$$\downarrow H_2O$$
$$\longrightarrow NH_4HCO_3 + NH_4OH$$

③有效施用。尿素适用于各种土壤和植物，可用作基肥、追肥或叶面喷施。

尿素用作基肥时，一般大田作物用量 225～300kg/hm²。旱地可撒施并随即耕翻于土层中，水田先撒施后耕翻入土，5d 后再灌水耙田。

尿素用作追肥时，用量为 150～225kg/hm²。应根据温度高低提前 3～7d 施用，以保证有足够的时间转化为铵。旱地可采用沟施或穴施，施肥深度 7～10cm，然后覆土。水田可采用"以水带氮"深施法，即施肥前先排水，再将尿素撒施于表土后随即灌水，尿素则随水进入耕层土壤中。

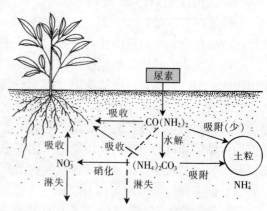

图 5-4 尿素在土壤中的转化

尿素一般不宜用作种肥，因尿素浓度高能使蛋白质变性，同时缩二脲会影响种子发芽和幼苗根系生长。

植物能够直接吸收尿素，所以尿素可用作根外追肥，但缩二脲的含量不得超过 0.5%，否则会伤害茎叶（表 5-3）。

表 5-3　尿素叶面喷施的适宜浓度
(张慎举，2009，土壤肥料)

作物	喷施浓度/%	备　注
稻麦等禾本科植物	2.0	①尿素为中性有机小分子，电离度小，不烧伤茎叶；易透过细胞膜；有吸湿性，易被吸收；易参与代谢，肥效快
露地黄瓜	1.0～1.5	
萝卜、白菜、菠菜、甘蓝	1.0	
西瓜、茄子、薯类、花生、柑橘	0.4～0.8	②尿素与磷、钾肥和微量元素肥料配合喷施效果更好。据经验，与很多杀虫剂、除草剂及植物生长调节剂配合效果也不错，能起到相互促进的效果
桑、茶、苹果、梨、葡萄	0.5	
柿子、番茄、草莓、温室花卉和黄瓜	0.2～0.3	

4. 其他氮肥

(1) 包衣尿素。将尿素外表面包裹上一层或多层渗透扩散阻滞层，来减缓或控制肥料养分溶出速率的一类肥料。包衣尿素品种多样（如某品种硫包衣尿素含氮 37%、含硫 10%）。其包膜材料有硫黄、硅酸盐、天然橡胶、纤维素等。

施用时应注意：

①比常规施期提前。早春提前 5～6d，夏季提前 3～4d。

②用量比一般氮肥要略少些（以少 10%～15% 为宜）。

③沙质土应以少量多次施用为宜。

④对于园林植物、果树以及生长期较长的植物应优先选择长效氮肥。

(2) 脲铵。脲铵中氮素以铵态氮和酰胺态氮的形式存在，既能够提供速效营养，又能利用肥料中的一些成分抑制土壤中脲酶的活性起到缓释效果，提高了肥料的利用率，同时添加了硫、镁、钙、锌等多种中微量元素，营养全面，属于一种含氮量中等的新型增效复合氮肥。江苏对某脲铵品种(尿素态氮 15%＋铵态氮 15%＋锌 0.2%)的肥效试验结果表明,增效效果明显。

▌ 任务实施

1. 查阅资料与讨论　查阅有关植物氮素营养、土壤氮素状况以及常用氮肥的挂图、图片、文字材料、影像及网站资料，分组讨论氮素营养的重要性，理解施用氮肥的意义。

2. 植物氮素营养失调症的调查　分组、分区域调查当地作物氮素营养失调症的情况，记录所发生的植物种类、长势长相、对产量的影响及产生的原因等。

3. 观察氮肥标本　每小组配备较为完全的氮肥标本，观察并记载其颜色、形状、水溶性、气味、灼烧情况等，能够初步辨别不同种类的氮肥。

4. 模拟销售氮肥商品　分组模拟销售氮肥或开展"我当一天农资营销员"活动。不同氮肥的标识及质量标准见表 5-4、表 5-5。

表 5-4　农用碳酸氢铵的质量标准（GB 3559—2001）

项目	碳酸氢铵/%			干碳酸氢铵/%
	优等品	一等品	合格品	
氮（N）	≥17.2	≥17.1	≥16.8	≥17.5
水分（H_2O）	≤3.0	≤3.5	≤5.0	≤0.5

注：优等品和一等品必须含添加剂。

表 5-5 农用尿素的质量标准 （GB 2440—2001）

项目		优等品	一等品	合格品
总氮（N）（以干基计）/%		≥46.4	≥46.2	≥46.0
缩二脲/%		≤0.9	≤1.0	≤1.5
水分（H_2O）/%		≤0.4	≤0.5	≤1.0
亚甲基二脲（以 HCHO 计）/%		≤0.6	≤0.6	≤0.6
粒度/%	粒径 0.85～2.80mm 粒径 1.18～3.35mm 粒径 2.00～4.75mm 粒径 4.00～8.00mm	≥93	≥90	≥90

注：①若尿素生产工艺中不加甲醛，可不做亚甲基二脲含量的测定。

②指标中粒度项只需符合四档中任一档即可，包装标识中应注明。

5. 测定土壤碱解氮含量 土壤碱解氮（或土壤水解氮）也称为土壤有效氮，它包括无机铵态氮、硝态氮和土壤含氮有机物中较易分解的部分（如氨基酸、酰胺、易水解蛋白质等）。土壤碱解氮含量可以反映近期内土壤氮素的供应状况，了解土壤肥力高低，作为指导合理施用氮肥的依据。

（1）测定原理。旱地土壤由于硝态氮含量较高，须加用还原剂还原，再用 1.8mol/L 氢氧化钠溶液处理土样，在扩散皿中，土样于碱性条件下水解，使易水解氮经碱解转化为氨态氮，由硼酸溶液吸收，以标准酸滴定，计算有效氮含量。对于水稻土和经常淹水的土壤，由于硝态氮含量甚微，不需加还原剂，因此氢氧化钠溶液浓度采用 1.2mol/L。本方法适用于各类土壤。

（2）操作用具。恒温培养箱（控温在 60℃以内）、扩散皿、半微量滴定管（10mL）。

（3）试剂配制。

①氢氧化钠溶液[$c(NaOH)=1.8mol/L$]。称取 72.0g 氢氧化钠溶解于水，稀释至 1L。

②氢氧化钠溶液[$c(NaOH)=1.2mol/L$]。称取 48.0g 氢氧化钠溶解于水，稀释至 1L。

③锌-硫酸亚铁还原剂。称取 50.0g 磨细并通过 0.25mm 孔径筛的硫酸亚铁（$FeSO_4 \cdot 7H_2O$）及 10.0g 锌粉混匀，保存于棕色瓶中。

④碱性胶液。称取 40g 阿拉伯胶放入装有 50mL 蒸馏水的烧杯中，加热至 70～80℃，搅拌促溶，约 1h 后放冷。加入 20mL 甘油和 20mL 饱和碳酸钾水溶液，搅匀，放冷。离心除去泡沫和不溶物，将清液贮于玻璃瓶中备用。

⑤盐酸标准溶液 [$c(HCl)=0.01mol/L$]。量取 9mL 盐酸（分析纯级）加适量水并稀释至 1 000mL，此浓度为 0.1mol/L。用时稀释 10 倍，浓度即为 0.01mol/L，需用硼砂或标准碱标定其准确浓度。

盐酸标准溶液 [$c(HCl)=0.01mol/L$] 的标定。在分析天平上准确称取分析纯级硼砂（$Na_2B_4O_7 \cdot 10H_2O$）1.907 2g 溶于水中，定容至 500mL，浓度即为 0.02mol/L。吸取 10.00mL 于三角瓶中，以甲基红作为指示剂，用要标定的盐酸溶液滴定，由黄色变红色为终点。

$$c=\frac{c_1 \cdot V_1}{V_2}$$

式中　c——盐酸标准溶液的浓度，mol/L；

　　　c_1——硼砂溶液的浓度，mol/L；

　　　V_1——吸取的硼砂溶液的体积，mL；

V_2——滴定时消耗盐酸标准溶液的体积，mL。

⑥定氮混合指示剂。称取 0.5g 溴甲酚绿和 0.1g 甲基红于玛瑙研钵中，加入少量 95% 乙醇，研磨至指示剂全部溶解后，加 95% 乙醇至 100mL。

⑦硼酸溶液 $[\rho(H_3BO_3)=20g/L]$。称取硼酸 20.00g 溶于蒸馏水中，稀释至 1L。每升硼酸溶液中加 20mL 定氮混合指示剂，并用稀酸或稀碱调至红紫色（pH 约 4.5）。此溶液放置时间不宜过长，如果在使用过程中 pH 有变化，需随时用稀酸或稀碱调节。

（4）操作步骤。称取通过 2mm 孔径筛的风干土样 2g（精确到 0.01g）和 1g 锌-硫酸亚铁还原剂，均匀平铺于扩散皿外室内（若为水稻土，不需加还原剂）。

在扩散皿内室加入 2mL 20g/L 硼酸溶液（含定氮混合指示剂）。在皿的外室边缘涂上碱性胶液，盖上毛玻璃，旋转数次，使毛玻璃与皿边完全黏合，再慢慢转开毛玻璃的一边，使扩散皿外室露出一条狭缝，迅速加入 10mL 1.8mol/L 氢氧化钠溶液于扩散皿外室，立即用毛玻璃盖严。

水平地轻轻转动扩散皿，使氢氧化钠溶液与土样充分混合，然后小心地用两根橡皮筋交叉成"十"字形圈紧，使毛玻璃固定。放在恒温培养箱中于 40℃保温（24±0.5）h。

将扩散皿取出，用 0.01mol/L 盐酸标准溶液滴定内室硼酸中吸收的氨量，颜色由蓝色刚变紫红色即达终点。滴定时应用细玻璃棒搅动内室溶液，不宜摇动扩散皿，以免溢出。

同时做空白试验，不加土样，其他步骤与土样测定相同。

（5）结果计算。

$$有效氮含量=\frac{c\times(V-V_0)\times14}{m}\times1\,000$$

式中　c——盐酸标准溶液的浓度，mol/L；

　　　V_0——空白试验所消耗盐酸标准溶液的体积，mL；

　　　V——土样测定时消耗盐酸标准溶液的体积，mL；

　　　m——风干土样的质量，g；

　　　14——氮的毫摩尔质量，mg；

　　　1 000——换算成每千克含量。

（6）注意事项。

①由于碱性胶液的碱性很强，在涂胶液和恒温扩散时，必须特别细心，慎防污染内室。

②据最新研究表明，土壤有效氮素含量指标与植物实际需要的相关性并不是很强。表 5-6 为耕层土壤碱解氮含量分级，仅供参考。

表 5-6　耕层土壤碱解氮含量的分级

碱解氮含量/（mg/kg）	＞150	120～150	90～120	60～90	30～60	＜30
土壤供氮水平	高	较高	一般	稍低	低	极低

6. 正确施用氮肥　利用试验基地或农户地块，分组进行氮肥的施用操作。主要的技术路径有：

（1）根据植物选择氮肥。不同植物对氮素的需要量以及对各形态氮素的反应是各不相同的。如叶菜类及茶、桑、麻等需要很多氮素，小麦、玉米、水稻等禾谷类作物需要较多氮素，豆科作物一般不需要或只在生长初期需要少量的氮素。

禾谷类作物中小麦、玉米等对铵态氮和硝态氮的反应没有差别，而水稻宜施用铵态氮，尤以氯化铵最好。把硫酸铵施于排水不良的稻田，会产生硫化氢毒害水稻。茶、烟草、马铃薯等忌氯作物切忌施用含氯氮肥，以免影响产量和品质。因此，施用氮肥时要善于根据植物种类、品种及不同的生育阶段来选择、分配、施用氮肥。

施肥盖严　肥效保全　农谚

（2）根据土壤条件施用氮肥。碱性土壤施用铵态氮肥或尿素，一定要深施覆土；酸性土壤宜选用碱性肥料或生理碱性肥料。对于前劲足而后劲小的质地轻、保肥力弱的土壤，要注重后期施肥；对于前劲小而后劲大的有机质含量高且黏重的土壤，要注重前期施肥。

（3）根据氮肥特性选择适宜的氮肥品种。不同种类的氮肥在土壤中的移动性、转化及酸碱性、挥发性、残留物等各不相同，因此应根据氮肥的性质来选用氮肥品种。

（4）根据气候条件施用氮肥。光照、温度、雨量等气候因素影响着植物根系的生长、养分的吸收和养分在土壤中所处的状态，进而影响着氮肥的施用效果。

（5）注重氮肥与磷、钾肥、微量元素肥料的配合施用。施用氮肥的同时，要注意土壤供应不足的其他养分，特别是注意与磷、钾肥及某些微量元素肥料的配合施用。

（6）注重氮肥与有机肥料的配合施用。化肥和有机肥配合，能取长补短，化肥可以提高有机氮的矿化率，有机肥能提高土壤的保肥和供肥能力，提高化学肥料的利用率。

（7）确定氮肥的施肥时期及合理施用量。根据植物生长及营养特点确定氮肥的施肥时期，根据当地多点、多年的田间试验结果确定氮肥的合理用量。

7. 指导农户施肥　综合考虑作物、气候、土壤、肥料、耕作制度等因素，为农户初步做一施用氮肥的规划，经技术人员或教师审阅后交农户实施。

▓ 知 识 窗

化学肥料概述

用化学或物理方法人工制成的含有一种或几种植物生长需要的营养元素的肥料，称为化学肥料，简称化肥。由于其成分大多为无机物质，故又称无机肥料。化肥主要按营养元素类型进行分类（表5-7）。与有机肥料相比，化学肥料的特点为：养分单一，有效成分含量高；肥效快；有酸碱反应；便于贮藏、运输和施用。

表5-7　化学肥料类型

分类依据	化学肥料类型
营养元素	氮肥、磷肥、钾肥、钙肥、镁肥、硫肥、微量元素肥料、复混肥料等
对植物的作用方式	直接肥料、间接肥料
化学酸碱性	酸性肥料、碱性肥料、中性肥料
生理酸碱性	生理酸性肥料、生理碱性肥料、生理中性肥料
肥效快慢	速效肥料、迟效肥料
物理状态	颗粒肥料、粉末肥料、液体肥料

化学肥料有化学酸碱性和生理酸碱性之分。化学酸碱性是指由化学肥料本身的化学性质引起的酸碱反应。如碳酸氢铵呈碱性，称为化学碱性肥料；过磷酸钙呈酸性反应，则称为化学酸性肥料；硫酸钾为化学中性肥料。化肥的生理酸碱性是指施入土壤中的化学肥料经植物选择吸收后，残留部分引起的土壤酸碱反应。如硫酸铵，铵离子被植物吸收后，硫酸根离子残留导致土壤酸度增加，为生理酸性肥料；而施用硝酸钠，植物吸收硝酸根离子，钠离子残留在土壤中，导致土壤碱性增加，称为生理碱性肥料；硝酸铵则因为铵离子和硝酸根离子均被植物吸收，无残留成分，故称为生理中性肥料。

目前我国化肥的生产量和消费量已位居世界首位，但在生产和应用中还存在很多问题：

(1) 化肥养分释放快，损失严重。

(2) 化肥品种结构不协调，氮肥多，磷、钾所占的比重相对较小，钙、镁、硫肥和微肥的生产不能满足市场的需求。

(3) 化肥施用不平衡，比例不协调，中、微量元素肥料仍有很大差距。

(4) 化肥流向单一，多投放到高产地区和投向蔬菜、瓜果等经济效益较高的作物。

(5) 化肥生产、销售、供应不稳定。

为了适应高速发展的现代农业需求，今后化肥的发展趋势主要表现为：

(1) 肥料的高浓度化。

(2) 多元复合化。

(3) 肥料的专用化。

(4) 肥料的长效化。

(5) 肥料的无公害化。

(6) 化学肥料与有机肥料的结合。

(7) 生物活性菌与有机质及无机营养的结合等。

▓ 观察与思考

1. 当地栽培的豆科植物有哪些？施用氮肥吗？如果施用，是如何施用的？

2. 由于硝酸盐易转化为亚硝酸盐而对人体有害，所以蔬菜类植物不能施用含硝态氮的肥料。这种观点对吗？为什么？

▓ 复习测试题

1. 植物缺氮容易导致植株矮小，幼叶先发生黄化现象。（对/错）

2. 硝态氮易被土壤吸附，而铵态氮易随水流失。（对/错）

3. 氨容易挥发，所以铵态氮肥应深施覆土，其他氮肥则没有必要深施。（对/错）

4. 氯化铵是生理酸性肥料，硝酸钠是生理碱性肥料。（对/错）

5. 作物施用大量的氮肥，不会产生_____的后果。

6. 肥料商品的质量标准分级中，国家标准以_____表示。

7. 在世界上，我国是化肥生产和消费的_____大国。

8. 常温下_____易挥发，据此也可以鉴别该肥料。

9. 稻田施氮肥应优先选择_____。

10. 硝态氮肥最好用于_____。

11. 硫酸铵是氮肥，副成分为硫，用在_____这样的喜硫作物上，效果很好。

12. 土壤氮素损失的途径有收获物携带、_____、_____、_____和_____等。

13. 不同的尿素溶液的浓度范围，如 $0.2\%\sim0.5\%$、$0.5\%\sim1.0\%$、$1.0\%\sim2.0\%$，分别适合哪类作物？

14. 完成表5-8内容。

表 5-8 氮肥种类及其施用技术要点

氮肥	化学式	含氮量/%	酸碱性	土壤中的转化	施用技术要点
碳酸氢铵					
氯化铵					
硫酸铵					
硝酸铵					
尿素					

任务二 科学施用磷肥

■ 任务目标

学会判别植物磷素营养失调的外部症状；了解土壤磷素的形态和转化规律，学会测定土壤有效磷的技能；初步认识常见磷肥商品，掌握常用磷肥的成分、性质和施用技术，在生产中能够合理选择、分配和施用磷肥。

■ 任务准备

1. 实训教室 有关植物磷素营养的挂图、照片、影像资料，常用磷肥标本及袋装磷肥（或化肥包装袋）。

2. 实训基地 模拟农资店（或附近的农资经营网点）；空白地块、粮食作物地块、果蔬花卉作物地块等。

3. 实验室 测定土壤有效磷含量的相关物品。

■ 基础知识

1. 植物的磷素营养

（1）植物体内磷的含量。磷是植物体内许多重要化合物的组成元素，如核酸、核蛋白、磷脂等，磷参与植物体内糖类、含氮化合物和脂肪等的代谢活动，磷还能够提高植物抗逆性和适应外界环境条件的能力。

磷在植物体内的含量（以 P_2O_5 计），一般为植物干重的 $0.2\%\sim1.1\%$。其中有机态磷占全磷量的 80% 左右，无机态磷仅占全磷量的 20% 左右。植物体内的有机态磷主要以核酸、磷脂和植素等形态存在，无机态磷主要以钙、镁、钾等的磷酸盐形态存在。无机态磷的含量虽少，但含量的消长情况与磷素营养水平关系极为密切。因此，测定植物某一部位（如水稻的叶鞘）无机磷的含量，可作为诊断植物磷素营养丰缺的指标。

植物体中磷的含量因植物种类、生育阶段、器官的不同而有差异。一般油料作物含磷量高于豆科作物，更高于谷类作物；幼嫩器官高于衰老器官；繁殖器官高于营养器官；种子高于叶片，叶片高于根系，茎秆中含量最少；新芽和根尖等分生组织中磷的含量明显增加。

（2）植物吸收磷的形态和特点。植物可吸收利用的磷包括无机磷和有机磷两大类。在无机磷中正磷酸盐是植物最适宜的利用形态（$H_2PO_4^-$、HPO_4^{2-}）。植物还能吸收利用某些可溶性的有机磷化合物，如己糖磷酸酯、蔗糖磷酸酯、甘油磷酸酯、卵磷脂、植素等。

在植物体内，磷有再利用的特点，植物生育前期吸收的磷占总吸收量的 $60\% \sim 70\%$，后期主要依靠植物体内运转而被再利用。由于植物苗期对磷敏感，苗期缺磷会导致严重减产。所以，生产上强调早施磷肥，以基肥、种肥和早期追肥效果为好。

（3）磷素缺乏和过多的症状。植物缺磷一般表现为生长迟缓、植株矮小、瘦弱、直立、分蘖或分枝少；叶片变小，叶色暗绿，缺乏光泽。缺磷时，禾谷类作物长相似"一炷香"，分蘖延迟或不分蘖，开花、抽穗、成熟推迟，穗粒数少且不饱满；玉米穗秃顶；十字花科和豆科作物易脱荚、种子小、不实粒多。

缺磷的症状首先出现在老叶上，由于形成花青素，叶片和茎表现为紫色；植物生长迟缓，植株矮小，根毛增多。

玉米、油菜、番茄等一些对磷很敏感的作物，缺磷时茎叶上出现紫红色条纹或斑点。严重缺磷时，叶片枯死脱落。大多数植物缺磷的症状不明显，一旦出现明显症状，植物早已遭受了缺磷的危害，此时即使施用磷肥往往也难以挽回损失。

磷素供应过多时，不仅营养生长期缩短，植物提前成熟，而且诱发锌、铁、镁等元素的缺乏。谷类作物表现为无效分蘖和瘪籽增加，叶片肥厚而密集，叶色浓绿，植株矮小，节间过短，根系十分发达、数量多且短粗，繁殖器官过早发育。此外，磷素供应过多，还会明显降低农产品的品质。如豆科籽实蛋白质含量降低，叶菜的纤维素含量增加，烟草的可燃性降低。

2. 土壤磷素状况

（1）土壤中磷的含量和形态。

①土壤磷素的来源和含量。土壤中的磷素主要来自土壤矿物质、有机质和施入土壤的含磷肥料。其含量与成土母质、气候条件、有机质含量、土壤质地等条件有关。

我国土壤全磷量有从南向北、从东向西递增的趋势，同一地域内磷的含量也有明显的差异。有机质含量高、质地黏重、熟化程度高的土壤全磷量往往比较高。我国土壤全磷（P）含量在 $0.2 \sim 2.5 g/kg$ 的范围内，平均约为 $0.5 g/kg$。

②土壤磷素形态及其有效性。土壤中磷素的形态可分为有机磷和无机磷两大类。

a. 有机磷。来源于动植物和微生物残体，以及有机肥料中的含磷有机化合物。目前已经知道化学形态和性质的有磷酸肌醇、磷脂和核酸，少量的磷蛋白和磷酸糖。这些有机磷化物占有机磷的 50% 左右，另一半的形态目前尚不太清楚。土壤有机磷的总量占土壤全磷量的 $20\% \sim 50\%$，其所占的比例随土壤有机质含量的增加而加大。有机磷通过矿化作用转化成无机磷后可被植物利用。

b. 无机磷。土壤中无机态磷的种类较多，可归纳为四类。第一类，水溶性磷化合物。

主要是碱金属钾、钠的磷酸盐和碱土金属钙、镁的一代磷酸盐，如 KH_2PO_4、$Ca(H_2PO_4)_2$ 等。这类化合物多以离子状态存在于土壤溶液中，可被植物直接吸收，是植物吸收磷素的主要形态，但数量很少。第二类，弱酸溶性磷化合物。主要是碱土金属的二代磷酸盐，如 $CaHPO_4$、$MgHPO_4$ 等，其数量比水溶性磷酸盐多，能被植物吸收利用，水溶性磷和弱酸溶性磷统称为土壤速效磷（或称有效磷）。第三类，吸附态磷。吸附在土壤胶体上，通过交换可被植物吸收利用。第四类，难溶性磷化合物。主要有磷灰石、结晶态磷酸铁铝，如红磷铁矿、磷铝石等。还有闭蓄态磷，即被氧化铁、铝胶膜所包被的磷酸盐。

（2）土壤中磷素的转化。土壤中磷素的转化包括磷的固定和磷的释放两个方向相反的过程，即有效磷无效化与无效磷有效化的过程，两者处于动态平衡之中。

①磷的固定。速效磷转化为缓效性磷或难溶性磷的过程称为磷的固定。一般来讲，磷素的固定有以下几种情况。

a. 化学固定。土壤中磷素与土壤中的钙、镁、铁和铝等的化合物发生化学反应，产生磷酸盐沉淀，从而造成对土壤磷素的固定。土壤中常见的磷酸盐沉淀有钙镁磷酸盐和铁铝磷酸盐，前者主要发生在石灰性、中性以及大量施用石灰的酸性土壤上，后者主要发生在南方的酸性土壤上。

b. 吸附固定。土壤固相对土壤溶液中磷酸根离子的吸附作用，称为吸附固定。在石灰性土壤中，碳酸钙表面会吸附磷酸根离子；在酸性土壤中，一方面土壤正电荷胶体对溶液中的磷酸根离子发生吸附，另一方面土壤中的铁铝氧化物也会对磷素产生吸附。

c. 闭蓄作用。土壤中的磷酸盐常被铁、铝或钙质胶膜所包被，形成闭蓄态磷而失去有效性。土壤磷的闭蓄作用与土壤的淹水状况和氧化还原条件有关。随着土壤淹水时间的延长和还原条件的加强，包被在磷酸盐表面上的胶膜被还原，磷的有效性不断提高。

d. 生物固定。水溶性磷酸盐被土壤微生物吸收构成其躯体，使之变成有机磷化合物的过程。由于微生物死亡后，有机磷又可分解释放出有效磷供植物吸收，因此，生物固定是短暂的。

②磷的释放。土壤中的无效态磷素在各种条件作用下逐渐转化释放出有效磷的过程。无机态的难溶性磷化物在长期风化过程中，经土壤中产生的各种有机酸和无机酸的作用，逐渐转化为有效态磷。土壤有机态磷化物在土壤微生物的作用下，逐渐释放出有效态的磷素供植物吸收利用。

总之，土壤中磷的转化受土壤酸碱度、土壤有机质含量、微生物活动及土壤活性铁、铝、钙的数量等多种因素的影响，其中以土壤 pH 影响最大，一般 pH 6.0～7.5 时，磷的有效性较高。生产上采取增施有机肥料、实行水旱轮作、调节土壤 pH 等措施可减少磷的固定，促进磷的释放。

3. 常用磷肥的种类、性质和施用

（1）水溶性磷肥。凡能溶于水的磷肥，称为水溶性磷肥。如过磷酸钙和重过磷酸钙等。重过磷酸钙（P_2O_5 30%～45%）不含硫酸钙，性质、施用与过磷酸钙相近，只是用量低些。过磷酸钙是我国主要的磷肥品种，这里主要介绍过磷酸钙的成分、性质和施用。

①成分和性质。过磷酸钙通常称为普通过磷酸钙，简称普钙。由硫酸与磷矿粉反应而成，为多成分的混合物。有效成分为水溶性的磷酸一钙 $[Ca(H_2PO_4)_2 \cdot H_2O]$，还有约50%的硫酸钙（$CaSO_4$）及少量的游离酸（主要为硫酸及少量的磷酸），此外还有铁、铝、钙盐及杂质，如硫酸铁、硫酸铝等。

过磷酸钙为灰白色粉状或粒状物，因含有游离酸，故为化学酸性肥料。易吸湿结块，吸湿后导致水溶性的磷酸一钙与硫酸铁、硫酸铝反应形成难溶性磷酸铁、磷酸铝，这一过程称为过磷酸钙的退化作用。

②在土壤中的转化。过磷酸钙施入土壤后，$Ca(H_2PO_4)_2 \cdot H_2O$ 即水解为 $CaHPO_4 \cdot H_2O$ 和 H_3PO_4，肥料颗粒周围土壤溶液的磷酸浓度比外部土壤要高出很多，土壤 pH 降低到 1.0～1.5，铁、铝、锰、钙等溶解出来，并与磷酸发生反应形成各种难溶性磷酸盐沉淀，水溶性磷就转化为难溶性磷而被化学固定（图 5-5）。

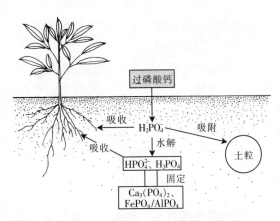

图 5-5　过磷酸钙在土壤中的转化

③过磷酸钙的施用。过磷酸钙可作为基肥、种肥和追肥。作为种肥时不能与种子直接接触，以免游离酸腐蚀种子，影响发芽。由于过磷酸钙施入土壤后易被土壤固定，移动性小，因此，应尽量减少肥料与土壤的接触，尽量增大肥料与根系的接触面积。

a. 集中使用。即把过磷酸钙施在根系密集处。作为基肥、追肥时可采取条施、穴施或沟施等方法将过磷酸钙施在耕作层，但密植植物不易采用条施、穴施。一般大田作物基肥用量 450～600kg/hm²，追肥用量 225～375kg/hm²。作为种肥时，可将过磷酸钙直接施入播种沟、穴中或直接与种子拌和施用。拌种时用量不宜过大，一般将过磷酸钙与比其重1～2倍的腐熟有机肥或干细土混匀，然后与种子拌和，随拌随施。水稻蘸秧根也是经济有效的方法，用过磷酸钙 75～105kg/hm²与 2～3 倍腐熟有机肥加泥浆拌成糊状，栽前蘸根，随蘸随栽。

b. 与有机肥料混合使用。过磷酸钙与有机肥混施，若混合堆沤更好，能减少磷的固定，提供多种养分，促进微生物的活动，增强磷的溶解性，从而提高过磷酸钙的有效性。

c. 分层施用。为满足植物不同生育时期对磷肥的需要，最好将过磷酸钙用量的 2/3 作为基肥深施，1/3 作为叶面肥或种肥施用。

d. 与石灰配合使用。在酸性土壤上配合施用石灰，使 pH 上升到 6.5 时，磷的固定量迅速下降，过磷酸钙利用率可有较大幅度的提高。一般先施石灰，数天后再施过磷酸钙。

e. 根外施用。过磷酸钙进行叶面喷肥，可减少土壤固定，用量少，见效快。喷施时需用其澄清液。一般水稻、玉米、小麦等单子叶作物浓度为 1%～2%，棉花、番茄等双子叶作物为 0.5%～1.0%。

f. 制成颗粒磷肥。可减少与土壤接触面积，也便于机械施肥。

（2）弱酸溶性磷肥。能够溶于 2%柠檬酸或中性柠檬酸铵或微碱性柠檬酸铵溶液的磷肥。主要有钙镁磷肥、脱氟磷肥、沉淀磷肥、钢渣磷肥等。这里主要介绍钙镁磷肥。

①成分和性质。钙镁磷肥主要成分为 α-$Ca_3(PO_4)_2$，为黑绿色、灰绿色或灰棕色的粉末，呈碱性（pH 8.0～8.5），不吸湿结块，无腐蚀性。一般含 P_2O_5 12%～20%，MgO 10%～15%，CaO 25%～30%，SiO_2 20%以上。

②在土壤中的转化。钙镁磷肥在土壤中移动性很小，其转化与土壤 pH 和石灰类物质含

量有关。当土壤 pH<6.5 时，可逐渐转化为易溶性磷酸盐。在石灰性土壤中，易转化为不易被植物利用的羟基磷灰石。因而钙镁磷肥易施在酸性土壤上。

③施用。钙镁磷肥最适宜作为基肥施用，一般大田作物用量为 $450\sim600kg/hm^2$。在酸性土壤上用来拌种或蘸秧根均有一定肥效。一般不用作追肥，作为追肥时更应该早施、深施。钙镁磷肥与有机肥一起堆沤，效果较好，也可与生理酸性肥料配合使用，以增加肥料中磷的溶解性，提高肥效。

（3）难溶性磷肥。指主要成分既不能溶于水也难溶于弱酸而只能溶于强酸的磷肥。主要有磷矿粉、骨粉和海鸟粪等。磷矿粉由磷矿石直接磨碎而成，灰褐色粉末，中性至微碱性。由于矿物来源不同，全磷量与有效磷含量相差较大，全磷（P_2O_5）含量为 $10\%\sim25\%$，弱酸溶性磷含量为 $1\%\sim5\%$。磷矿粉只宜作为基肥撒施或深施，一般用量 $750\sim1\,500kg/hm^2$，酸性土壤（pH<5.5）、吸磷能力较强的多年生植物效果较好。

■ 任务实施

1. 查阅资料与讨论 查阅有关植物磷素营养、土壤磷素状况以及常用磷肥的挂图、图片、文字材料、影像及网站资料，分组讨论磷素营养的重要性，理解施用磷肥的意义。

2. 植物磷素营养失调症的调查 分组、分区域调查当地作物磷素营养失调症的情况，记录所发生的植物种类、长势长相、对产量的影响及产生的原因等。

3. 观察磷肥标本 每小组配备较为完全的磷肥标本，观察并记载其颜色、形状、水溶性、气味、灼烧情况等，能够初步辨别不同的磷肥。

4. 模拟销售磷肥商品 分组模拟销售磷肥或开展"我当一天农资营销员"活动。过磷酸钙和钙镁磷肥的质量标准见表 5-9、表 5-10。

表 5-9　过磷酸钙的质量标准（GB 20413—2006）

项　　目	优等品	一等品	合格品	
			Ⅰ	Ⅱ
有效磷（以 P_2O_5 计）的质量分数/%	≥18.0	≥16.0	≥14.0	≥12.0
游离酸（以 P_2O_5 计）的质量分数/%	≤5.5	≤5.5	≤5.5	≤5.5
粉状肥料中水分的质量分数/%	≤12.0	≤14.0	≤15.0	≤15.0
粒状肥料中水分的质量分数/%	≤10.0			
粒度（1.00～4.75mm 或 3.35～5.60mm）的质量分数/%	≥80			

表 5-10　钙镁磷肥的质量标准（GB 20412—2006）

项　　目	指标		
	优等品	一等品	合格品
有效磷（P_2O_5）的质量分数/%	≥18.0	≥15.0	≥12.0
水分（H_2O）的质量分数/%	≤0.5	≤0.5	≤0.5
碱分（以 CaO 计）的质量分数/%	≥45.0	—	
可溶性硅（SiO_2）的质量分数/%	≥20.0		
有效镁（MgO）的质量分数/%	≥12.0		
细度（通过 0.25mm 筛）/%	≥80		

5. 测定土壤的有效磷含量　土壤的全磷含量水平只能说明土壤供磷的潜力，而有效磷（也称速效磷）含量水平与生产相关性强，是判断近期内土壤磷素供应能力的一项重要指标，可作为合理分配和施用磷肥的依据。

（1）测定原理。碳酸氢钠溶液除可提取水溶性磷外，也可以抑制 Ca^{2+} 的活性，使一定量的活性较大的 Ca-P 盐类中的磷被浸出，也可使一定量的活性 Fe-P 和 Al-P 盐类中的磷通过水解作用而浸出。由于浸出液中 Ca、Fe、Al 浓度较低，不会产生磷的再沉淀。浸提液中的磷，在一定酸度下用钼锑抗还原显色成磷钼蓝，蓝色的深浅在一定浓度范围内与磷的浓度呈正比，故可用比色法测定。土壤浸出的磷量与土液比、液温、振荡时间及方式有关。本方法严格规定土液比为 1∶20，浸提液温度为 $(25\pm1)℃$，振荡提取时间为 30min。

本方法适用于石灰性土壤，中性土壤及水稻土也可参照使用。

（2）操作用具。恒温〔$(25\pm1)℃$〕往复式（或旋转式）振荡机或普通振荡机〔满足 (180 ± 20) r/min〕及恒温室、分光光度计或紫外-可见分光光度计、塑料瓶（200mL）、无磷滤纸。

（3）配制试剂。

①无磷活性炭粉。如所用活性炭含磷，应先用 1∶1 盐酸溶液浸泡 24h，然后移至平板漏斗抽气过滤，用水洗至无 Cl^- 为止（4～5 次），再用碳酸氢钠浸提剂浸泡 24h，在平板漏斗上抽气过滤，用水洗尽碳酸氢钠，至无磷为止，烘干备用。

②氢氧化钠溶液〔$\rho(NaOH)=100g/L$〕。称取 10g 氢氧化钠溶解于 100mL 蒸馏水中。

③碳酸氢钠浸提剂〔$c(NaHCO_3)=0.50mol/L$，pH＝8.5〕。称取 42.0g 碳酸氢钠（$NaHCO_3$）溶于约 950mL 蒸馏水中，用 100g/L 氢氧化钠溶液调节 pH 至 8.5（用酸度计测定），用水稀释至 1L。贮存于聚乙烯瓶或玻璃瓶中备用。如贮存期超过 20d，使用时需重新校正 pH。

④酒石酸锑钾溶液｛$\rho[K(SbO)C_4H_4O_6\cdot1/2H_2O]=3g/L$｝。称取 0.3g 酒石酸锑钾溶于蒸馏水中，稀释至 100mL。

⑤钼锑贮备液。称取 10.0g 钼酸铵〔$(NH_4)_6Mo_7O_{24}\cdot4H_2O$〕溶于 300mL 约 60℃ 蒸馏水中，冷却。另取 181mL 浓硫酸缓缓注入 800mL 蒸馏水中，搅匀，冷却。然后将稀硫酸注入钼酸铵溶液中，搅匀，冷却。再加入 100mL 3g/L 酒石酸锑钾溶液，最后用水稀释至 2L，盛于棕色瓶中备用。

⑥钼锑抗显色剂。称取 0.5g 抗坏血酸（$C_6H_8O_6$ 左旋，旋光度＋21°～＋22°）溶于 100mL 钼锑贮备液中。此溶液有效期不长，应用时现配。

⑦磷标准贮备液〔$\rho(P)=100\mu g/mL$〕。称取经 105℃ 下烘干的磷酸二氢钾（优级纯级）0.439 0g，用蒸馏水溶解后，加入 5mL 浓硫酸，然后加水定容至 1 000mL。此溶液放入冰箱可供长期使用。

⑧磷标准溶液〔$\rho(P)=5\mu g/mL$〕。吸取 5.00mL 磷标准贮备液于 100mL 容量瓶中，定容。该溶液用时现配。

（4）操作步骤。称取通过 2mm 孔径筛的风干土样 2.50g，置于 200mL 塑料瓶中，加入约 1g 无磷活性炭粉，加入 $(25\pm1)℃$ 碳酸氢钠浸提剂 50.0mL，摇匀，在 $(25\pm1)℃$ 温度下，于振荡器上用 (180 ± 20) r/min 的频率振荡 (30 ± 1) min，立即用无磷滤纸过滤于干燥的 150mL 三角瓶中。

吸取滤液 10.00mL 于 25mL 比色管中，加入显色剂 5.00mL，慢慢摇动，排出 CO_2 后加蒸馏水定容至刻度线，充分摇匀。在室温高于 20℃ 处放置 30min，用空白溶液（以 10.00mL 碳酸氢钠浸提剂代替土壤浸提液，同上处理）为参比，用 1cm 光径比色皿在波长 700nm 处比色，测量吸光度。

吸取磷标准溶液 $[\rho(P) = 5\mu g/mL]$ 0mL、0.50mL、1.00mL、1.50mL、2.00mL、2.50mL、3.00mL 于 25mL 比色管中，加入浸提剂 10.00mL、显色剂 5.00mL，慢慢摇动，排出 CO_2 后加蒸馏水定容至刻度线。此标准系列溶液中磷的浓度依次为 $0\mu g/mL$、$0.10\mu g/mL$、$0.20\mu g/mL$、$0.30\mu g/mL$、$0.40\mu g/mL$、$0.50\mu g/mL$、$0.60\mu g/mL$。在室温高于 20℃ 处放置 30min 后，按上述样品待测液分析步骤、条件进行比色，测量吸光度，绘制标准曲线或计算回归方程。

（5）结果计算。

$$有效磷含量（mg/kg）= \frac{\rho(P) \cdot V \cdot D}{m}$$

式中　$\rho(P)$——查标准曲线或求回归方程而得测定液中 P 的质量浓度，$\mu g/mL$；

　　　　V——显色液体积，25 mL；

　　　　D——分取倍数，即土样提取液体积/显色时分取体积，本试验为 $50/10$；

　　　　m——风干土样的质量，g。

（6）注意事项。

①测定时也可采用波长 880nm 比色，浸提时可不加活性炭褪色。

②如果土壤有效磷含量较高，应减少浸提液的吸样量，并加浸提剂补足至 10.00mL 后显色，以保持显色时溶液的酸度，计算时按所取浸提液的分取倍数计算。

③用 $NaHCO_3$ 溶液浸提有效磷时，温度影响较大，应严格控制浸提温度。

④对于酸性土壤，一般采用 Bray 法（盐酸-氟化铵提取-钼锑抗比色法）。

⑤土壤速效磷在一定程度上能较好地反映土壤供磷水平（表 5-11），对指导施肥有重要意义。

表 5-11　耕层土壤速效磷含量的分级（Olsen 法）

土壤供磷水平	高	较高	一般	稍低	低	极低
速效磷含量/（mg/kg）	＞40	20～40	10～20	5～10	3～5	＜3

6. 正确施用磷肥　利用实训基地或农户地块，分组进行磷肥的施用操作。由于磷在土壤中容易被固定和磷在土壤中的移动性小，我国磷肥的当季利用率一般只有 10%～25%。因此，合理施用磷肥、提高磷肥的利用率是施磷肥（包括含磷肥料）应该特别注意的一个重要问题。主要的技术路径有：

（1）根据土壤特性合理施肥。

①土壤含磷量。把磷肥优先施用在缺磷的土壤上。在供磷水平较低、N/P 大的土壤上，施用磷肥效果显著；在供磷水平较高、N/P 小的土壤上，施用磷肥效果较小；在氮、磷供应水平都很高的土壤上，只有提高施氮水平才有利于发挥施用磷肥的增产效果。

②土壤 pH。一般 pH＜5.5 时，土壤有效磷含量较低，pH 在 6.0～7.5 时其含量较高，而 pH＞7.5 时土壤有效磷含量又降低。因为前者被铁、铝固定，后者形成了难溶性的磷酸钙。因此，磷肥应优先施在 pH＜5.5 或 pH＞7.5 的土壤上。

③土壤有机质含量。土壤有效磷含量与土壤有机质含量呈正相关，有机质含量每增加0.5%，有效磷含量大体可增加5mg/kg。因此磷肥应优先施于有机质含量低的土壤上。

（2）根据植物特性施用磷肥。

①植物种类。由于不同植物对磷的敏感性和吸收能力不同，如豆科绿肥、豆科作物、糖料作物、棉花、油菜、荞麦、萝卜、薯类作物、瓜类、果树、桑和茶等，对磷反应敏感且需要量大；玉米、番茄、马铃薯、芝麻等对磷的反应中等；小麦、谷子、水稻等对磷的反应较差但利用能力强。磷肥应优先施用在喜磷植物上。

②磷素的营养临界期。磷素的营养临界期一般都在生育早期，如小麦、水稻在三叶期，棉花在二三叶期，油菜、玉米在五叶期前。此期对磷的需要量虽不多，但很迫切，因此，生产上磷肥常用作种肥、基肥或早期追肥。

③轮作周期。在轮作周期中将磷肥优先施用在增产明显的作物上。在麦棉轮作地区，由于棉花对磷比麦类敏感，应把磷肥重点施于棉花上；在小麦、玉米轮作地区，磷肥应重点施于小麦上，玉米可利用其后效；在轮作中植物具有相似的磷素营养特点时，磷肥应重点分配在越冬植物上，促进壮苗、早发，增强抗寒能力，提高磷肥增产效果。在水旱轮作中磷肥应"旱重水轻"，把磷肥的大部分施在旱作物上。在南方双季稻区，应优先施用在早稻上，如果与绿肥轮作，优先用在绿肥植物上。

（3）提高施肥技术。

①确定适宜的施肥量。磷肥的当季利用率较低，而后效可持续数年。长期施用磷肥或施用量较多的田块，应考虑适当减少或隔年施用磷肥。

②早施。植物营养临界期一般都在幼苗阶段，磷在植物体内也是一种可利用的元素，因此磷肥作为种肥、基肥和早期追肥有重要的实际意义。

③集中施。把磷肥集中施用，可显著提高肥效。通常采用条施、穴施、蘸秧根、塞秧兜和拌种等方法。

7. 指导农户施肥　综合考虑作物、气候、土壤、肥料、耕作制度等因素，为农户初步做一施用磷肥的规划，经技术人员或教师审阅后交农户实施。

▦ 知识窗

我国磷肥行业发展现状及前景

世界磷肥生产国主要有中国、美国、摩洛哥、俄罗斯、印度等。据中国磷复肥工业协会统计，截止到2017年，世界磷肥（折P_2O_5，下同）年生产量达到6 910万t，其中，我国在2017年磷肥产量为1 640.7万t，占世界磷肥年生产量的23.7%。目前，我国生产的磷肥可以分为两类：高浓度磷肥和低浓度磷肥。高浓度磷肥包括磷酸二铵（DAP）、磷酸一铵（MAP）、NPK复合肥（P-NPK）、重钙（TSP）及硝酸磷肥（NP）；低浓度磷肥包括过磷酸钙（SSP）和钙镁磷肥（FMP）。市场上常见的高浓度水溶性磷肥以磷酸铵为主，即MAP和DAP，这类磷肥占国内磷肥的80%左右。

目前，随着美国、俄罗斯等传统磷肥强国产能萎缩，我国依靠充足的原料供应和先进的技术设备，磷酸铵产业平稳运行，已成为世界磷酸铵产能第一大国。NPK复合肥，即高浓度三元复合肥，主要以磷酸、钾和合成氨等为原料制得。与传统的化肥相比，P-NPK能够更有效修复改良土壤、提升耕地质量，拥有更广阔的发展前景。但由于我国钾资源严重缺乏，极大地限制了我国P-NPK的生产，这类磷肥仅占我国磷肥的8%左右。过磷酸钙（SSP）属水溶性速效磷肥，是我国发展最早的低浓度品种之一。随着高浓度磷肥产量的增长，其在磷肥总产量中的比例不断下降。钙镁磷肥又称熔融含镁磷肥，在我国钙镁磷肥只被当作单一低浓度磷肥对待。

近年来，我国磷肥总产量出现先增后减的局面，2015年磷肥总产量达到最高值为1 795万t，2016年我国磷肥总产量同比下降7.39%，2017年我国磷肥总产量基本与2013年持平。磷肥的产量与国内磷肥产能和国际市场需求密切相关，2016年我国磷肥产量快速下降的原因主要如下：一是国内磷肥产能严重过剩，部分中小型企业被兼并重组或关停；二是受国际粮食价格的影响，国际磷肥需求下降，价格持续降低。从磷肥产品结构来看，近5年来，我国高浓度磷肥所占的比例越来越高，从2013年的88.42%提升至2017年的93.58%。

磷肥生产是一种大型工业化生产，规模大、品种多、工艺复杂性大，从磷肥行业发展转型至今，产品经历了从进口到出口、养分从单一到复合、利用率从低到高的发展过程，面对多方面的竞争和压力，我国磷肥行业亟需转型升级。坚持发展"矿肥结合""肥化结合"，在巩固我国磷肥地位的基础上，大力发展高端、精细、绿色磷酸盐产品，如聚磷酸盐、偏磷酸盐、次磷酸盐、高纯黄磷、食品级磷酸、手性配体含磷药物和中间体等；为了使磷肥产品适应现代农业技术和节水节能农业发展，着重发展水溶性磷肥产品，如低聚合度磷酸铵和磷酸二氢钾。企业不断加强新品种肥料的研制，更多关注养分含量，注重养分科学搭配，研究不同养分形态的作用效果及其相互转化。

观察与思考

某农户购得的过磷酸钙已经3年没有使用，有结块现象，肥效会降低吗？能否再用？颗粒型与粉末状过磷酸钙施用起来哪个好？

复习测试题

1. 磷素不会造成作物贪青晚熟，施用量可以大些。（对/错）
2. 植物某一部位无机磷的含量可作为诊断植物磷素营养丰缺的指标。（对/错）
3. 水旱轮作，磷肥优先施在旱作物上，是因为水田环境下磷的有效性高些。（对/错）
4. 磷肥集中施用，能够显著提高肥效。（对/错）
5. 作物磷素营养的临界期一般为_____。
6. 当前世界磷肥生产主要集中在具有原料优势的几个国家，_____没有原料优势。
7. 施用磷肥时，在微酸性土壤上优先选择_____；在微碱性土壤上优先选择_____。
8. 钙镁磷肥施在需钙、镁、硅等副成分较多的作物上，肥效不低于甚至高于普通过磷酸钙。（对/错）

9. 磷矿粉用在_____作物上，效果较好。

10. 磷肥的利用率低，主要是由于_____，但后效较长。

11. 普通过磷酸钙为化学_____性肥料。

任务三 科学施用钾肥

▣ 任务目标

学会辨别植物钾素营养失调的外部症状；了解土壤钾素的形态和转化规律，掌握测定土壤速效钾的方法；初步认识常见的钾肥商品，掌握常用钾肥的成分、性质和施用技术，在生产中能够合理选择、分配和施用钾肥。

▣ 任务准备

1. 实训教室 有关植物钾素营养的挂图、照片、影像资料，常用钾肥标本及袋装钾肥（或化肥包装袋）。

2. 实训基地 模拟农资店（或附近的农资经营网点）；空白地块、粮食作物地块、果蔬花卉作物地块等。

3. 实验室 测定土壤速效钾含量的相关物品。

▣ 基础知识

1. 植物的钾素营养

（1）植物体内钾的含量。钾是植物体内多种酶的活化剂，可以促进光合作用以及糖类和蛋白质等的合成和运输，能够增强植物的抗旱、抗寒、抗倒伏和抗病能力。

植物体内钾的含量（K_2O）为植物体干重的 $0.3\%\sim5.0\%$。不同植物或同一植物的不同部位含钾量差异较大，如马铃薯、甜菜、烟草等喜钾植物含钾量较高，同一植物茎叶中的含钾量通常比籽实高。

植物体内的钾主要是离子态，而不是以有机化合物的形态存在。钾在植物体内的流动性较大，并比较集中地分布在代谢活动旺盛的幼嫩组织中。

（2）植物钾素营养的失调症状。缺钾症状一般表现在植物生长的中、后期。缺钾最明显的症状是叶缘呈灼烧状。缺钾时，通常是下部老叶的尖端和叶缘发黄，进而出现褐色斑点或斑块、焦枯呈灼烧状，叶片出现褐色斑点或斑块，但叶中部、叶脉处仍保持绿色。随缺钾程度加剧，整个叶片变为红棕色或干枯状，坏死脱落。

不同植物缺钾症状也不相同。如水稻缺钾，首先老叶尖端和边缘发黄变褐，形成赤褐色斑点，并逐渐发展到上部叶片，而后老叶呈火烧状枯死；根系生长不良，根细且短，数量少，呈暗棕色或黑色；植株矮小，茎秆细弱，易倒伏。棉花缺钾，首先老叶出现黄白色的斑块，以后叶片变为淡黄色，叶脉间出现黄色斑点，斑点的中心部分死亡，最后叶片破碎、卷曲、焦枯直至脱落；棉桃小，不能开裂，纤维质量差。

2. 土壤钾素状况

（1）土壤中钾素含量和形态。我国土壤全钾量在 $4.2\sim20.8g/kg$，从北到南、由西向东逐渐降低。南部和东南部是我国缺钾土壤集中的地区。近年来，随着农业生产的发展，北方的部分土壤也表现出缺钾现象。

土壤中钾素可分为速效态钾、缓效态钾和矿物态钾3种形态。

①速效态钾。速效态钾占土壤全钾量的 $1\% \sim 2\%$，包括能溶于水的水溶性钾和被土壤胶体吸附的交换性钾，交换性钾约占速效态钾的 90%。土壤中速效态钾与施用钾肥肥效有一定的相关性，因此生产上常把土壤速效钾作为施用钾肥的参考指标。

②缓效态钾。缓效态钾占土壤全钾量的 2% 左右，主要指固定在黏土矿物层状结构中的钾和较易风化的矿物中的钾。缓效态钾不能被植物直接吸收利用，但能逐步释放成为速效钾，是土壤速效钾的重要补给者，因此在评价土壤的长期供钾潜力时，一般将缓效态钾作为一个重要指标。

③矿物态钾。矿物态钾是土壤钾的主体，占土壤全钾量的 $90\% \sim 98\%$，是植物不能吸收利用的钾素。矿物态钾能在长期的风化过程中释放出来供植物吸收利用，是土壤速效态钾和缓效态钾的储备。

（2）土壤中钾的转化。每种形态的钾在土壤中都可以进行相互转化，并处于动态平衡之中。

①土壤中钾的释放。土壤中钾的释放是钾的有效化过程。它是指矿物中的钾和有机体中的钾在土壤微生物及各种酸的作用下逐渐风化并转变为速效钾的过程。如正长石在各种酸的作用下进行水解作用，释放出钾素，成为植物能吸收利用的有效钾。

②钾的固定。钾的固定是指土壤中的有效钾转变为缓效钾的过程，包括钾的晶格固定和生物固定。钾的晶格固定是指溶液中的钾或吸附在土壤胶体上的交换性钾进入黏土矿物的晶层间，转化为非交换性钾，从而降低钾有效性的现象。钾的生物固定是指被土壤微生物吸收的部分，微生物死亡后，钾素又被释放出来，这类固定是暂时的。

3. 常用钾肥的种类、性质和施用

（1）氯化钾（KCl）。

①成分和性质。氯化钾为白色或淡黄色、粉红色结晶，含钾（K_2O）量为 $55\% \sim 62\%$，易溶于水，具有一定的吸湿性，粉状产品长久贮存会结块，属化学中性、生理酸性肥料。氯化钾容易被土壤保持，增加了溶液中 K^+ 的浓度，易被植物吸收利用。

②施用。氯化钾可作为基肥、追肥，大田作物一般施用量为 $75 \sim 150 kg/hm^2$，比较经济有效。在中性土壤上作为基肥施用宜与有机肥、磷矿粉配合或混合施用，能防止土壤酸化，并且能促进磷矿粉中磷的有效性；酸性土壤施用时应配施石灰。氯化钾不宜作为种肥，因氯离子对种子发芽有抑制作用，影响种子的萌发和幼苗的生长。有些忌氯作物如茶、烟草、柑橘、甜菜、甘薯、马铃薯、甘蔗、葡萄、西瓜等不宜施用，以免影响产品品质。氯化钾适用于棉花、麻类等纤维作物，因为氯对提高纤维含量和质量有良好的作用；不宜在盐碱地上施用，以免加重盐害。

（2）硫钾酸（K_2SO_4）。

①成分和性质。硫酸钾为白色或淡黄色结晶，含钾（K_2O）量为 $40\% \sim 50\%$，易溶于水，对植物是速效的，吸湿性较小，不易结块，属化学中性、生理酸性肥料，易被土壤保持和植物吸收利用。

②施用。硫酸钾可作为基肥、追肥，用法与氯化钾一样，大田作物一般施用量 $120 \sim$

180kg/hm²。适宜作为种肥，用量 45～75kg/hm²；禾本科类作物根外追肥较适宜浓度为 1％～2％。硫酸钾适用于各种作物，在喜硫作物上施用效果较好。但硫酸钾比氯化钾价格高，在一般情况下，硫酸钾应优先施在忌氯作物和经济作物上，并且能用氯化钾的就不用硫酸钾。

（3）窑灰钾肥。窑灰钾肥又称为水泥窑灰，是水泥工业的副产品。

①成分和性质。窑灰钾肥含钾（K_2O）8％～12％，有时高达 20％，含氧化钙（CaO）35％～40％，还含有镁、硅、硫及多种微量元素，为灰褐色粉末，吸湿性强，易结块，应干燥贮存。

②施用。窑灰钾肥可用作基肥、追肥，不宜作为种肥。施用前最好先与湿土拌匀，以免粉末飞扬。适用于酸性土壤。以耕前撒施为宜，也可穴施、沟施，施用量为 600～900kg/hm²。因含硅，作水稻基肥效果较好。不能与铵态氮肥、水溶性磷肥和腐熟的有机肥混合施用，以免造成氨的挥发损失和养分的固定。

一棵甘薯一把灰 结的甘薯一大堆

农谚

（4）草木灰。

①成分和性质。草木灰是植物燃烧后的残渣，主要成分有钾、磷、钙、镁及多种微量元素（表 5-11）。不同植物的灰分成分差异很大，一般木灰含钾、磷、钙多；草灰含硅多，磷、钾、钙略少。

草木灰中的钾主要是碳酸钾（K_2CO_3），约占 90％，其次是硫酸钾（K_2SO_4），氯化钾（KCl）含量较少，均为水溶性，对植物速效，但易受雨水淋失，应避免露天存放。草木灰中的磷为枸溶性磷，对植物有效。草木灰中含有氧化钙（CaO）、碳酸钾（K_2CO_3），呈碱性反应，在酸性土壤施用不仅能供应钾，而且能降低土壤酸度和补充钙、镁等元素（表 5-12）。

表 5-12　草木灰中钾、磷、钙的大致含量

单位：％

种类	K_2O	P_2O_5	CaO	种类	K_2O	P_2O_5	CaO
松木灰	12.44	3.41	25.18	小麦秆灰	13.80	0.40	5.90
小杉木灰	10.95	3.10	22.09	棉籽壳灰	5.80	1.20	5.92
小灌木灰	5.92	3.14	25.09	向日葵秆灰	35.40	2.55	18.50
稻草灰	8.09	0.59	1.92	牛羊粪灰	5.61	1.95	9.54

②施用。草木灰可用作基肥、追肥，也可作为根外追肥、盖种肥。基肥用量 750～1 500kg/hm²，追肥用量 750kg/hm²，宜集中沟施和穴施，施用前拌少量湿土或浇少量水湿润后再用。用 1％的浸出液作为根外追肥，除供应养分外，还具有防治蚜虫的效果。盖种肥大多用于水稻和蔬菜育苗上，既能改善苗期营养，又能吸收热量，促苗早发，清除病害，防止水稻烂秧，但宜用陈灰。草木灰不宜与铵态氮肥、腐熟的有机肥混合施用，以免造成氨的挥发。

4. 新型钾肥——硫酸钾镁肥 硫酸钾镁肥是一种天然的矿物质肥料，被誉为植物施肥

的"白金钾"，可作为硫酸钾的替代品。硫酸钾镁肥是一种多元素钾肥，除含钾、硫、镁外，还含有钙、硅、硼、铁、锌等元素，呈中性至弱碱性，特别适合在酸性土壤中施用，一般以作基肥为主，也可作追肥。作基肥用量一般 $225\sim450kg/hm^2$。

硫酸钾镁肥适用于所有植物，特别适用于蔬菜、果树、茶叶和花卉等经济作物，能给植物的生长提供长期稳定的肥效，并能提高植物的品质，增强植物的抗旱、抗寒、抗药害的能力，增产效果十分明显。有些研究表明，与等钾量（K_2O）的单质钾肥氯化钾、硫酸钾相比，农用硫酸钾镁肥的施用效果优于氯化钾，略优于硫酸钾。

■ 任务实施

1. 查阅资料与讨论 查阅有关植物钾素营养、土壤钾素状况以及常用钾肥的挂图、图片、文字材料、影像及网站资料，分组讨论钾素营养的重要性，理解施用钾肥的意义。

2. 植物钾素营养失调症的调查 分组、分区域调查当地作物钾素营养失调症的情况，记录所发生的植物种类、长势长相、对产量的影响及产生的原因等。

3. 观察钾肥标本 每小组配备较为完全的钾肥标本，观察并记载其颜色、形状、水溶性、气味、灼烧情况等，能够初步辨别不同的钾肥。

4. 模拟销售钾肥商品 分组模拟销售钾肥或开展"我当一天农资营销员"活动。不同钾肥的质量标准见表 5-13 至表 5-15。

表 5-13　氯化钾的质量标准（GB 6549—2011）

项目	指　　标					
	Ⅰ类			Ⅱ类		
	优等品	一等品	合格品	优等品	一等品	合格品
氧化钾（K_2O）的质量分数/%	≥62.0	≥60.0	≥58.0	≥60.0	≥57.0	≥55.0
水分（H_2O）的质量分数/%	≤2.0	≤2.0	≤2.0	≤2.0	≤4.0	≤6.0
Ca＋Mg 的质量分数/%	≤0.3	≤0.5	≤1.2			
NaCl 的质量分数/%	≤1.2	≤2.0	≤4.0			
水不溶物的质量分数/%	≤0.1	≤0.3	≤0.5			

注：除水分外，各组分质量分数均以干基计。

表 5-14　农业用硫酸钾的质量标准（GB 20406—2006）

项目	粉末结晶状			颗粒状		
	优等品	一等品	合格品	优等品	一等品	合格品
氧化钾（K_2O）的质量分数/%	≥50.0	≥50.0	≥45.0	≥50.0	≥50.0	≥40.0
氯离子（Cl^-）的质量分数/%	≤1.0	≤1.5	≤2.0	≤1.0	≤1.5	≤2.0
水分（H_2O）的质量分数/%	≤0.5	≤1.5	≤3.0	≤0.5	≤1.5	≤3.0
游离酸（按 H_2SO_4）的质量分数/%	≤1.0	≤1.5	≤2.0	≤1.0	≤1.5	≤2.0
粒度（1.00～4.75mm 或 3.35～5.60mm）/%				≥90		

表 5-15　硫酸钾镁肥的质量标准（GB/T 20937—2007）

项目	优等品	一等品	合格品
氧化钾（K_2O）的质量分数/%	≥30.0	≥24.0	≥21.0
镁（Mg）的质量分数/%	≥7.0	≥6.0	≥5.0

（续）

项目	优等品	一等品	合格品
硫（S）的质量分数/%	≥18.0	≥16.0	≥14.0
氯离子（Cl⁻）的质量分数/%	≤2.0	≤3.0	≤3.0
水分（H₂O）的质量分数/%	≤1.5	≤4.0	≤4.0
水不溶物的质量分数/%	≤1.0	≤2.0	≤2.0
粒度（1.00~4.75mm）/%	≥90	≥80	≥80
pH	7.0~9.0		

注：粉状产品不做粒度要求；水分（H₂O）的质量分数以出厂检验为准。

5. 测定土壤速效钾的含量　土壤速效钾包括土壤溶液中的钾和土壤胶体吸附的钾，是判断近期内土壤钾素供应能力的一项重要指标，是指导合理施用钾肥的依据之一。

（1）测定原理。以中性 $1mol/L$ 乙酸铵溶液为浸提剂时，NH_4^+ 与土壤胶体表面的 K^+ 进行交换，连同水溶性钾一起进入溶液。浸出液中的钾直接用火焰光度计或原子吸收分光光度计测定。本方法适用于各类土壤速效钾含量的测定。

（2）操作用具。往复式或旋转式振荡机［满足（180±20）r/min 的振荡频率或达到相同效果］、火焰光度计或原子吸收分光光度计、塑料瓶（200mL）。

（3）配制试剂。

①乙酸铵溶液［$c(CH_3COONH_4)=1mol/L$］。称取 77.08g 乙酸铵溶于近 1L 蒸馏水中，用稀乙酸（CH_3COOH）或氨水（1:1，$NH_3·H_2O$）调节 pH 为 7.0，用蒸馏水稀释至 1L。此溶液不宜久放。

②钾标准溶液［$\rho(K)=100\mu g/mL$］。称取在 110℃ 烘 2h 的氯化钾（优级纯级）0.190 7g，用蒸馏水溶解后定容至 1L，贮于塑料瓶中保存。

（4）操作步骤。称取通过 2mm 孔径筛的风干土样 5.00g，置于 200mL 塑料瓶中，加入 50.0mL 乙酸铵溶液（土液比为 1:10），盖紧瓶塞，摇匀，在 15~25℃ 下以 150~180r/min 的振荡频率振荡 30min，干过滤。滤液直接在火焰光度计上测定或经适当稀释后用原子吸收分光光度计测定。同时做空白试验。

标准曲线绘制：分别吸取 $100\mu g/mL$ 的钾标准溶液 0mL、3.00mL、6.00mL、9.00mL、12.00mL、15.00mL 于 50mL 容量瓶中，用乙酸铵溶液定容，即为浓度 $0\mu g/mL$、$6\mu g/mL$、$12\mu g/mL$、$18\mu g/mL$、$24\mu g/mL$、$30\mu g/mL$ 的钾标准系列溶液。以钾浓度为 $0\mu g/mL$ 的溶液调节仪器零点，用火焰光度计或原子吸收分光光度计测定，绘制标准曲线或计算回归方程。

（5）结果计算。

$$速效钾含量（K，mg/kg）=\frac{\rho(K)·V·D}{m}$$

式中　$\rho(K)$——查标准曲线或求回归方程而得测定液中 K 的质量浓度，$\mu g/mL$；

　　　　V——加入浸提剂的体积，50mL；

　　　　D——稀释倍数，若不稀释则 $D=1$；

　　　　m——风干土样的质量，g。

（6）注意事项。

①含乙酸铵的钾标准溶液不能久放，以免长霉影响测定结果。

②样品含钾过高需要稀释时，应采用乙酸铵浸提剂稀释定容，以消除基体效应。

③土壤的供钾水平通常用速效钾含量表示（表5-16），但有些地区（稻作区）也用土壤缓效钾来表示供钾水平（表5-17）。

表5-16　耕层土壤速效钾含量分级

土壤供钾水平	高	较高	一般	稍低	低	极低
土壤速效钾含量/（mg/kg）	>200	150～200	100～150	50～100	30～50	<30

注：1mol/L NH_4Ac 浸提，火焰光度法。

表5-17　土壤缓效钾含量的分级

土壤缓效钾含量/（mg/kg）	<300	300～600	>600
等级	低	中	高

注：1mol/L热 HNO_3 浸提，火焰光度法。

6. 正确施用钾肥　利用试验基地或农户地块，分组进行钾肥的施用操作。主要的技术路径有：

（1）土壤条件与钾肥的合理施用。

①土壤钾素供应水平。综合各地钾肥肥效试验，土壤速效钾水平与当季作物钾肥肥效的关系见表5-18。在生产上，钾肥应首先施用在钾素缺乏的土壤上。

表5-18　土壤速效钾水平与当季作物钾肥肥效的关系

等级	速效钾含量/（mg/kg）	对钾肥的反应
极低	<33	钾肥反应极明显
低	33～67	施用钾肥一般有效
中	67～125	一般条件下有效，肥效因植物、肥料配合、耕作制度等而异
高	125～170	施用钾肥一般无效
极高	>170	不需要施用钾肥

②土壤质地。土壤质地影响土壤的供钾能力。一般来说，质地粗的沙性土施用钾肥的效果比质地细的黏土好，所以钾肥应优先施在缺钾的沙性土壤上。

③土壤中氮、磷的供应水平。当土壤中氮、磷含量比较低时，施用钾肥的效果往往不明显。在一定的含量范围内，土壤中氮、磷含量越高，施用钾肥的增产效果越好。也就是说，钾肥的增产效果与土壤中氮、磷供应水平有关。

④土壤通气性。土壤通气性差会造成土壤还原性增强，植物根系呼吸困难，影响植物对钾的吸收，呈现缺钾症状。所以，生产上应注意改善土壤通气条件，促进植物对钾的吸收，提高钾肥的肥效。

（2）植物特性与钾肥的合理施用。不同植物需钾量不同，吸钾能力不同，因而肥效也不相同。马铃薯、甘薯、甜菜、甘蔗、西瓜、果树（尤其是香蕉）和烟草等喜钾植物需钾量较大，应优先安排施用钾肥；禾本科作物吸收钾的能力强，其中玉米、杂交稻等对钾较敏感，钾肥肥效较好。

（3）肥料特性与钾肥的施用。不同的钾肥性质不同，适宜性也不一样。如硫酸钾和氯化钾均为生理酸性肥料，适用于石灰性土壤，在酸性土壤上应配合施用适量石灰或草木灰。窑灰钾肥为碱性肥料，适用于酸性土壤。氯化钾适宜用于水田，而不宜用于盐碱地以及烟草等忌氯作物。

（4）钾肥的施用技术。

①早施。植物的钾营养临界期多在苗期，施钾肥要以基肥为主，追肥也应早施。

②集中深施。为了减少钾肥与土壤的接触面积，防止钾素在土壤表层中受土壤干湿交替的影响而被固定，钾肥应集中施、深施。

③配合氮、磷肥施用。氮、磷、钾在植物体内对物质代谢的影响是互相促进、互相制约的，因此植物对氮、磷、钾的需要有一定的比例。所以在缺钾的土壤上，单施钾肥往往效果较差，必须在施用氮、磷肥的基础上施用钾肥，才能发挥钾肥的增产效果。

④适宜的施用量。钾肥的施用量应根据土壤、植物等具体情况来确定。根据我国的产量水平，在多数缺钾土壤上，粮食作物一般施钾（K_2O）肥 $45\sim75kg/hm^2$ 经济效益最大，经济作物可适当增施。在严重缺钾的土壤上，钾肥用量也可酌情增加。

7. 指导农户施肥　综合考虑作物、气候、土壤、肥料、耕作制度等因素，为农户初步做一施用钾肥的规划，经技术人员或教师审阅后交农户实施。

▓ 知 识 窗

抗逆性元素和品质元素"钾"

钾是植物体内多种酶的活化剂，可以促进光合作用以及糖类和蛋白质等的合成和运输，能够增强植物的抗逆性和改善产品品质。

1. 增强植物的抗逆性　增强抗旱、抗寒、抗高温、抗病、抗倒伏、抗早衰、抗盐的能力。

2. 提高产品品质　增加氨基酸、蛋白质、脂肪、纤维素、糖、淀粉、维生素等营养物质的含量；提升产品的商品性能，如果品的果形、硬度、色泽、口感风味等。

▓ 观察与思考

1. 我国长期以来认定果树应施用硫酸钾而不能用氯化钾（降低品质），现有人研究提出果树可以适当施用氯化钾。根据当地果树施用钾肥情况，你的观点是什么呢？

2. 农民在种植马铃薯时常用草木灰拌薯块，这是什么道理？

▓ 复习测试题

1. 植物缺钾症状一般出现在植物生长的中、后期，最明显的是叶缘呈灼烧状。（对/错）

2. 硫酸钾应优先施在忌氯作物和经济作物上，能用氯化钾的就不用硫酸钾。（对/错）

3. 有些地区（如稻作区）也可以用土壤缓效钾含量来表示供钾水平。（对/错）

4. 植物的钾营养临界期多在苗期，施钾肥要提倡早施。（对/错）

5. 西瓜、小麦、葡萄、烟草中不是忌氯作物的是＿＿＿＿；甘薯、甜瓜、马铃薯是＿＿＿＿钾作物。

6. 能够增强植物的抗逆性和提高农产品品质的营养元素是_____。

7. 施用劣质氯化钾后，不应采取_____这类补救措施。

8. 简述草木灰的性质和施用要点。为什么草木灰不应与铵态氮肥混合施用？

任务四　科学施用钙、镁、硫、硅肥

任务目标

学会辨别植物钙、镁、硫、硅元素营养失调的外部症状；了解土壤钙、镁、硫、硅元素的形态和转化规律；初步认识常见钙、镁、硫、硅肥商品，掌握常用钙、镁、硫、硅肥的成分、性质和施用技术。

任务准备

1. 实训教室　有关植物钙、镁、硫、硅元素营养的挂图、照片、影像资料，常用的钙、镁、硫、硅肥标本。

2. 实训基地　空白地块、粮食作物地块、果蔬花卉作物地块等。

基础知识

1. 植物的钙素营养与钙肥

（1）植物的钙素营养。钙是植物必需的营养元素。植物含钙量依生长条件、植物种类和植物器官不同而有差异，一般为 0.1%～5.0%，常以钙离子（Ca^{2+}）形态被吸收，在植物体内极难移动和再利用。番茄、大豆、黄瓜等多属于双子叶植物，它们对钙营养水平的要求比禾谷类等单子叶植物高出几倍甚至几十倍。

钙对胞间层的形成和稳定性具有重要意义；能中和植物体内代谢过程中产生的过多且有毒的有机酸，调节细胞 pH；是一些重要酶类的活化剂；能加强有机物的运输，增强光合效率；Ca^{2+} 与植物钙调素结合具有调节细胞功能的作用。

缺钙时，植株生长停滞，节间较短，植株矮小，且组织柔软。由于钙在植物体内极难移动与再利用，因此植物缺钙时还表现为植株顶芽、侧芽、根尖等分生组织容易腐烂死亡，幼叶失绿变形，叶片皱缩，叶缘卷曲、黄化，严重时出现坏死斑点。如缺钙导致番茄、辣椒的脐腐病，大白菜、叶用莴苣的干烧心，马铃薯的褐斑病，苹果的苦痘病和鸭梨的黑心病等；豆科作物缺钙，叶异常，有枯死斑点，且空荚多；禾谷类作物缺钙幼叶卷曲干枯，植株未老先衰，结实少，秕粒多。采收后果实中的钙水平高，能明显抑制采后果实的呼吸、乙烯的释放、软化以及其他生物病害，并提高果实品质。采前钙处理和采后喷钙均对果实保鲜和贮运有良好效果。施用钙过多，一般不会直接对植物造成危害，但会影响植物对硼、铁、锌、锰等养分的吸收。

（2）土壤钙素状况。我国土壤含钙量差异较大，南方土壤含量较低，一般<10g/kg，而北方的石灰性土壤中游离碳酸钙含量可高达 100g/kg 以上。土壤中钙的形态主要有矿物态、有机态、水溶态和交换态。其中矿物态、有机态钙占绝大多数，植物难以利用；土壤溶液中的钙和土壤交换性钙为有效钙。土壤供钙水平参照水溶性钙的分级标准（表5-19）。

表 5-19　土壤水溶性钙的分级标准

单位：mg/kg

等级	低	中	高
水溶性钙含量	<90	90～120	>120

（3）钙肥。钙肥就是含钙物料或含钙肥料。当以单纯补充养分为目的时，可以利用硝酸钙、过磷酸钙、钙镁磷肥等氮、磷肥的副成分；当以改土和兼顾补充养分为主要目的时，主要施用的是石灰、石膏、磷石膏等物质。

酸性土壤改良，可以根据土壤酸度强弱，施石灰 375～1 500 kg/hm² 作为基肥，全层混施（表 5-20）。石灰也可用作水稻追肥，一般在分蘖期和幼穗分化期结合中耕除草时施用，效果较好。石灰不能和氮、磷、钾化肥混施，以免降低肥效。不是所有酸性土壤施用石灰都能增产，过量施用石灰会加速土壤有机质分解，造成地力迅速耗竭，后作减产。

表 5-20　不同质地的酸性土壤第一年石灰施用量

单位：kg/hm²

土壤酸度	黏土	壤土	沙土
强酸性（pH 4.5～5.0）	2 250	1 500	750～1 125
酸性（pH 5.0～6.0）	1 125～1 875	750～1 125	375～750
微酸性（pH 6.0～7.0）	750	375～750	375

在我国北方地区有许多碱化土壤，当土壤中交换性钠占土壤阳离子总量的 10%～20% 时，应该增施石膏，来调节植物钙素营养；>20% 时必须施用石膏来改良土壤。石膏用量一般在 1 500 kg/hm² 左右，磷石膏为 2 250～3 000 kg/hm²，基施深翻入土。由于石膏溶解度小、有效期长，一般只施一次，不再重施。

2. 植物的镁素营养与镁肥

（1）植物的镁素营养。镁是植物必需的营养元素。植物体内含镁量一般在 0.1%～0.6%，种子比茎叶及根系多。豆科作物镁含量比油料作物多，禾本科作物镁含量少。植物吸收镁的形态主要是镁离子（Mg^{2+}）。

镁是植物体内许多重要化合物的组成元素。镁在植物体内有较高的再利用性，因此镁的缺乏症状首先出现在中下部叶片。缺镁植物叶片脉间失绿，严重时叶缘死亡，叶片出现褐斑。缺镁的叶片往往僵硬且脆，叶脉扭曲，常过早脱落。

水稻缺镁首先在叶尖、叶缘出现色泽褪淡变黄、叶片下垂、脉间出现黄褐色斑点，随后向叶片中间和茎部扩展，易感染稻瘟病、胡麻叶斑病。小麦缺镁，叶脉间出现黄色条纹，心叶挺直，下部叶片下垂，叶缘出现不规则的褐色焦枯，仍能分蘖抽穗但穗小。柑橘缺镁常使老叶叶脉间失绿，沿中脉两侧产生不规则黄化斑，逐渐向叶缘扩展。番茄缺镁新叶发脆并向上卷曲，老叶脉间变黄而后变褐、枯萎，进而向幼叶发展，结实期叶片缺镁失绿症加重，果实由红色褪变为淡橙色。

（2）土壤镁素状况。土壤镁含量受母质、气候、风化程度、淋溶和耕作措施的影响，平均含量为 5 g/kg 左右。北方土壤含镁量比南方地区土壤高得多，黏土比沙土多。

土壤中镁的形态可分为有机态、矿物态、水溶态和交换态 4 种，主要以无机态存在。土壤交换性镁含量作为土壤有效镁含量指标（表 5-21），土壤交换性镁含量越低，施用镁肥增产效果越显著。施用镁肥能促进植物营养体生长，有利于结实，经济性状有所改善。特别是油菜的果荚数和水稻植株粒数显著增多。

表 5-21　土壤交换态镁分级指标

单位：mg/kg

等级	低	中	高
土壤交换态镁	<20	20～50	>50

（3）镁肥。常用的含镁肥料主要有硫酸镁、碳酸镁、氯化镁、氧化镁等，硝酸镁、钾镁肥、钙镁磷肥、磷酸镁铵、白云石等肥料中也含有镁。

烟草、豆科作物和块根、块茎作物对镁肥的反应较好，禾谷类作物在缺镁的土壤上效果才显著。酸性土施碳酸镁、白云石等，中性或微碱性土施硫酸镁、氯化镁等效果较好。

镁肥可作为基肥或追肥，也用于喷施。施用量（以镁计）一般在 15.0～22.5kg/hm²，根外喷施硫酸镁或硝酸镁浓度为 1%～2%。镁肥配合有机肥和其他化肥施用，增产效果更好。

3. 植物的硫素营养与硫肥

（1）植物的硫素营养。植物含硫量为干重的 0.1%～0.5%，十字花科、百合科、豆科等植物需硫较多，而禾本科需硫较少，植物吸收硫是通过根系吸收土壤中的 SO_4^{2-}，叶部可以吸收大气中的 SO_2。植物体中硫的移动性很小，较难从衰老组织向幼嫩组织运转。

硫参与多种重要物质的组成，几乎所有的蛋白质都含有硫氨基酸。因此，硫在植物细胞的结构和功能中都有重要作用。加强植物硫营养在许多植物上均可改善农产品品质，如提高氨基酸、蛋白质含量，油料作物产品的油分含量。油菜是需硫较多的植物之一，正常情况下相当于大麦等禾谷类作物需硫量的 3～10 倍，在供氮充足的条件下，植物需要更多的硫以进行正常的代谢和生长发育。充足的硫素营养有利于改善小麦面粉的烘烤品质。

缺硫时，植物生长受到严重阻碍，植株矮小瘦弱，叶片失绿或黄化，并向上卷曲，变硬、易碎，过早脱落，茎细、僵直，分蘖分枝少，果实减少。与缺氮相似，但缺硫症状首先从幼叶出现。如水稻缺硫，移栽后长期发黄，返青慢，新根少，秧苗"发僵"。缺硫时可引起植物体内蛋白质合成受阻，出现硝酸盐、可溶性有机氮和胺的积累现象。充足的硫营养有利于植物对水分的高效利用。

（2）土壤硫素状况。土壤全硫含量因土壤形成条件、黏土矿物和有机质含量不同而有很大变化。我国土壤的硫含量在 100～500mg/kg。我国南方诸省份，因高温多雨，土壤硫易分解淋失，是缺硫土壤的主要分布区。北方地区也有相当大比例的土壤存在缺硫或潜在缺硫现象。

植物施硫是否有效取决于土壤中有效硫的含量。通常认为土壤有效硫含量<10mg/kg时，植物可能缺硫。土壤缺硫临界值与测定方法和植物种类有关（表 5-22）。

表 5-22　江西省耕地土壤有效硫分级

单位：mg/kg

分级	严重缺乏	缺乏	潜在缺乏	中等	丰富	临界值
水田	<13.5	13.5～19.9	19.9～27.8	27.8～39.9	>39.9	19.9
旱田	<8.5	8.5～20.3	20.3～31.3	31.3～39.2	>39.2	20.3

（3）硫肥。常用的含硫肥料主要有石膏、硫黄，其他如硫酸铵、硫酸钾、硫酸亚铁、过

磷酸钙等均含有硫，在补充其他养分时也补充了硫。

石膏可作为基肥或追肥，用量一般为 $150\sim$ 300kg/hm^2，作为种肥需 $60\sim75$kg/hm^2，水稻蘸秧根为35.0$\sim$47.5kg/hm^2，一般早施效果好于晚施。

硫黄含硫量高，但难溶于水，施入土壤经微生物氧化为硫酸盐后被植物吸收，肥效较慢但持久。作为基肥，用量一般为 15.0$\sim$22.5kg/hm^2，不宜过多。

石膏、硫黄、硫酸亚铁等作为碱土的化学改良剂时，用量可大些。

田中无好稻
因为少肥料

农谚

4. 植物的硅素营养与硅肥

（1）植物的硅素营养。对于许多植物来说，硅是有益营养元素。硅素能够降低蒸腾强度，增强光合作用。能够促进根系生长，改善根的呼吸作用，促进对其他养分的吸收。增强耐氮性，促使磷向穗部转移。硅能够提高植物的抗病和抗倒伏能力。研究表明，硅还具有改善产品品质和改良土壤的能力。

硅肥已成为日本、朝鲜和东南亚等国家和地区水稻生产中的大宗肥料之一，被列入增产的第四个主要营养元素，即氮、磷、钾、硅。水稻体内含硅量可占干重的 $10\%\sim20\%$，按稻谷产量7 500kg/hm^2、稻草7 500kg/hm^{2}计算，要从土壤里带走1 125$\sim$1 500kg/hm^{2}的硅。

水稻缺硅时，茎叶生长软弱，叶片下披，植株易感染稻瘟病和其他病害，后期易出现倒伏和早衰现象。麦类硅素不足时，抗寒能力差，下部叶片下垂，叶片上有时出现褐色斑点，易感染病害，易倒伏。黄瓜等受粉力低，结瓜数减少。

（2）土壤硅素状况。土壤中存在着大量的硅素，以二氧化硅（SiO_2）计算，占土壤成分的 $50\%\sim70\%$，但大都是植物不能利用的矿物结构中的硅，只有溶解在土壤溶液中的硅酸才能被植物所吸收。

我国南方水稻土中有效硅（SiO_2）的含量可低至15mg/kg 和高至600mg/kg。其含量主要取决于母质类型和成土过程。质地较沙、土层较薄、淋溶强烈而酸性较强的土壤及含有机质较少的土壤有效硅含量也较低。一般认为当土壤有效硅<105mg/kg（表 5-23），水稻植株含 SiO_2<11%时，施硅可能获得增产。

表 5-23 土壤有效硅分级标准

分级	低	中	高	临界值
有效硅含量/（mg/kg）	<80	80~120	>120	100

（3）硅肥。常用的含硅肥料有硅酸盐类（如硅酸钠、硅酸钙）、炉渣类硅钙肥（如钢铁工业炉渣、粉煤灰）等。

不同植物对硅的反应不同，水稻、甘蔗、大豆、油菜、番茄、黄瓜、甜菜、绿肥等对硅肥反应良好；玉米、高粱、谷子、小麦等施用硅肥有一定的效果。种植上述植物时，应根据土壤中有效硅水平酌情施用硅肥。

商品硅肥一般成分较为复杂，还含有钙、镁等元素。因原料不同而有白、灰褐、黑等不同颜色，粉末状，不吸潮，是微碱性的弱酸溶性肥料。可作为基肥和追肥，作为基肥用量约 750kg/hm²，撒施后耕翻入土或与有机肥混合施用；作为追肥主要在植物生长后期施用，如水稻、小麦作物幼穗形成前期追施；果树可在秋、冬、早春，单施或与有机肥混施，每株施 5～10kg。

工业炉渣与热电厂的粉煤灰等所含硅的溶解性差，应作基肥，用量为 1 500kg/hm²，为充分发挥这类肥料的作用，提倡连续施用，并且配合有机肥料施用效果更好。近几年市场上还有一种主要用作叶面肥的水溶性硅肥。

任务实施

1. 查阅资料与讨论 查阅有关植物钙、镁、硫、硅元素营养，土壤钙、镁、硫、硅元素状况以及常用钙、镁、硫、硅肥的挂图、图片、文字材料、影像及网站资料，分组讨论钙、镁、硫、硅元素营养的重要性，了解施用钙、镁、硫、硅肥的意义。

2. 植物钙、镁、硫、硅元素营养失调症的调查 分组、分区域调查当地作物钙、镁、硫、硅元素营养失调症的情况，记录所发生的植物种类、长势长相、对产量的影响及产生的原因等。

3. 观察钙、镁、硫、硅肥标本 每小组配备较为完全的钙、镁、硫、硅肥标本，观察记载其颜色、形状、水溶性、气味、灼烧情况等，能够初步认识钙、镁、硫、硅肥。

4. 调查当地销售和施用钙、镁、硫、硅肥的情况 分组调查记载当地销售和施用钙、镁、硫、硅肥的情况，针对的作物及作物反应。

5. 施用钙、镁、硫、硅肥 利用试验基地或农户地块，分组进行钙、镁、硫、硅肥的施用操作。如在水稻上施用硅肥、果树上施用钙肥、十字花科作物上施用硫肥、番茄上施用镁肥等，与不施的做比较。如果当地有酸性土或碱性土，利用钙肥改良，观察其效果。

6. 指导农户施肥 综合考虑作物、气候、土壤、肥料、耕作制度等因素，如有必要，为农户初步做施肥规划（钙、镁、硫、硅），经技术人员或教师审阅后交农户实施。

知 识 窗

正确认识钙、镁、硫、硅等元素的营养

随着现代农业的发展，钙、镁、硫等中量元素的营养越来越被重视。硅作为公认的有益营养元素，有人甚至把其作为中量营养元素看待，适应的植物及区域也越来越广。在我国南方的一些土壤上，施用石灰或石膏类物质不仅可以提供钙、镁等营养元素，还可以改善土壤理化性质，为微生物和植物生长创造良好的环境条件。因此，要有针对性地施用和补充这些元素的肥料。

钙、镁、硫、硅这些元素在土壤中贮存数量较多，同时，在施用大量元素（氮、磷、钾肥）时能得到补充，一般可满足作物的需求。需要施用的通常有下列情形：

1. 长期施用不含钙、镁、硫、硅等元素的肥料 如长期施用氯化钾、尿素、粒状磷酸二氢铵、粒状磷酸氢二铵、磷酸二氢钾等肥料，而不施用过磷酸钙、硫酸铵等含中量元素的肥料，会导致土壤缺乏中量元素。

2. 在测土配方施肥推广中有土壤或作物营养诊断缺乏中量元素 如据云南省土壤肥料工作站抽样检测结果表明，云南省的土壤基本不缺钙，缺硫、镁的情形主要分布在该省

南部热带、亚热带区域。

3. 长期不施用有机肥料的土壤 有机肥料含有 16 种营养元素，含有可被植物利用的各种氨基酸，促进植物生长的维生素、酶、糖类、有益微生物等，可以称为养分最全的"天然复合肥"。长期不施用有机肥料会造成土壤中钙、镁、硫、硅等元素得不到有效补充而缺乏。

中量元素水溶肥料是一种新型的肥料品种。行业标准（NY 2266—2012）规定，中量元素水溶肥料就是指经水溶解或稀释，用于灌溉施肥、叶面施肥、无土栽培、浸种蘸根等用途的固体或液体肥料。中量元素含量固体肥料应不低于 10.0%，液体肥料应不低于 $100g/L$（中量元素含量即 Ca 含量、Mg 含量或 Ca＋Mg 总含量）。如某品牌的中量元素水溶肥 Ca＋Mg$\geqslant15.0\%$，N（全硝态氮）$\geqslant13.0\%$，硼、铁、锌$\geqslant0.3\%$。

■ 观察与思考

从改良土壤、协调养分供应及肥料商品经营的角度看，小品种化肥（如硝酸钙、过磷酸钙、钙镁磷肥等）在现代农业生产中有必要存在吗？

■ 复习测试题

1. 番茄、大豆、黄瓜等多属双子叶植物，它们对钙营养水平的要求比禾谷类等单子叶植物高出几倍甚至几十倍。（对/错）

2. 烟草、豆科作物及块根、块茎作物对镁肥的反应较好。（对/错）

3. 缺硫叶片失绿或黄化，向上卷曲，与缺氮相似，但症状首先从幼叶出现。（对/错）

4. 硅肥已成为日本、朝鲜和东南亚等国家和地区水稻生产中的大宗肥料之一。（对/错）

5. 简述泛酸田（水稻）施用石灰类物质的综合作用。

6. 简述水稻如何合理施用硅肥。

任务五 科学施用微量元素肥料

■ 任务目标

学会辨别植物微量元素营养失调的外部症状；了解土壤微量元素的形态和转化规律；初步认识常见微量元素肥料商品，掌握常用微量元素肥料的成分、性质和施用技术，在生产中能够合理选择、分配和施用微量元素肥料。

■ 任务准备

1. 实训教室 有关植物微量元素营养的挂图、照片、影像资料，常用的微量元素肥料标本及袋装微量元素肥料（或化肥包装袋）。

2. 实训基地 模拟农资店（或附近的农资经营网点）；空白地块、粮食作物地块、果蔬花卉作物地块等。

基础知识

1. 植物微量元素的营养 植物微量营养元素是针对大量和中量元素而言，植物对它们的需要量少，主要有铁、锰、铜、锌、钼、硼、氯等元素。锰、铜、锌、钼、硼等在植物体内的含量一般为 0.1～300mg/kg，铁的含量可达 3 000mg/kg，而植物体内的含氯量往往较高，多为 0.1%～1.5%。微量元素是植物体许多酶的组分及活化剂，能够影响叶绿素的形成，影响植物体内的各种生理生化过程。微量营养元素具有很强的专一性，是植物生长发育不可缺少和不可替代的。

当植物缺乏任何一种微量元素的时候，生长发育都会受到抑制，导致减产和品质下降。在多数情况下，微量元素在植物体内的流动性很小，再利用能力差（锌、氯除外），所以，缺素症状大多首先发生在新生组织上（表 5-24）。

表 5-24　植物缺乏微量元素的主要症状

微量元素	植物缺素症状
铁（Fe）	引起失绿症，幼叶叶脉间失绿黄化，叶脉仍为绿色，以后完全失绿，有时整个叶片呈黄白色。比如果树的黄叶病等
锰（Mn）	叶脉间失绿，叶片上出现褐色或灰色斑点，逐渐连成条状，严重时叶色失绿并坏死。如烟草花叶病、麦类灰斑病、甜菜黄斑病等
铜（Cu）	多数植物顶端生长停止和顶枯。果树缺铜常产生顶枯病，禾本科作物缺铜表现为植株丛生，叶尖端失绿，严重时不抽穗、不结实，不能形成饱满籽粒
锌（Zn）	植株矮化，生长缓慢，节间缩短，叶小簇生，脉间失绿。如玉米白苗病、水稻矮缩病，果树小叶病、簇叶病等
钼（Mo）	植株中下部叶片呈黄绿，边缘向上卷曲并有坏死斑点。如柑橘黄斑病；番茄叶片的边缘向上卷曲，老叶上出现明显黄斑；大豆、萝卜的杯状叶等
硼（B）	幼叶畸形，老叶变厚，顶端停止生长并逐渐死亡，植株矮化；花发育不全，果穗不实，花蕾易脱落，块根、浆果心腐或坏死。如油菜"花而不实"，棉花"蕾而不花"，甜菜、萝卜的心腐病，马铃薯的褐心病，烟草的顶腐病等
氯（Cl）	植株萎缩，叶形变小，叶片失绿，叶尖黄化、干枯、坏死；根生长慢，根尖粗

2. 土壤微量元素状况

（1）土壤微量元素的形态。

①有机态。存在于土壤有机质中的微量元素属迟效养分，有机质分解以后能够释放出来。有机质分解比矿物风化容易，所以有机质高的土壤或增施有机肥料往往微量元素养分的有效性就高。

②矿物态。存在于土壤矿物质中的微量元素属迟效养分，经过逐步风化，释放出来才能被植物吸收利用。

③吸附态。吸附在土壤胶体表面，可被交换利用的微量元素养分。其数量很少，一般不足 10mg/kg。

④水溶态。溶于土壤溶液中的微量元素,易被吸收利用,数量最少。

(2) 土壤微量元素含量及其有效性。土壤微量元素含量一般为 $10 \sim 100 mg/kg$ 或更低,最高不超过 $1\,000 mg/kg$。通常情况下,土壤微量元素足够植物吸收利用,但由于受土壤环境条件影响,其有效性往往很低(表5-25),甚至缺乏,需通过施肥加以补充。

表5-25 我国土壤微量元素有效含量分级

单位:mg/kg

级别	很低	低	中等	高	很高	临界值
Zn	<0.5	0.5~1.0	1.0~2.0	2.0~5.0	>5.0	0.5
B	<0.2	0.2~0.5	0.5~1.0	1.0~2.0	>2.0	0.5
Mo	<0.1	0.10~0.15	0.15~0.20	0.20~0.30	>0.30	0.15
Mn(活性锰)	<50	50~100	100~200	200~300	>300	100
Fe	<2.5	2.5~4.5	4.5~10.0	10.0~20.0	>20.0	2.5
Cu(石灰性土)	<0.1	0.1~0.2	0.2~1.0	1.0~1.8	>1.8	0.2

(3) 影响土壤微量元素有效性的因素。

①土壤酸碱度。土壤的酸碱条件直接影响微量元素的溶解性及有效性。

②固定作用。阳离子型微量元素被黏粒吸附固定,可能进入晶格内部失去有效性。磷肥施用量大时,土壤中的锌、铁、锰等与磷酸根作用形成各种磷酸盐沉淀而被固定。

③土壤质地。质地黏重的土壤保肥能力强,吸附微量元素养分多,有效性高。沙质土更容易缺乏微量元素。

④有机质含量。一般微量元素含量随土壤有机质含量增加而增加,但超过一定范围有可能减少。这与土壤有机质是一种天然的螯合剂有关,与金属微量元素螯合,如铁、锰、铜、锌等,使其有效性降低。但是一些简单的螯合物可以被植物吸收利用。

3. 常用微量元素肥料的种类、性质和施用 微量元素肥料有硼肥、锌肥、钼肥、锰肥、铜肥、铁肥、含氯肥料等,由于植物比较容易从自然界和耕作中获得氯,大多数植物的生长过程中没有明显的缺氯症状,一般不需要施用氯肥。常用微量元素肥料按化合物类型可分为简单无机盐、有机螯合物、玻璃肥料、复合或混合肥料、矿渣或废渣等(表5-26)。

表5-26 常用微量元素肥料的种类、性质和施用要点

种类	主要成分	含量/%	主要性质	施用要点
铁肥	硫酸亚铁 ($FeSO_4 \cdot 7H_2O$)	19~20	淡绿色结晶,易溶于水	拌种:每千克种子用4~6g/kg 浸种:浓度为0.02%~0.05% 根外追肥浓度:果树为0.3%~0.4%
锰肥	硫酸锰 ($MnSO_4 \cdot 3H_2O$)	26~28	粉红色结晶,易溶于水	拌种:每千克种子用4~8g/kg 浸种:浓度为0.1% 根外追肥:浓度0.1%~0.2%
铜肥	硫酸铜 ($CuSO_4 \cdot 5H_2O$)	24~26	蓝色结晶,易溶于水	拌种:每千克种子用4~8g/kg 浸种:浓度0.01%~0.05% 根外追肥:浓度0.02%~0.04%
锌肥	硫酸锌 ($ZnSO_4 \cdot 7H_2O$)	23~24	白色或浅橘红色结晶,易溶于水	拌种:每千克种子用4~6g/kg 浸种:浓度为0.02%~0.05% 根外追肥:浓度0.1%~0.2%

（续）

种类	主要成分	含量/%	主要性质	施用要点
钼肥	钼酸铵 $[(NH_4)_6Mo_7O_{24} \cdot 7H_2O]$	50～54	青白或黄白色结晶，易溶于水	拌种：每千克种子用 1～2g/kg 浸种：浓度为 0.05%～0.10% 根外追肥：浓度为 0.05%～0.10%
硼肥	硼砂 $(Na_2B_4O_7 \cdot 10H_2O)$	11	白色结晶，在40℃热水中易溶	作基肥：用量 4.5～15.0kg/hm² 浸种浓度：0.05% 根外追肥：浓度为 0.1%～0.2%

4. 施用微量元素肥料应注意的问题

（1）根据植物对微量元素的反应施用微肥。各种植物对不同的微量元素种类的反应不一样（表 5-27），敏感程度不同，需要量也存在差异，微量元素肥料应该施在对其敏感的植物上。果树对微量元素养分要求比一般大田作物迫切，因为果树多年固定生长在一个地方，每年大量消耗土壤中的养分，而且通常很难得到微量元素的补充。因此，在果树上应优先考虑施用微量元素肥料。

表 5-27 对微量元素比较敏感的一些植物

元素	敏 感 植 物
锌	小麦、玉米、水稻、棉花、甜菜、大豆及果树等
硼	棉花、烟草、马铃薯、油菜、甜菜、笋瓜、韭菜、洋葱、苹果、桃、葡萄等
钼	花生、大豆、花椰菜、菠菜、洋葱、甘蓝、萝卜、番茄、胡萝卜、柑橘等
锰	麦类、豆类、牧草、玉米、甘薯、棉花、烟草、甜菜、苹果、梨、桃等
铁	大豆、花生、玉米、高粱、甜菜、马铃薯、菠菜、番茄、苹果等
铜	麦类、水稻、高粱、向日葵、洋葱、莴苣、花椰菜、胡萝卜等

（2）严格控制用量，力求施用均匀。一般少量微量元素就能满足植物正常生长的需要。各种微量元素从缺乏到过量之间的临界范围很窄，植物缺乏某种微量元素时，生长发育就会受到抑制；如果微量元素过多，又会出现中毒现象。有时过量还会造成土壤污染。因此，施用微量元素肥料要严格控制用量，力求做到施用均匀。

（3）配合其他肥料。通常情况下，大量元素是限制植物生长的限制因子，是最小养分，只有在氮、磷、钾等满足植物需要的前提下，施用微量元素才可能表现出较好的效果。

（4）注意改善土壤的环境条件。土壤中微量元素供应不足，往往是由于土壤中含量过低，但是土壤环境条件的影响也非常大，尤其是土壤 pH 的影响，土壤质地和含水量也影响微量元素的有效性。生产上常采取增施有机肥料、施用石灰或石膏等措施改良土壤性状，改善植物微量元素营养状况。

■ 任务实施

1. 查阅资料与讨论 查阅有关植物微量元素营养、土壤微量元素状况及常用微量元素肥料的挂图、图片、文字材料、影像、网站资料，分组讨论微量元素营养的重要性，了解施用微量元素肥料的意义。

2. 植物微量元素营养失调症的调查 分组、分区域调查当地作物微量元素营养失调症的情况，记录所发生的植物种类、长势长相、对产量的影响及产生的原因等。

3. 观察微量元素肥料标本　每小组配备较为完全的微量元素肥料标本，观察记载其颜色、形状、水溶性、气味、灼烧情况等，能够初步识别微量元素肥料。

4. 模拟销售微量元素肥料商品　分组模拟销售微量元素肥料或开展"我当一天农资营销员"活动。微量元素叶面肥料的技术要求见表 5-28。

表 5-28　微量元素叶面肥料的技术要求（GB/T 17420—1998）

项　　目	固体	液体
微量元素（Fe、Mn、Cu、Zn、Mo、B）总量（以元素计）/%	$\geqslant$10.0	
水分/%	$\leqslant$5.0	
水不溶物/%	$\leqslant$5.0	
pH（固体 1+250 水溶液，液体为原液）	5.0～8.0	$\geqslant$3.0

注：微量元素指钼、硼、锰、锌、铜、铁 6 种元素中的 2 种或 2 种以上元素之和，含量<0.2%的不计。

5. 正确施用微量元素肥料　利用试验基地或农户地块，分组进行微量元素肥料的施用。

（1）土壤施肥法。直接施入土壤的微量元素肥料能满足植物在整个生育期对微量元素的需要。溶性弱的肥料品种应多采用此法，水溶性的微量元素肥料也可以用土壤施肥法，用量为 15～30kg/hm^2。田间试验证明，微量元素肥料不仅当年有效，而且有一定的后效，可隔年施用。为了保证施用均匀，可施用含微量元素的大量元素肥料，如含硼过磷酸钙、含微量元素的复混肥料等。也可把微量元素肥料混拌在有机肥料和其他化肥中施用。

（2）植物体施肥法。植物体施肥法是微量元素肥料最常用的施肥方法，包括种子处理（拌种和浸种）、蘸秧根和根外喷施等。

①拌种。将水溶性微量元素肥料配成一定浓度的溶液（每千克种子用 0.5～1.5g 肥料），溶液与种子按 1∶10 比例，喷洒到种子上，拌匀，使种子外面都沾上一层溶液，堆闷 3～4h，阴干后播种。采用拌种方式种子吸水比浸种少，适于快速处理大量种子。

②浸种。把种子浸泡在含有微量元素的稀溶液中，晾干即可播种。这种方法适于处理少量种子。微量元素浸种所用浓度一般是 0.1～0.5g/kg，不超过 1g/kg。浸种时间一般为 12h 左右，不同类型种子浸种时间差异较大。

③蘸秧根。这是对水稻及其他移植植物所采用的特殊施肥方法。该方法操作简便，效果良好，但用于蘸秧根的微量元素肥料不应含有损害幼根的有害物质，通常宜采用较纯净的各种微量元素肥料。具体做法是：将适量的微量元素肥料与少许肥沃土（或优质有机肥料）制成稀薄的糊状泥浆，在插秧或植物移栽前，把秧苗或幼苗浸入泥浆中数分钟后移栽。

④根外喷施。这是施用微量元素肥料既经济又有效的方法，可以与其他营养元素或其他物质一起进行叶面喷施，省工省时。根外喷施常用的肥料浓度是 0.1～2.0g/kg，具体用量应随植物、肥料而定。直接向植物喷施微肥能节约肥料，肥效快，又能避免土壤对肥料的固定。但是，这种施肥方式的施肥量小，一般只能满足植物前期生长的需要，而不能满足植物整个生育期的需要。如果把种子处理与根外喷施结合起来，或把施用基肥和后期进行喷施结合起来，将会获得较为满意的效果。

6. 指导农户施肥　综合考虑作物、气候、土壤、肥料、耕作制度等因素，如有必要，为农户初步做微量元素施肥规划，经技术人员或教师审阅后交农户实施。

▓ 知 识 窗

稀土元素肥料

稀土肥料是指添加稀土元素的肥料。稀土元素是化学元素周期表第三副族的镧（La）、铈（Ce）、镨（Pr）、钕（Nd）等元素。我国常用的稀土肥料添加剂是硝酸稀土，开发生产了稀土复混肥、稀土有机肥、稀土微肥等品种。

有人认为稀土元素可能属于植物必需的超微量元素，另有人认为稀土元素可能属于植物生长刺激素。但一致的看法是稀土对植物生长有刺激作用，并显示出阶段性的特点。无论是单一稀土还是混合稀土，都表现出相当有效的类似微量元素肥料的作用。适当浓度的稀土对种子萌发、光合作用、干物质的积累等都有促进作用，可以提高植物产量，加速成熟并可以改善某些植物的品质，而大剂量的使用则对生长有抑制作用。

现在，我国是世界上唯一将稀土大面积应用于农业的国家，已经由农作物扩展到林业，由种植业扩展到养殖业，施用方式由喷施扩大到土壤施肥。

▓ 观察与思考

施用微量元素肥料时，人们往往特别强调一个"准"字，是仅仅指用量吗？还是指能够影响到肥效的各方面？

▓ 复习测试题

1. 微量营养元素具有很强的专一性，是植物生长发育不可缺少和不可替代的。（对/错）

2. 果树缺铁容易引起果树的"黄叶病"。（对/错）

3. 油菜"花而不实"，棉花"蕾而不花"，甜菜、萝卜的心腐病，都是由于缺硼造成的。（对/错）

4. 土壤微量元素供应不足，可能与土壤环境条件有关，而不是数量少。（对/错）

5. 喷施微量元素，比大量元素所需的浓度要高些。（对/错）

6. 植物体内微量元素从缺乏到过量间的临界范围_____。

7. 玉米白条病、果树小叶病是由于缺乏_____元素造成的。

8. 水溶性微量元素肥料，土壤施肥法（基肥或追肥）一般用量为_____ kg/hm²。

9. 当地施用微量元素肥料的主要品种、适应的植物是什么？总结其施用的方式、方法。

任务六　科学施用复混肥料

▓ 任务目标

了解复混肥料的含义与分类；熟悉常用复混肥料的成分、性质和施用技术，能够快速辨别真假复混肥料；学会简单的复混肥料的配制方法，在生产中能够合理选择、分配和施用复混肥料。

任务准备

1. 实训教室 有关复混肥料的挂图、照片、影像资料，复混肥料标本及袋装复混肥（或包装袋）。

2. 实训基地 模拟农资店（或附近的农资经营网点）；空白地块、粮食作物地块、果蔬花卉作物地块等。

基础知识

1. 复混肥料概述

（1）复混肥料的含义。复混肥料是指氮、磷、钾 3 种养分中，至少有两种养分标明量的肥料，是由化学方法或掺混方法制成的。仅由化学方法制成的肥料，称为复合肥料或化成复合肥料；由几种单质肥料混合制成的，称为混合肥料。在生产实际中，人们为避免没必要的麻烦，通称为复混肥料或复合肥料。

复混肥料的有效养分含量标识，一般用 $N-P_2O_5-K_2O$ 的相应质量分数表示。如某肥料标签为 20-10-15，表示该肥料为含 N 20%、含 P_2O_5 10%、含 K_2O 15% 的三元复混肥料；若肥料包装袋标出养分含量为 15-8-12（S），附在最后的符号（S）表示肥料中的钾是用硫酸钾作为原料，不含氯元素，适合于忌氯作物施用；而标签为 15-15-15-2（B）则表示在含氮、磷、钾的基础上添加了 2% 的硼，但添加的物质不计入养分总量。

（2）复混肥料分类。复混肥料品种繁多，分类并没有统一的严格要求（表 5-29），根据肥料不同特性作为分类的依据，可以把复混肥料分为多种类型。为了适应我国复混肥料生产发展的形势，我国于 2010 年 6 月 1 日起实施新的复混肥料标准（表 5-30）。

表 5-29 复混肥料（复合肥料）的类型

分类依据	复混肥料类型
制造方法	复合肥料、造粒型复混肥料、掺和型复混肥料（BB 肥）等
有效养分的种类	二元（氮磷、氮钾、磷钾）复混肥料、三元（氮、磷、钾）复混肥料、多元（添加其他元素）复混肥料等
施用特点	通用型复混肥料、专用型复混肥料等
养分总量（$N+P_2O_5+K_2O$）	低浓度复混肥料、中浓度复混肥料、高浓度复混肥料等
特殊功能	控释肥、水溶肥、有机-无机复混肥料、多功能型复混肥料等

表 5-30 复混肥料（复合肥料）质量标准（GB 15063—2009）

项 目	指 标		
	高浓度	中浓度	低浓度
总养分（$N+P_2O_5+K_2O$）/%	≥40.0	≥30.0	≥25.0
水溶性磷占有效磷百分率/%	≥60	≥50	≥40

（续）

项　　目		指　　标		
		高浓度	中浓度	低浓度
水分/%		≤2.0	≤2.5	≤5.0
粒度（1.00～4.75mm 或 3.35～5.60mm）/%		≥90	≥90	≥80
氯离子/%	未标"含氯"的产品	≤3.0		
	标识"含氯（低氯）"的产品	≤15.0		
	标识"含氯（中氯）"的产品	≤30.0		

注：①组成产品的单一养分含量≥4.0%，且单一养分测定值与标明值负偏差的绝对值≤1.5%。

②以钙镁磷肥等枸溶性磷肥为基础磷肥并在包装容器上注明为"枸溶性磷"时，"水溶性磷占有效磷百分率"项目不做检验和判定。若为氮、钾二元肥料，"水溶性磷占有效磷百分率"项目不做检验和判定。

③氯离子含量＞30.0%的产品，应在包装袋上标明"含氯（高氯）"，可不检验该项目。

（3）复混肥料的特点。

①养分的种类多、含量高。复混肥料含有两种或两种以上的养分，能均衡为植物提供多种养分，充分发挥营养元素间的相互促进作用，从而提高施肥增产的效果。如磷酸二铵（18-46-0）含 N 18%、含 P_2O_5 46%。

②副成分少，物理性状较好。一般单一化肥都含有较多的副成分，长期大量施用有可能对土壤产生不利影响。如普通过磷酸钙含有大量的硫酸钙，在石灰性土中则可能造成土壤板结。大多数复混肥料为颗粒型，吸湿性小，不结块，施用方便。

③成本低，效益好。复混肥料养分全，浓度大，生产成本低，节约了流通费用，施用省时省力，提高了生产效率，经济效益好。

复混肥料的不足之处主要有两个方面：一是养分比例固定，不能适应各类植物及植物的不同生育阶段对养分种类和数量的要求，也不能满足各地差异巨大的土壤实际情况；二是不能满足施肥技术的要求，各种养分施在同一时期、相同土层，不一定符合植物需要。因此，必须弄清土壤情况和植物生长特点，配备适宜的复混肥料品种，再进一步配合单一肥料的施用，才能取得良好效果。

2. 常用化成复合肥料的种类、性质和施用

（1）磷酸铵。磷酸铵包括磷酸二氢铵（$NH_4H_2PO_4$）和磷酸氢二铵 $[(NH_4)_2HPO_4]$。国产磷酸铵实际上是磷酸二氢铵和磷酸氢二铵的混合物（含 N 14%～18%、含 P_2O_5 46%～50%），一般磷酸氢二铵（18-46-0）用量较大。

磷酸铵为灰白色或灰黑色颗粒，不吸湿，不结块，易溶于水，中性反应，性质稳定。所含氮、磷养分都是有效的，适合于各种土壤和各种植物。由于磷酸铵含磷多、含氮少，对需氮较多的植物，可额外补充氮肥。

磷酸铵作基肥一般施用 $150～375kg/hm^2$，可以撒施后耕翻，也可以用沟施或穴施的方法。

磷酸铵作种肥一般施用 $45～75kg/hm^2$，不能与种子直接接触，应距离种子 3～5cm。

磷酸铵作追肥时，应提早施用，用量要少于基肥。不能与碱性肥料混合施用，以免造成氮素损失及降低磷的肥效。

（2）硝酸磷肥。硝酸磷肥是用硝酸分解磷矿石后加工制得的氮、磷复混肥料，主要成分

有 $CaHPO_4$、$NH_4H_2PO_4$、NH_4NO_3 和 $Ca(NO_3)_2$，一般含 N≥25.0%、含 P_2O_5≥10.0%。灰白色或深灰色颗粒，具有吸湿性，易结块，中性或微酸性。

硝酸磷肥以作基肥为主，用量 300～450kg/hm²，也可作为追肥，不宜用作种肥。由于含有硝态氮，在北方旱地效果较好，不宜在水田和多雨地区使用。硝酸磷肥适用于大多数植物，但在有些植物上效果较差，如豆科作物、甜菜等。

(3) 磷酸二氢钾。磷酸二氢钾成分为 KH_2PO_4（0-52-35）。白色晶体，不易吸湿结块，易溶于水，化学酸性（溶液 pH 3～4）。

磷酸二氢钾由于价格过高，一般不采取土壤施肥法，多用作根外追肥和浸种肥。根外追肥喷施的适宜浓度一般为 0.1%～0.2%，用肥液750～1 125kg/hm²，连续喷施两次效果较好。在植物苗期喷施能壮苗，在生殖生长期能促花、增加千粒重。如禾谷类作物的拔节到开花期，棉花的盛花期等。浸种的浓度一般为 0.2%，根据种子的不同，浸泡 18～24h，捞出晾干后播种。

(4) 硝酸钾。硝酸钾成分为 KNO_3（13-0-46），N：K_2O 约为 1：3.5，不含副成分。白色结晶，易溶于水，吸湿性较小，易燃易爆。

硝酸钾由于含钾多、含氮少，特别适用于忌氯喜钾作物，如烟草、葡萄、马铃薯等。施用时宜作旱地追肥，不宜作基肥和水田施用。宜作浸种（0.2%）和叶面喷施（0.5%～1.0%）用。

硝酸钾是配制复混肥料的理想钾源，也是水溶肥料很好的氮源和钾源。

3. 混合肥料种类、性质和施用 混合肥料品种繁多，配比多样。利用粉状原料直接混合后配成的粉状混合肥料，一般是随配随用，不适合作为商品肥料使用；我国目前主要的品种是粒状混合肥料，即通过滚筒或高塔工艺将原料制成颗粒，颗粒中养分均匀，物理性状好，施用方便；由几种颗粒肥料为原料干混制成的品种，称为掺混肥料（BB肥）；将肥料原料配制成水溶液或悬浊液，称为液体肥料，同样得到普遍的认可和施用。

(1) 铵磷钾肥。由硫酸铵、磷酸铵和硫酸钾配制而成的三元复混肥，养分比例多样，有 12-24-12、10-20-15、10-30-10 等。

铵磷钾肥具有良好的物理性状，所含养分速效，易被植物吸收，所有植物均能使用，对需磷较多的植物最为适宜。可作为基肥或追肥，由于含磷量较高，对有些植物应适当补充氮肥，一般用量为 450～600kg/hm²。

(2) 硝磷钾肥。硝磷钾肥是在硝酸磷肥的基础上添加钾肥而制成的三元复混肥，淡褐色颗粒，有吸湿性，主要养分比例有 10-10-10、15-15-15 等。

硝酸钾肥一般作旱地的基肥或早期追肥，用量为 450～750kg/hm²，在烟草、黄瓜等作物上施用效果明显。

(3) 尿素磷钾肥。尿素磷钾肥由尿素、磷酸铵和硫酸钾（或氯化钾）配制而成，这类肥料配比多样，高浓度、中浓度都有。颗粒颜色多样，吸湿性小，主要养分比例有 15-15-15、22-12-16、25-8-12、8-8-16 等。考虑到不同地区、不同土壤条件和不同植物的营养特点，一般以基肥为主，也可以作为追肥，一般大田粮食作物用量为 450～750kg/hm²，蔬菜、果树等作物的用量往往多一些。

复混肥料（15-15-15）在世界上多数国家，尤其是欧洲各国都有生产和施用。复混肥料在我国使用也较广泛，其总养分含量45%，氮、磷、钾养分的比例为 1：1：1，包装规格通常每袋为 40kg 或 50kg。复混肥料具有以下特征：粒形一致，外观较好；养分含量高，水溶性好；氮素一般由 NO_3^--N 和 NH_4^+-N 及酰胺态氮组成；磷素中既有水溶性磷，也有枸溶性磷，一般水溶性磷较少，占 30%～50%，枸溶性磷较高；多数产品的钾素以氯化钾形态加入，即产品中含有约 12% 的氯。只有注明用于忌氯植物的产品，才用硫酸钾作钾源，但价格稍高；产品中一般不添加微量元素养分。

4. 新型肥料的种类、性质和施用

（1）控释肥。控释肥是能按照设定的释放率和释放期来控制养分释放的肥料。通过包膜、包裹、添加抑制剂等方式，使肥料的分解、释放时间延长，有利于提高肥料养分的利用率，从而达到延长肥料有效期、促进农业增产的目的。

①控释肥的类型。控释肥按包膜材料大致分为硫包衣（肥包肥）、树脂包衣、尿酶抑制剂等品种；按生产工艺的不同，可分为化合型、混合型及掺混型等品种；按养分不同，可分为控释氮肥、控释钾肥、控释复混（合）肥等。

②控释肥的特点。控释肥是农业农村部重点推广肥料之一，并且正逐步为广大种植者所接受。其优点有：一是提高化肥利用率，减少化肥用量。由于肥料气化和淋洗损失的减少，从而提高化肥的利用效率。有试验数据表明，控释肥可将肥料利用率由原来的 35% 提高 1 倍左右，氮肥流失率显著降低，可以节省氮肥用量 30%～50%。二是减少施肥次数，节省劳动力。当前不少地方农作物一次性施肥已相当普遍，控释肥可一次性施肥满足农作物整个生长季的需求。三是减轻农作物病害和改善农产品品质，主要防止农作物对氮素的过量吸收。控释肥也有不足的地方：一是在缺少水分的情况下，养分无法有效释放，不适宜在干旱、沙质土壤上施用；二是包裹剂的残留有造成二次污染的可能。

③控释复混肥。控释型复混肥是肥料发展的一大趋势，品种多样（表 5-31），使用者可选择性强。控释肥料的施肥应把握这样的原则：一是与测土配方施肥技术相结合，增产增效，减轻环境污染；二是与普通化肥掺混施用相结合，起到以速补缓、缓速相济的作用；三是将 BB 肥加工成控释专用 BB 肥，增强 BB 肥的应用功能。

表 5-31　控释复混（合）肥料质量标准（HG/T 4215—2011）

项　目	指　标	
	高浓度	中浓度
总养分（$N+P_2O_5+K_2O$）/%	≥40.0	≥30.0
水溶性磷占有效磷的质量分数/%	≥60	≥50
水分（H_2O）的质量分数/%	≤2.0	≤2.5
粒度（1.00～4.75mm 或 3.35～5.60mm）/%	≥90	
养分释放期/d	标明值	
初期养分释放率/%	≤12	
28d 累积养分释放率/%	≤75	
养分释放期的累积养分释放率/%	≥80	

注：①三元或二元控释肥料的单一养分含量应≥4.0%。

②以钙镁磷肥等枸溶性磷肥为基础磷肥并在包装容器上注明为"枸溶性磷"时，"水溶性磷占有效磷百分率"项目不做检验和判定。

③三元或二元控释肥料的养分释放率用总氮释放率来表征；不含氮的控释肥料，用钾释放率来表征。

生产上施用控释复混肥时，还应该注意：

a. 根据土壤和植物种类的不同，选用不同养分配比的控释肥。肥料中氮、磷、钾养分配比与测土配方施肥相结合。如北方缺磷的盐碱地可选用高磷硫酸钾通用控释肥（15-25-5），夏玉米种植区选用玉米（含锌）专用控释肥（20-10-10），长江以南许多稻区可选用水稻专用控释肥（18-8-14）等。

b. 根据植物生育期的长短，选用不同释放期的控释肥。如水稻选用 60～70d 释放期的控释肥，玉米、棉花、中稻等作物选用 3 个月释放期的控释肥，冬季瓜菜选用 4 个月控释期的控释肥，果树等多年生植物选用 4 个月（一年两次施肥）控释期的控释肥。

c. 基肥与追肥相结合。一般以控释肥作基肥，按总施肥量的 70% 施用，以普通速效化肥作追肥，按总施肥量的 30% 施用。生产中也有全部使用控释肥的，作基肥或早期追肥，后期不再补充肥料。

（2）有机-无机复混肥。由有机物（腐殖酸类或畜禽粪发酵物等）与化学氮、磷、钾肥混合配制而成，一般为黑色或棕褐色颗粒状或条状，养分配比多样（表 5-32）。

表 5-32 有机-无机复混肥质量标准（GB 18877—2009）

项　　目	指　标	
	Ⅰ 型	Ⅱ 型
总养分（$N+P_2O_5+K_2O$）质量分数/%	≥15.0	≥25.0
有机质的质量分数/%	≥20	≥15
水分（H_2O）质量分数/%	≤12.0	
酸碱度（pH）	5.5～8.0	
粒度（1.00～4.75mm 或 3.35～5.60mm）%	≥70	

注：①标明的单一养分的质量分数应≥3.0%。
②如产品氯离子含量>3.0%，并在包装容器上标明"含氯"，该项目可不做要求。
③水分以出厂检验数据为准。

有机-无机复混肥肥效较长，养分的利用率高，增产效果显著，能改善产品质量，提高植物的抗病抗逆能力，减少农药使用，改善土壤理化性能，减轻土壤板结，提高土壤肥力。该类型肥料适用于各种植物，目前，在蔬菜、果树、园林植物上应用较多。一般作基肥施用，用量为750～1 500kg/hm²，可适当配合单一肥料或氮、磷、钾复混肥施用。

（3）水溶肥料。经水溶解或稀释，用于灌溉施肥、叶面施肥、无土栽培、浸种蘸根等用途的液体或固体肥料，称为水溶肥料。水溶肥料是一种可以完全溶于水的多元复混肥料，它能迅速地溶解于水中，更容易被植物吸收，而且其吸收利用率相对较高，更重要的是它可以应用于喷灌、滴灌等设施农业，实现水肥一体化，达到省水、省肥、省工的效果。

水溶肥料有大量元素水溶肥料（表 5-33）、微量元素水溶肥料、含氨基酸或腐殖酸的水溶肥料等类型。含大量元素的水溶肥料在土壤浇灌或喷、滴灌时，使用者也称其为冲施肥。

表 5-33 大量元素水溶肥料（中量元素型）质量标准（NY 1107—2010）

项目	固体型	液体型
大量元素含量	≥50.0%	≥500g/L
中量元素含量	≥1.0%	≥10g/L
水不溶物含量	≤5.0%	≤50g/L
pH（1∶250 倍稀释）	3.0～9.0	3.0～9.0

（续）

项目	固体型	液体型
水分（H_2O）	≤3.0%	

注：①大量元素含量指 N、P_2O_5、K_2O 含量之和，至少包含两种元素；中量元素含量指钙、镁元素含量之和，至少含一种。

②固体水溶肥单一大量元素含量≥4.0%，液体水溶肥单一大量元素含量≥40g/L。

③固体肥料含量≥0.1%的单一中量元素、液体肥料含量≥1g/L的单一中量元素均应计入中量元素含量中。

▦ 任务实施

1. 查阅资料与讨论 查阅有关复混肥料的挂图、图片、文字材料、影像及网站资料，分组讨论复混肥料的重要性，了解生产、施用复混肥料的意义。

2. 观察复混肥料标本 每小组配备较为完全的复混肥料标本，观察记载其颜色、形状、水溶性、气味、灼烧情况等，初步了解不同复混肥料的基本性状。

对于真假复混肥料的鉴别，除借助化验室的专门分析外，还可以通过一些简单方法进行初步辨别。

（1）复混肥料的颜色多为灰色、灰白色、杂色、彩色等；结晶感强，有一定的光泽。

（2）造粒型复混肥料颗粒均匀，且具有一定的抗压强度，不易散碎。

（3）用手揉搓，黏着感强。

（4）复混肥料一般无异味(有机-无机复混肥除外)，有异味说明含碳酸氢铵或有毒性物质。

（5）复混肥料一般不能完全溶于水，但放入水中颗粒会逐渐散开变成糊状（有些能大部分溶于水，水溶肥完全溶于水）。

（6）以铵态氮肥或尿素为氮素原料，磷酸铵为磷素原料，氯化钾或硫酸钾为钾素原料生产的复混肥料，样品灼烧时能放出刺激性的氨味，在火焰上灼烧时能发出钾离子特有的紫色火焰。以硝酸铵为氮素原料的复混肥料能发生燃烧现象，放出棕色烟雾。

3. 模拟销售复混肥料商品 分组模拟销售复混肥料或开展"我当一天农资营销员"活动。分小组、分区域调查当地复混肥料市场营销情况以及广大种植户对复混肥料的认识程度和施用情况。

4. 配制复混肥料 根据土壤养分测定结果和栽培的作物，分组为试验基地（或农户）配备适宜的复混肥料品种。

（1）肥料混合的原则。氮、磷、钾单一肥料，有些可以相互混合加工成掺混复肥，而另一些则不能混合，若将其制成复混肥料，不但不能发挥其增产效果，而且会造成资源浪费，因此，在选择生产原料时必须遵循以下原则：

①混合后物理性状不能变坏。

②混合时肥料养分不能损失或退化。

③肥料在运输和机施过程中不发生分离。

④有利于提高肥效和施肥功效。

因此，在选择原料时，必须注意各种肥料混合的适宜性（图5-6）。

（2）肥料混合原料量的计算。根据所要配制肥料的养分含量或养分比例，可以计算所需各肥料原料的用量，并且确定所需填料的用量。

	硫酸铵	硝酸铵	碳酸氢铵	尿素	氯化铵	过磷酸钙	钙镁磷肥	磷矿粉	硫酸钾	氯化钾	磷酸铵	硝酸磷肥
硫酸铵												
硝酸铵	△											
碳酸氢铵	×	△										
尿素	○	△	×									
氯化铵	○	△	×	○								
过磷酸钙	○	△	○	○	○							
钙镁磷肥	△	△	○	○	×	×						
磷矿粉	○	△	×	○	○	△	○					
硫酸钾	○	△	×	○	○	○	○	○				
氯化钾	○	△	×	○	○	○	○	○	○			
磷酸铵	○	△	×	○	○	○	×	×	○	○		
硝酸磷肥	△	△	×	△	△	△	×	△	△	△	△	

○可以混合 △可以暂时混合，不宜久置 ×不可以混合

图 5-6 矿质肥料的相互可混性

【例】配制 15-15-15（S）复混肥 50kg，需尿素（N 46%）、磷酸一铵（10-48-0）、硫酸钾（K_2O 50%）各多少？

解：50kg 复混肥含养分量：$N = 50 \times 15\% = 7.5$（kg）

$$P_2O_5 = 50 \times 15\% = 7.5 \text{（kg）}$$
$$K_2O = 50 \times 15\% = 7.5 \text{（kg）}$$

需肥料原料：磷酸一铵用量 $= 7.5 \div 48\% = 15.6$（kg）

尿素用量 $= (7.5 - 15.6 \times 10\%) \div 46\% = 12.9$（kg）

硫酸钾用量 $= 7.5 \div 50\% = 15.0$（kg）

合计 $= 15.6 + 12.9 + 15.0 = 43.5$（kg）

填料用量：$50 - 43.5 = 6.5$（kg）

填料可用磷矿粉、硅藻土、泥炭等。

（3）肥料的制造。随配随用，混匀即可。如果作为肥料商品，需要经过造粒工艺。

5. 正确施用复混肥料 利用试验基地或农户地块，分组进行复混肥料的施用，应注意以下几点。

（1）根据土壤的供肥性能和植物营养特点选择复混肥料的种类。根据各地调查测试的结果，弄清土壤中氮、磷、钾等养分的丰缺状况，选用合理配比的复混肥料。比如，有些地区土壤钾素含量较低，应优先选用高钾型复混肥料，有些地区氮、磷的肥效较为显著，应优先选用高氮高磷的复混肥料。

一般禾谷类作物可选用氮、磷、钾配比相近的复混肥料，某些经济作物可选用高钾多元复混肥料，叶菜类蔬菜用高氮高钾型复混肥料，而豆科作物宜用高磷高钾低氮型复混肥料。有条件的情况下，可以生产和施用各种作物专用肥和掺混肥料（BB肥），如玉米专用肥、果树专用肥等。

（2）复混肥料与单一肥料的配合施用。在复混肥料不能适应当地土壤和植物养分需要

时，可用单一肥料配合施用，以调整营养元素的比例，使之适合植物营养的需求。复混肥料的用量，一般以肥料中含量高的元素来计算，不足的养分以单一肥料补充。如磷酸氢二铵的施用量应以磷素的含量为标准，不足的氮素用尿素等氮肥补充。

（3）根据复混肥料的特殊功能施用。有些复混肥料具备某些特殊的性质，在施用上就要依据这些特性进行合理施用，以全面发挥肥效。如控释肥，其中的氮素肥效较长，供应平缓，可以在多年生植物及生长期较长的植物上施用。有机-无机复混肥料可以优先用在缺乏有机质的瘠薄土壤上，在对立地条件要求较高的果树、蔬菜及其他特种经济作物上效果很好。冲施肥可以把肥料撒在地里，再经灌溉用水把肥料带入土中，或先用水溶解稀释后施入土中。由于流失和渗透，冲施的肥效往往偏低。

（4）采用正确的施肥方法。复混肥料品种繁多，养分比例多样，性质各异，价格差别很大，为此，在施用时应采取相应的措施和方法。对大多数植物来说，复混肥料以全部作基肥为好，在植物生育期中根据情况适当补充单一肥料（通常为氮肥）作追肥。如果不再配合单一肥料，复混肥料 2/3 作基肥、1/3 作追肥效果也可以，或者基肥、追肥各占一半。

复混肥料也应该强调深施覆土，全层深施、条施、穴施均可，集中施在根系附近。含硝态氮的复混肥料不宜在水田和多雨地区施用；含铵态氮的复混肥料不要与碱性肥料混合；含枸溶性磷的复混肥料宜与有机肥配合施用。

■■ 知 识 窗

复混肥料的发展趋势

近年来，随着农田的科学管理，含有 3 种及多种养分的复混肥料（按照国家标准，包含复合肥料、掺混肥料、有机-无机复混肥料）已经成为我国农户最终施用的主要产品种类。我国复混肥料产业于 2015—2019 年有了较大变化。企业数量比 10 年前更多，但复合肥料企业数量大幅减少，掺混肥料、有机-无机复混肥料企业大幅度增多。复混肥料产品数量仍十分巨大，其中掺混肥料已经超越复合肥料成为数量最多的肥料产品，掺混肥料的发展和流行利于"大配方、小调整"的差异化精量施肥，但是掺混肥颗粒不均匀、易分层、易粉化等理化性质的问题在很多情况中已经影响了施肥效果，在未来应受重视。各地肥料产品配方差异明显，符合区域农业发展、土壤气候环境、作物体系等条件。肥料浓度开始降低，平衡型、高氮型等并不十分利于作物生长的肥料比例下降。许多肥料企业已经有产品专用化的意识，但是在作物、区域、用法、用量的推荐上仍需更精准专业。

截至 2020 年 1 月 1 日，我国复混肥料企业达到 3 318 家，比 10 年前增加了 1.7%，复合肥料企业数量减少了 36.1%，掺混肥料企业增加了 181.2%；2015—2019 年登记的肥料产品数量达到 54 854 个，比 2005—2009 年增长了 100.3%，掺混肥料为登记数量最多的肥料产品。以氮磷钾 3 种养分含量配比作为衡量指标（合并相同配比），产品配方总数达到 5 478 个，增长了 48.1%；通用的平衡型配方（如 15 - 15 - 15）仅占 10.6%，且仍在下降，养分配比向多元化不断发展，高氮型肥料（含氮量超过 20%）仍有 39.2%。

■■ 观 察 与 思 考

1. 某地开始施用磷酸氢二铵时，效果非常好。由于用肥单一，后来用量越来越多，效果却不明显，种植户说是"二铵馋地"。这是怎么回事呢？

2. 当地主要推广的复混肥料品种是什么？是否适应主栽植物？

3. 控释肥、水溶肥、有机无机复混肥等在当地是否施用？你认为其市场前景如何？

■ 复习测试题

1. 因为含有氮和硫，所以硫酸铵是复合肥。（对/错）

2. 磷酸氢二铵是复合肥，但在生产中，通常把磷酸氢二铵作为磷肥来看待。（对/错）

3. 磷酸二氢钾由于价格较高，通常用于叶面喷施，绝对不能土壤施肥。（对/错）

4. 复混肥料含硝态氮时，包装上应注明"含硝态氮"。（对/错）

5. 一些新型肥料，如控释肥、水溶肥、有机-无机复混肥等，发展空间不大。（对/错）

6. 复混肥料（GB 15063—2009）规定，未标"含氯"的产品，氯含量（Cl^-）应≤_____%。

7. 通用型（15-15-15）复混肥，通常以基肥施用为主，大田作物用量一般为_____ kg/hm^2。

8. 根据作物的营养特点，应该选用_____肥料品种作为大豆专用肥。

9. 企业制造复混肥料或种植户把不同肥料混合后施用，不应该遵循_____原则。

10. 请为一种植专业户配制铵磷钾型复混肥料（10-20-10）1 000 kg，需硫酸铵（含 N 20%）、磷酸氢二铵（18-46-0）和硫酸钾（含 K_2O 50%）各多少？

任务七 定性鉴别化学肥料

■ 任务目标

了解化学肥料鉴别的意义；理解常见化学肥料的性质和鉴别原理；进一步熟悉试验操作技能，能够较快地鉴别常见的化学肥料，生产中能够指导合理选择、分配和施用常见化学肥料。

■ 任务准备

1. 盐酸溶液 $[c(HCl) = 1mol/L]$ 量取浓盐酸（化学纯）42mL 放入约 400mL 蒸馏水中，加蒸馏水稀释至约 500mL。

2. 硝酸溶液 $[c(HNO_3) = 1mol/L]$ 量取浓硝酸（化学纯）31mL 放入约 400mL 蒸馏水中，加蒸馏水稀释至约 500mL。

3. 氯化钡溶液 $[\rho(BaCl_2) = 25g/L]$ 称取氯化钡（化学纯）2.5g，用蒸馏水溶解后稀释至 100mL，摇匀。

4. 硝酸银溶液 $[\rho(AgNO_3) = 10g/L]$ 称取硝酸银（化学纯）1.0g，溶于 100mL 蒸馏水中，贮于棕色瓶中。

5. 氢氧化钠溶液 $[\rho(NaOH) = 100g/L]$ 称取 10g 氢氧化钠，溶于 100mL 蒸馏水中，冷却后贮于塑料瓶中。

6. 广泛 pH 试纸 pH 1~14。

基础知识

1. 化学肥料定性鉴别的意义　化学肥料种类繁多，不同化肥其有效成分、性质、作用和施用技术有很大差异。由于包装、缺失标签或损坏等原因，会造成肥料品名不清，给施用带来麻烦，而生产经营中往往还有一些假冒伪劣肥料出现。为避免因误用所造成的浪费和经济损失，对常用化肥有必要进行简便易行的定性鉴定。

2. 鉴别原理　各种化肥都有特殊的外表形态、理化性质，因此可以通过外表观察（颜色、结晶）、气味、溶解程度、酸碱性、灼烧反应和化学分析等方法加以鉴别。

任务实施

1. 氮、磷、钾肥的初步判别　通过外部形态和溶解性能等的观察初步区别氮、磷、钾肥。分别取豆粒大小化肥样品放入编号与化肥编号一致的试管中，加入 10mL 蒸馏水，摇动数分钟后观察其溶解性（试管中溶液保留备用）。

（1）白色或浅色、结晶、溶于水的为氮、钾肥（氯化钾有红色，硫酸钾有浅黄色）。

（2）颜色较深（灰白、深灰、黑等）、粉末状或部分溶解的为磷肥。

（3）取少量氮、钾肥的粉末于铁片上，置于酒精灯上灼烧。肥料不熔融、残留跳动、有爆裂声的为钾肥；肥料能燃烧、全部熔融或发烟、无残留的为氮肥或氮钾复合肥。

2. 常用氮肥或氮钾复合肥的鉴定

（1）氮肥有强烈的刺激性氨臭味，为碳酸氢铵。

（2）分别将肥料制成饱和溶液，将滤纸条浸泡在饱和溶液中并稍微晾干，然后点燃纸条，观察燃烧性和火焰的颜色。易燃、火焰明亮的为含 NO_3^- 的肥料。在该类肥料的水溶液中加入 100g/L 氢氧化钠溶液数滴，产生氨臭味的为硝酸铵；无氨味、火焰颜色为黄色的化肥为硝酸钠；火焰颜色为紫色的化肥为硝酸钾。

（3）纸条燃烧不旺、火焰不明亮或易熄灭的化肥，在其水溶液中各加入数滴 100g/L 氢氧化钠溶液，无氨味者为尿素。

（4）纸条燃烧不旺、火焰不明亮或易熄灭的化肥，在其水溶液中各加入数滴 100g/L 氢氧化钠溶液，有氨味者为氯化铵或硫酸铵。另取有氨味的肥料溶液约 5mL 放入小试管中，滴加数滴 25g/L 氯化钡溶液，产生白色沉淀，再加入 1～2mL 1mol/L 盐酸溶液，摇动沉淀仍不消失的为硫酸铵；加入 10g/L 硝酸银溶液产生白色沉淀并不溶于硝酸的为氯化铵。

3. 常用磷肥的鉴定

（1）密度大、褐（灰、棕）色、有金属光泽，用 pH 试纸检验溶液呈中性，为磷矿粉。

（2）密度不大、灰色粉末，用 pH 试纸检验肥料溶液，酸性的为过磷酸钙，碱性的为钙镁磷肥。

4. 常用钾肥的鉴定　各取肥料溶液约 5mL 放入小试管中，滴加数滴 25g/L 氯化钡溶液，产生白色沉淀并不溶于盐酸的为硫酸钾；加入 10g/L 硝酸银溶液产生白色沉淀并不溶于硝酸的为氯化钾。

把所有肥料最终的鉴别结果汇总至表 5-34。

表 5-34　化学肥料鉴定结果

肥料	项　　目											化肥名称
	颜色	形状	水溶性	气味	酸碱性	灼烧	纸条燃烧	火焰色彩	加 NaOH 反应	加 BaCl₂ 反应	加 AgNO₃ 反应	
1												
2												
3												
⋮												

5. 氮、磷、钾复混肥料的初步鉴别　复混肥料原料来源复杂，但可以参照氮、磷、钾肥的鉴定原理进行鉴别，区分出不同复混肥料品种和制作原料。

▇ 复习测试题

1. 有碳酸氢铵、磷矿粉、硫酸钾 3 种肥料，鉴别它们可采用的方法有：①看外观；②闻气味；③尝味道；④溶于水。其中可行的是_____。

2. 硝酸铵、氯化钾、过磷酸钙、硝酸钾肥料中可以通过观察颜色的方法直接区别出来的是_____。

3. 有一氮素肥料为细粒状，常温下闻不到氨味，溶于水后，加氢氧化钠溶液也没有氨味，加热后有白烟，能够闻到刺激性氨臭味，该肥料是_____。

4. 有一肥料为灰色粉末，看不出秸秆的残渣，用 pH 试纸检验肥料溶液呈碱性，该肥料可能是_____。

5. 鉴别硫酸钾和氯化钾两种钾肥，常用的化学试剂是_____。

06 | 项目六
科学施用有机肥料

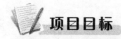

项目目标

【知识目标】熟悉各种有机肥料的成分、性质，掌握有机肥施用要点。

【能力目标】能够利用当地的有机肥源积制有机肥料，学会当地常见有机肥的施用技术，能够指导改土培肥工作。

【素养目标】树立创新发展、生态文明理念，深刻理解可持续发展观、绿色生态发展观。

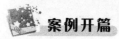

案例开篇

"有机肥"使用须谨慎，腐熟发酵不可少

李建军种大棚蔬菜有些年头了，以前年年种，年年都有不错的效益。但是由于连年种植，近两年棚里的蔬菜长得都不太好，品质和产量都有所下滑。他听人家说，多用些有机肥或者腐熟的禽畜粪能改善棚内土壤状况，让蔬菜重新焕发生机。

大量使用有机肥要花不少钱，但他有家畜粪资源。他兄弟有个养猪场，猪粪多得是，他便去自家兄弟养猪场拉了不少猪粪直接用到大棚蔬菜上。一通忙活下来，李建军高兴得想："有机肥"用上了，这下大棚蔬菜的问题算是彻底解决了！但让他意料不到的是，这股高兴劲儿还没过，满大棚的蔬菜就出现了严重问题：很多菜苗都出现了黄枯干萎，部分还出现了死苗。眼瞅着满大棚蔬菜要泡汤，他想采取措施补救，但又找不到原因在哪，要可是真把他给急坏了！

李建军请来的当地的农技专家分析了大棚蔬菜出现这种情况的原因，原来是他使用的猪粪没进行腐熟发酵处理，大量未腐熟的猪粪便用到菜地中，造成了大棚蔬菜的烧苗。轻微烧苗时，幼苗往往表现出轻度萎蔫，叶片受氨气危害较轻，这种情况下可以加强大棚放风，在连续晴天时用大水浇灌两次，并冲施一些促生根的功能性肥料进行养根护叶处理，逐步消除肥害影响；严重烧苗时，往往严重萎蔫或死亡，叶片受氨气危害严重，这种情况下可直接拔园，然后采取旋耕机翻地、晴天上午闭棚提温、喷洒发酵腐熟剂等措施对生粪进行短期彻底催熟，待生粪腐熟后，再将新苗重新定植，进入正常生产管理。

任务一 积制与科学施用人粪尿肥

任务目标

了解人粪尿肥的成分、特性，学会人粪尿的贮存及无害化处理方法，掌握其施用技术。

任务准备

1. 实训教室 有关人粪尿肥的挂图、照片、影像资料。

2. 实训基地 空白地块、粮食作物地块、果蔬花卉作物地块等。

基础知识

人粪尿是最为传统的有机肥料。我国人口众多，每年排泄粪尿的总量可达 7 亿 t 左右。就其所含养分来说，折合氮约 450 万 t、五氧化二磷 210 万 t、氧化钾 175 万 t，是不可忽视的巨大肥源。人粪尿是一种天天有累积的半流质肥料，需要一定的方法贮存。新鲜人粪中的养分多呈有机态，应经腐熟过程将有机态养分转变为速效养分才能被植物吸收。人粪中常有病菌和寄生虫卵，要经过贮存进行无害化处理，以防传染疾病。

1. 人粪的成分和性质 人粪中有70%～80%的水分；20%左右的有机物质，主要是纤维素和半纤维素、脂肪和脂肪酸、蛋白质和氨基酸、各种酶、粪胆质，还有少量粪臭素、吲哚、丁酸等臭味物质；5%的灰分，主要是硅酸盐、磷酸盐、氯化物及钙、镁、钾、钠等盐类；此外，还含有大量的微生物，有时还有寄生虫卵。新鲜人粪一般呈中性。

2. 人尿的成分和性质 人尿中约有 95% 的水分、5% 左右的水溶性有机物和无机盐类〔主要成分是尿素（1%～2%）和氯化钠（1%），并含有少量的尿酸、马尿酸、微量的生长素（如吲哚乙酸）及各种微量元素〕。一般新鲜尿液为透明黄色，不含微生物，呈弱酸性，腐熟后呈碱性。

3. 人粪尿的成分和性质 人粪尿是人粪和人尿的混合物，是一种高效的速效性有机肥料（表 6-1）。其分布广、数量大、养分含量高，所含有机物质碳氮比小，有机质分解快，含氮较多，含磷、钾少，在有机肥中有"细肥"之称，常被当作速效氮肥施用，其对改土培肥的作用不如其他有机肥料。

表 6-1 人粪尿中主要养分含量（占鲜物质量分数，估计值）

（毛知耘 等，1997，肥料学） 单位:%

种类	水分	有机质	氮（N）	磷（P$_2$O$_5$）	钾（K$_2$O）
人粪	70	20	1.0	0.50	0.37

（续）

种类	水分	有机质	氮（N）	磷（P$_2$O$_5$）	钾（K$_2$O）
人尿	90	3	0.5	0.13	0.19
人粪尿	80	5～10	0.5～0.8	0.20～0.40	0.20～0.30

任务实施

1. 查阅资料与讨论　查阅有关人粪尿肥的挂图、图片、文字材料、影像及网站资料，分组讨论人粪尿肥无害化处理的重要性，了解施用人粪尿肥的意义。

2. 贮存人粪尿　以小组为单位，到周边农户家中调查当地人粪尿的贮存方法是否合理，并提出合理措施。贮存人粪尿的基本要求是减少氨的挥发和养分渗漏，既要讲究卫生又要便于积肥。我国各地农村由于气候和生产条件不同，贮存人粪尿的方法也有所不同，可因地因时地选取贮存方法。

（1）水贮法。我国南方气温高，降雨多，习惯施用粪稀，故多采用人粪尿混合制成水粪贮存和施用。贮存容器有粪缸、粪池、粪井、粪窖等不同形式。

目前我国南方不少地方推广使用三格化粪池厕所（图6-1），将粪便的收集、无害化处理在同一流程中进行。粪便经三格化粪池贮存、沉淀发酵，能较好地起到杀灭虫卵及细菌的作用。三格化粪池厕所具有结构简单、易施工、流程合理、卫生效果好等特点。

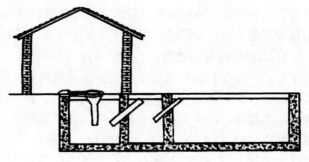

图6-1　三格化粪池示意

（2）干贮法。北方气候干燥，雨量较少，蒸发量大，故多采用干贮法。将人粪或人粪尿拌土堆积或混入牲畜粪堆制成大粪土，或采用干细土垫厕所定期起出堆积。利用干细土吸收粪尿液，既能保存养分也比较卫生。据试验，用干细土与粪尿液按3∶1混合贮存，可保存70%以上的氮素。堆制时粪与土应捣拌均匀，成堆后应及时封泥，以利于保温、保肥和保持卫生。在有草炭、风化煤等物质的地方，可用它们垫厕所或与人粪尿混合堆积，这类物质吸附力强，保肥效果比土好。

（3）粪尿分存。人尿数量多，成分比较简单，腐熟快，不含病菌、虫卵，在一定条件下不经贮存可直接施用。而人粪肥效慢，需经腐熟方可施用。

3. 无害化处理人粪尿　以小组为单位，到周边农户家中调查当地人粪尿无害化处理的方法，并提出改进措施；集体参观（或观看影像）城市人粪尿的工厂化处理过程；为试验基地绿叶类蔬菜积制部分"细肥"。人类尿的无害化处理主要有以下几种方法。

（1）高温堆肥处理。将人粪尿与其他有机物质如厩肥、垃圾、秸秆等混合堆积。在堆积过程中，堆内微生物大量生长繁殖并对有机物进行分解转化，同时放出热量，使堆内的高温既能加速肥料腐熟，又能杀死病菌和虫卵，使粪便无害化。

（2）粪池密封发酵和沼气发酵。利用厌氧条件，抑制病菌和虫卵的呼吸作用，杀死病菌和虫卵。同时，在发酵过程中产生的有毒物质如一氧化碳（CO）、硫化氢（H$_2$S）和丁酸及高浓度的氨气（NH_3）等，均能对病菌和虫卵起到毒杀作用。

（3）药物处理。粪尿中按一定比例加入化学药物、农药、草药等毒杀病菌和虫卵。如加入 3％～5％的过磷酸钙、石膏或硫酸亚铁等，可大大减少氮素损失。据研究，每 100kg 人粪尿中加入 2g 50％敌百虫能杀死血吸虫卵及蝇蛆，加至 600g 能杀灭钩虫卵；每 100kg 人粪尿加 1kg 尿素（或 250g 石灰氮）能杀灭血吸虫卵；按照 1％～5％的量加入辣蓼草、鬼柳叶、黄杜鹃、辣椒秆、苦楝、青蒿等也能起到一定的效果。

4. 正确施用人粪尿肥　利用试验基地或农户地块，分组进行人粪尿肥的施用操作，主要有以下施用方法。

（1）依植物施用。人粪尿对一般植物都有良好的肥效，特别是叶菜类作物（如白菜、甘蓝、菠菜等）、禾谷类作物（如水稻、小麦、玉米等）和纤维类作物（如麻类）的效果颇为显著。但人粪尿中含有较多的氯离子，不宜用于烟草等忌氯作物。对马铃薯、甘薯、甜菜等作物施用过多，会降低块茎、块根中淀粉和糖分的含量。

（2）依土壤施用。人粪尿适用于大多数土壤。由于人粪尿中含盐较多，在低洼地和盐碱地上最好少用，在沙质土上应分次施用。

（3）与其他肥料配合施用。人粪尿中含氮较多而含磷、钾较少，应根据植物对养分的需求和土壤状况适当配合施用磷肥和钾肥。人粪尿有机质含量低，在轻质土壤、缺乏有机质的土壤及长期大量施用人粪尿的菜园和果园，需配施其他有机肥料。

（4）作基肥、追肥。作基肥时一般用量为 7 500～15 000 kg/hm²，作追肥要兑水 3～4 倍，土干时可兑水 10 倍，否则浓度大，易烧苗。水田施用时，须先排水，将人粪尿兑水 2～3 倍，搅匀后泼入田中，并结合中耕或耘田，2d 后灌水。

在植物生长期内，新鲜尿可掺水直接作追肥（兑水 3～10 倍）施用。用新鲜的人尿浸种是一种经济用肥的好方法，浸种后出苗快、苗健壮、长势强、增产效果好。

■ 知 识 窗

有机肥料概述

有机肥料是指来源于植物和动物，施于土壤，以提供植物营养为其主要功能的含碳物料，简单来说，就是含有大量有机物质的肥料，又称农家肥。有机肥其实是有机物和无机物及有生命的微生物的混合体。有机肥料资源丰富、种类繁多，有粪尿肥、堆沤肥、绿肥、杂肥及商品有机肥等。与化学肥料相比较，有机肥料的特点主要有：①来源广、数量大、种类多；②有机质和有益微生物含量高；③营养元素全面、含量低、用量大、肥效持久；④源于自然、生产成本低、污染少。

我国施用有机肥料已有几千年的历史，并积累了许多宝贵的经验。化肥在我国的使用仅有几十年的时间，但是在我国许多地方，过度依赖化肥、轻视有机肥的现象较为普遍，造成了不良的后果。有机肥料在土壤改良、农田生态等方面有着化肥所不能替代的作用，在我国肥料结构和农业生产中具有极其重要的地位。有机肥料在农业生产中的作用，主要表现为：①供给植物各种营养元素及小分子的有机物营养物质，提高产品品质；②改善土壤的结构，改善土壤热量状况，增强土壤保水肥能力，提高养分有效性；③促进微生物活动，增强植物的抗逆性；④提高化肥肥效，降低成本；⑤减少能源消耗，减轻环境污染。

观察与思考

1. 人粪尿为流质，臭味大，积制比较麻烦，在我国很多地方"晒粪干"的做法仍有使用。这种做法有道理吗？

2. 人粪尿不宜与草木灰等碱性物质混合贮存和施用，因为能加速氨的挥发。这种观点对吗？

复习测试题

1. 有机肥和化肥相结合施用是我国指导施肥的一个原则。（对/错）

2. 有机肥是有机物和无机物、有生命的微生物和无生命物质的混合体。（对/错）

3. 在植物生长期内，新鲜尿可掺水直接作追肥施用。（对/错）

4. 有机肥料的种类主要有_____、_____、_____和_____等。

5. 人粪尿无害化处理的方法主要有_____、_____和密封堆积。

6. 简述有机肥料在农业生产中的作用。

任务二　积制与科学施用畜禽粪尿肥

任务目标

了解畜禽粪尿肥的特性，能够初步积制畜禽粪尿肥，掌握畜禽粪尿肥的施用技术。

任务准备

1. 实训教室　有关畜禽粪尿肥的挂图、照片、影像资料。

2. 实训基地　畜禽养殖基地（专业户），空白地块，粮食作物地块、果蔬花卉作物地块等。

基础知识

1. 畜禽粪尿

（1）畜禽粪尿的成分（表6-2）。畜粪成分非常复杂，主要有纤维素、半纤维素、木质素、蛋白质及其分解产物、脂肪、有机酸、酶和各种无机盐类。畜尿的成分比较简单，主要有尿素、尿酸、马尿酸及钾、钠、钙、镁等无机盐类，不易积存。

禽的粪尿是混合排出的，不能分存。禽粪是一种优质的、易腐熟的有机肥料，禽粪包括鸡粪、鸭粪、鹅粪、鸽粪等。尤其是鸡的饲养量很大，其规模在家禽中居首位。一个10万只鸡的养鸡场，一年可产新鲜鸡粪约5 000t。有数据显示，全国每年鸡粪资源可达6 000万t以上。

（2）畜禽粪尿的性质。各类畜禽粪尿的性质差异较大（表6-3）。

猪是家中宝
粪是地里金

农谚

表6-2 新鲜畜禽粪尿中主要养分的平均含量

(毛知耘 等，1997，肥料学)

家畜种类	水分/%	有机质/%	氮（N）/%	磷（P$_2$O$_5$）/%	钾（K$_2$O）/%	钙（CaO）/%	C/N
猪粪	82.0	15.0	0.65	0.40	0.44	0.09	7
猪尿	96.0	2.5	0.30	0.12	0.95	1.00	7
牛粪	83.0	14.5	0.32	0.25	0.15	0.34	21
牛尿	94.0	3.0	0.50	0.03	0.65	0.01	21
马粪	76.0	20.0	0.55	0.30	0.24	0.15	13
马尿	90.0	6.5	1.20	0.10	1.50	0.45	13
羊粪	65.0	28.0	0.65	0.50	0.25	0.46	12
羊尿	87.0	7.2	1.40	0.30	2.10	0.16	12
鸡粪	50.5	25.5	1.63	1.54	0.85	1～2	
鸭粪	56.6	26.2	1.10	1.40	0.62	1～2	

表6-3 畜禽粪尿的性质

种类	性质	适宜土壤、作物
猪粪	质地较细，C/N小，阳离子代换量大，含有较多的氨化微生物，经过堆腐后，可形成较多的腐殖质。为温性肥料	后劲长，适用于各种土壤和植物，尤其是排水良好的土壤
牛粪	粪质细密，水多，分解慢，发酵温度低，为冷性肥料。养分含量是家畜粪中最低的一种，尤其是氮素含量很低，C/N较大	用有机质含量低的沙质土壤，具有良好的效果
马粪	纤维素含量高，疏松多孔，含水量少。含有高温纤维素分解细菌多，发热量大，属热性肥料	用于改良质地黏重的土壤，有显著效果
羊粪	粪质细密而干燥，养分浓厚，为热性肥料。养分较高，尤其是有机质、全氮及钙、镁等物质的含量更高	羊粪、禽粪在各种土壤上均可施用
禽粪	以虫、鱼、谷、菜等精饲料为主，消化吸收率较低，粪质细腻。养分含量比各种畜粪都浓厚。分解较快，发热量较低	

2. 厩肥 厩肥是家畜粪尿和各种垫圈材料混合积制的肥料。在北方多用干细土垫圈，称为土粪。在南方多用秸秆及青草垫圈，称为草粪。

（1）厩肥的成分和性质。厩肥的成分随家畜种类、饲料优劣、垫圈材料和用量及其他条件的不同而异。厩肥中含的养分种类齐全（表6-4），还有胡敏酸、维生素、生长素、抗生素等有机活性物质。

表6-4 厩肥的平均养分含量

(毛知耘 等，1997，肥料学)

厩肥种类	水分/%	有机质/%	氮(N)/%	磷(P$_2$O$_5$)/%	钾(K$_2$O)/%	钙(CaO)/%	镁(MgO)/%	C/N
猪厩肥	72.4	25.0	0.45	0.19	0.60	0.08	0.08	19.5
牛厩肥	77.5	20.3	0.34	0.16	0.40	0.31	0.11	19.1
马厩肥	71.3	25.4	0.58	0.28	0.53	0.21	0.14	26.0
羊厩肥	64.6	31.8	0.83	0.23	0.67	0.33	0.28	14.3

新鲜厩肥中的养分以有机态为主，而且 C/N 大，植物大多不能直接利用，不宜直接施用。所以新鲜厩肥一定要经过一段时间堆制，待腐熟后才能施用。

据研究，厩肥中氮的利用率只有 10％～30％，而磷的利用率较高，可达 30％～40％，超过化学磷肥，钾的利用率高达 60％～70％，高于钾肥。厩肥中含有丰富的有机质，常年大量施用，土壤中可积累较多的腐殖质，对提高土壤肥力、促进低产土壤熟化有积极的作用。

（2）厩肥的腐熟。厩肥的积制由于地域和饲养的畜禽不同而有差异。厩肥在堆制腐熟过程中的变化极为复杂，但主要有两个过程：一个是矿质化过程，即把复杂的有机物质分解为简单的无机化合物，这是养分的有效化过程；另一个是腐殖化过程，即有机物经矿质化后的中间产物再合成复杂的腐殖质的过程。

厩肥在堆积腐熟过程中，由于微生物的活动，其 C/N 逐渐减小，速效养分逐渐增多。厩肥的腐熟过程通常要经过生粪、半腐熟、腐熟和过劲 4 个阶段（图 6-2），它们之间常常随着堆内条件而改变，并呈现不同的外部特征。生粪呈现原粪尿及垫料的外部特征；半腐熟厩肥可概括为"棕、软、霉"，"棕"指棕色，"软"指组织状态变软，"霉"指霉烂的气味；腐熟阶段厩肥可概括为"黑、烂、臭"，"黑"指黑色，"烂"指黑泥状，"臭"指氨的臭味；过劲阶段的厩肥可概括为"白、粉、土"，"白"指白色，是放线菌菌落的颜色，"粉"指呈粉末状，"土"是指有特殊的泥土味。在实践中应严防厩肥进入过劲阶段，半腐熟和腐熟时即可施用，否则应采取压紧肥堆、加水、密封等方式，抑制微生物的活动，阻止其继续分解，以防厩肥肥分大量损失。

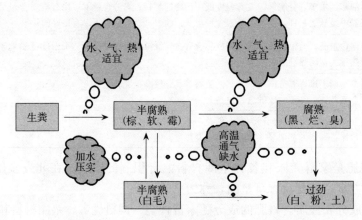

图 6-2　厩肥腐熟过程

▉ 任务实施

1. 查阅资料与讨论　查阅有关畜禽粪尿肥的挂图、图片、文字材料、影像及网站资料，分组讨论厩肥的腐熟过程，了解施用厩肥的意义。

2. 贮存畜禽粪尿　以小组为单位，到周边农户家中调查当地畜禽粪尿的贮存方法是否合理，并提出合理措施；到养殖基地（或大型养殖企业）集体参观畜禽粪尿的工厂化贮存。我国各地由于气候和生产条件不同，贮存畜禽粪尿的方法也有所不同，主要有以下几种方法。

（1）垫圈法。畜舍内垫上各种秸秆、杂草、泥炭、干细土等垫料。垫料既可吸尿液，保存养分，又可使畜栏减少臭气，保持干燥清洁的环境，有利于畜禽的健康。

起垫圈次数一般应掌握勤起勤垫的原则。起出的畜禽粪可在圈外混合起来，进行圈外混合堆积，坚持常年积肥，可造出大量优质粪肥。垫圈积肥的特点是养分损失较少，而且可利用畜粪中的微生物对有机物进行矿质化和腐殖质化，制成优质肥料。缺点是采用垫圈法畜禽的卫生条件不如冲圈法好。

（2）冲圈法。适用于规模养殖。冲圈畜舍的结构是舍内地面用水泥或砖砌成，并向一侧倾斜，以利于粪尿液流入舍外所设的粪池。畜禽舍内每天用水把粪尿冲洗到舍外的粪池里，在厌氧条件下制成水粪。

（3）冲垫结合。早春及冬季采用垫圈法，其他季节采用冲圈法。

禽粪尤其是鸡粪在贮存中易遭害虫（如金龟子）产卵，所以施用前应混拌适当的杀虫剂，或先经过高温堆制处理，杀死虫卵，否则不易保苗。

3. 积制厩肥 以小组为单位，到周边农户家中，调查当地厩肥的积制方法，为小组的实训基地积制部分厩肥（鸡粪）。厩肥的积制方法见表 6-5。

表 6-5　厩肥的积制方法

方法	圈内堆积法			圈外堆积法		
	深坑圈	平底圈	浅坑圈	紧密堆积法	疏松堆积法	松紧交替法
积制技术	坑深 0.6～1.0m，圈内潮湿，坑中垫料被踏实，2～3 个月的厌氧发酵腐熟（猪粪）	①每日垫圈，每日清除，圈外发酵（牛、马、骡、驴粪）②每日垫圈，隔数日或数十日清除，圈外堆沤（猪粪）	挖 10～20cm 的浅坑，并开排水沟至尿坑，在家畜脚下铺草或其他垫料。亦须圈外堆积，以利于腐熟	在积肥场 2～3m 的地面上层层堆积压紧，直至 1.5～2.0m 高，用泥土把粪堆封严。6 个月能完全腐熟	与紧密堆积法相似，但不压紧，保持好氧状态。短期内可以使厩肥腐熟，但有机质和氮素的损失较多	先将厩肥疏松堆积数天，待厩肥内部上升到 60～70℃，然后将厩肥压紧。经 4～5 个月可完全腐熟

4. 正确施用厩肥 利用实训基地或农户地块，分组进行厩肥的施用操作，主要考虑植物、土壤、气候及肥料的腐熟程度等情况。

（1）根据厩肥的腐熟程度，用作基肥和追肥。堆积不到 1 个月的新鲜粪肥，其有机质还没有发生较大变化，其中的养分以迟效态为主，用作基肥最好。作基肥时，用量为22 500～30 000kg/hm²。半腐熟厩肥肥效比较快，已经接近速效性肥料，可以用作一些植物的播前底肥。腐熟的厩肥基本上是速效性肥料，可以用作追肥。

（2）旱地采取撒施、开沟条施或穴施，水田撒施。基肥施用要求土肥相融，以便改良土壤和增加土壤养分。作追肥用时结合中耕培土施用。

（3）与化肥混合施用。为了充分发挥厩肥的增产效果，提倡厩肥与化肥配合或混合施用。

■ 知 识 窗

正确认识禽粪

禽粪是一种精细有机肥，其优势在于养分含量高，而对于培肥地力、改良土壤效果不如有机肥。随着我国集约化养禽业的发展，滥用抗生素的现象较为突出，粪便排放所带来的抗生素污染成了一大问题。据研究，禽粪中残留的抗生素能够抑制土壤中某些有益微生物种群的活性甚至将其杀死，由此带来的植物病害加重和对植物生长发育的影响是很大的。在有些地方，常年施用新鲜鸡粪的效果不好，有时甚至施用腐熟过的鸡粪也出现过不良影响，因此，畜禽粪污中残留抗生素的去除技术研究具有重要意义。

■ 观察与思考

很多人认为种地只要施足化肥就可以获得丰收，不需要施用有机肥料。这种说法对吗？结合当地生产实践，讨论该观点的正确与否以及合理做法。

■ 复习测试题

1. 厩肥中磷、钾的利用率高于化学磷、钾肥。（对/错）
2. 腐熟好的厩肥也不能用作追肥。（对/错）
3. 骡马粪、羊粪是_____肥料，牛粪是_____肥料。
4. 腐熟的厩肥特征为_____。

任务三　积制与科学施用秸秆肥料

■ 任务目标

了解堆肥、沤肥、沼气池肥的特性，学会各种秸秆肥的积制方法，掌握秸秆还田的技能，能够科学施用堆肥、沤肥、沼气池肥等。

■ 任务准备

1. 实训教室　有关秸秆肥的挂图、照片、影像资料。

2. 实训基地　试验基地沼气池设施（或农户型沼气池）；空白地块、粮食作物地块、果蔬花卉作物地块等。

3. 机具　秸秆还田机具。

■ 基础知识

1. 堆肥　堆肥是我国北方较常用的有机肥料。积制堆肥的材料有三大类：

一是不易分解的物质。此类物质也是堆肥原料的主体，如秸秆、落叶、杂草等。

二是促进分解的物质。如人、畜粪尿肥和化学肥料。

三是吸收性能较强的物质。如泥土、泥炭等，以吸收肥料的养分。

（1）成分与性质。堆肥可分为普通堆肥和高温堆肥两种。普通堆肥混土较多，发酵时温度低，腐熟所需时

间较长。高温堆肥以有机原料为主，加入适量的骡马粪和人粪尿，发酵时温度高，有明显的高温阶段，腐熟时间较短，对杀灭病菌及杂草种子有较好效果。

腐熟的堆肥颜色为黑褐色，汁液为棕色，有臭味。有机质含量丰富，C/N 变小，养分种类多，腐解出部分速效态养分，其中钾素较多（表 6-6）。堆肥的性质与厩肥相似，肥效与厩肥相当，有"人工厩肥"之称。

表 6-6 堆肥养分含量

堆肥种类	有机质/%	N/%	P_2O_5/%	K_2O/%	C/N
普通堆肥	15～25	0.40～0.50	0.18～0.26	0.45～0.70	16～20
高温堆肥	24～41	1.05～2.00	0.30～0.82	0.47～2.53	10～11

（2）堆肥的堆制原理。堆肥的腐解过程是一系列微生物活动的复杂过程，包含着堆肥材料的矿质化和腐殖化过程。就高温堆肥而言，按其温度的变化划分为发热、高温、降温和后熟保肥 4 个阶段。

①发热阶段。堆肥由常温升到 50℃ 左右为发热阶段，这时中温性微生物占优势，水溶性及蛋白质类等易分解有机物质开始分解并释放热量。

②高温阶段。当温度高于 60℃ 时为高温阶段，这时堆内的中温性微生物渐被高温性的微生物代替，除进行矿质化过程外，也开始了腐殖化过程。

③降温阶段。堆内温度降至 50℃ 以下为降温阶段，中温性微生物显著增加，这时主要分解纤维素、半纤维素及木质素等难分解有机物质，以腐殖化过程占优势。

④后熟保肥阶段。当堆内大部分有机质被分解后，堆内温度继续下降，仅稍高于气温，进入后熟保肥阶段。

2. 沤肥 沤肥是我国南方水稻产区广泛应用的一种重要肥源，其种类繁多。由于沤制场所、材料、方法上的差异，各地叫法不一。如四川、湖南、湖北、广西称凼肥，江浙一带称草塘泥，江西、安徽称窖肥，北方称坑肥。但它们的共同特点都是利用有机物和粪尿肥与泥土混合在一起，在淹水条件下通过微生物进行嫌氧分解积制，有机物质分解缓慢，腐熟时间长，有机质和氮素损失少，腐殖质积累较多，肥料质量较高。

沤肥是一种富含腐殖质、养分齐全的优质肥料。由于沤制材料的不同，其成分也不一样，变幅较大。据某些样品分析，含有机质含量为 3.2%～12.6%，全氮含量为 0.10%～0.32%，速效氮含量为 50～248mg/kg，速效磷含量为 17～278mg/kg，速效钾含量为 68～865mg/kg。

用于沤肥的塘、凼、坑等不能渗漏，表面保持浅水层，使材料经常处于淹水状态，保证嫌氧发酵条件。加入适量富含氮素的肥料（人畜粪尿、化学氮肥、"粪引子"）和少量石灰等调节 C/N 和酸碱度。适时翻动，促进有机物分解。加强管理，防止养分损失。

3. 沼气肥 沼气肥是指各种有机废弃物与人、畜粪尿在密闭条件下发酵，制取沼气后形成的残渣和发酵液的总称，简称沼气肥。目前大力推广的南方"猪—沼—果"（菜、热作、鱼、花）和北方"四位一体"（节能日光温室—沼气池—畜禽舍—蔬菜生产）工程技术体系是沼气技术和其他农业先进实用技术有机的组合（图 6-3）。

沼气肥包括残渣和发酵液。其养分含量主要受投料种类、比例和加水量的影响，各地差异较大（表 6-7）。但共同点是残渣都是富含腐殖质和氮、磷、钾等多种营养元素的优质有

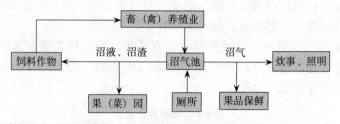

图 6-3　种、养、沼三结合生态模式

机肥料；发酵液则是含有大量速效氮、磷、钾养分的优质肥液；沼气肥由于经过嫌氧发酵，病菌、虫卵和杂草种子大都被杀灭，比一般有机肥清洁卫生。

表 6-7　沼气肥养分含量

项目	全氮/%	碱解氮/（mg/kg）	速效磷/（mg/kg）	速效钾/（mg/kg）	C/N
沼渣	0.50~1.20	430~880	50~300	1 700~3 200	12~20
沼液	0.11~0.09	200~600	20~90	400~1 100	

4. 秸秆直接还田　秸秆直接还田方法途径很多（图 6-4），是当今世界上普遍重视的一项培肥地力的增产措施，在杜绝了秸秆焚烧所造成的大气污染的同时还有增肥增产的效果。秸秆还田主要有以下几个方面的作用。

（1）增加土壤养分。秸秆中含有一定数量的养分，在土壤中腐解后释放出来，使土壤养分增加。其中，释放钾的数量最多，可达植物吸收量的 50%~90%；释放的微量元素约占植物吸收总量的 60%。研究表明，秸秆直接还田时，能增加土壤的固氮作用，能使土壤原有的含氮化合物免于损失。

（2）增加土壤有机质，改善土壤结构。秸秆还田具有可促进土壤微团聚体的形成、降低土壤容重、增加土壤孔隙、提高土壤含水量、升高地温等作用。

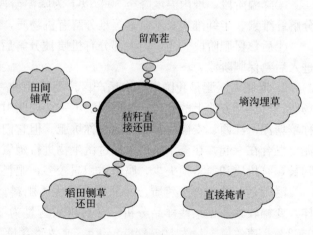

图 6-4　秸秆直接还田的方法

新鲜秸秆在腐殖化过程中，能产生富有活性的团聚剂（如多糖类物质），它们随时可以与土粒结合，促进团粒结构的形成，其效果比等量秸秆堆肥后施用的效果好。此外，秸秆还田后，能提供较稳定的腐殖质，对保持土壤中腐殖质的平衡起着重要的作用，这就为提高土壤肥力创造了良好的条件。据试验，小麦秸秆还田 3 年，土壤总孔隙度增加 0.7%~2.6%，通气孔隙增加 2.4%~6.4%。土壤含水量当季增加 2.77%。

（3）增强土壤微生物的活性。由于获得了大量的能源物质，微生物的数量激增，距秸秆越近的增加越多，尤其是细菌和放线菌明显增多。很多种酶的含量大幅提高，这对养分的释放有良好的作用。

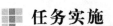

任务实施

1. 查阅资料与讨论 查阅有关秸秆肥料的挂图、图片、文字材料、影像及网站资料，分组讨论秸秆肥料的重要性，了解积制、施用秸秆肥料的意义。

2. 积制堆肥 利用当地的秸秆和粪尿肥资源，每小组积制不少于 $2m^3$ 的堆肥。应主要注意以下几点。

(1) 堆制时，秸秆（杂草）、骡马粪（羊粪）、人粪尿及干细土的比例约为 $3:1:1:3$（图 6-5）。微生物的生命活动是堆肥腐熟的动力，因此，控制和调节好影响微生物活动的环境条件，就能获得优质堆肥。比如，加水量为原料湿重的 $60\%\sim75\%$，接种高温纤维分解菌（骡马粪）利于升温，加入适量人粪尿（化学氮肥、磷肥）能促进腐熟，加入适量草木灰、石灰等物质可以调节 pH。

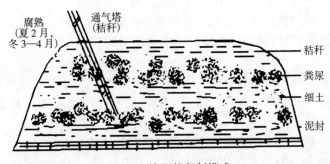

图 6-5 堆肥的积制模式

(2) 堆肥腐熟程度的检验。

①从颜色气味看。腐熟堆肥的秸秆变成褐色或黑褐色，有黑色汁液，具有氨臭味，用铵试剂速测，其铵态氮含量显著增加。

②秸秆硬度。用手握堆肥，湿时柔软而有弹性；干时很脆，易破碎，有机质失去弹性。

③堆肥浸出液。取腐熟堆肥，加清水搅拌后［肥水比例为 $1:(5\sim10)$］放置 $3\sim5min$，其浸出液呈淡黄色。

④堆肥体积。比刚堆时缩小 $1/3\sim1/2$。

3. 积制草塘泥 利用当地的秸秆和粪尿肥资源，集体积制不少于 $2m^3$ 的草塘泥。主要的技术路径为：

(1) 材料以塘泥为主，搭配稻草、绿肥和畜禽粪，也可加入其他有机废弃物沤制。

(2) 在冬、春季节取塘（河）泥，拌入切成 $20\sim30cm$ 长的稻草，堆放田边或河边，风化一段时间。在田边、地角挖坑，坑的大小和深度根据需要而定，挖出的泥可做埂，增大坑的容积，并防止肥液外流或雨水流入，坑底及土埂要夯实防漏。经风化的稻草、塘（河）泥按比例加入绿肥或畜禽粪等材料，于 3—4 月运到坑中沤制。保持浅水层（$4\sim6cm$），使有机物在低温厌氧条件下分解。坑内不应时干时湿，防止生成硝态氮而遭受淋洗或反硝化脱氮。

(3) 材料合理配比。如塘（河）泥 $65\%\sim70\%$、稻草 $2\%\sim3\%$、豆科绿肥 $10\%\sim15\%$、畜禽粪 20% 左右。应加入适量草木灰（约 1%）或石灰类物质调节酸碱度。定期翻动，每半个月翻一次，使上下物料受热一致，分解均匀。经过 $1\sim2$ 个月，当坑内的水层由

浅色变成红棕色并有臭味时，表明沤制的肥料已经腐熟，可以用来施用。

4. 参观沼气池设施　参观调查试验基地沼气池设施（或农户型沼气池），绘制沼气池装置示意图。

5. 农田秸秆还田　在农机员的指导下，分小组利用还田机械将秸秆还田，并进行合理的耕作；利用"我有一分田"活动每个人进行田间铺草操作，熟悉秸秆还田的过程。秸秆直接还田应注意以下技术要点。

（1）施用量。在地薄、化肥不足、离播期又较近时，秸秆的用量不宜太多；而在肥地、化肥较多、距播期较远的情况下，则可加大用量或全田翻压。一般秸秆施用量为3 000～7 500kg/hm^2。

（2）翻埋时间。一般在作物收割后立即耕翻入土，避免水分损失导致不易腐解。在北方寒冷地区，应在秋季耕翻。在南方一年两熟或三熟地区，原则上越早越好，最迟应在插秧前10～15d翻埋。果园可利用冬闲季节在株行间进行铺草或翻埋。

（3）翻埋方法。植物秸秆用圆盘耙切碎后耕翻，而且应全部深埋入土，埋入深度以10～15cm为好。试验表明，秸秆的细碎程度与腐解所需时间关系密切，秸秆越细碎，腐解所需时间越短。

（4）配合施用氮素化肥。秸秆直接还田时，作物与微生物争夺速效养分的矛盾，特别是争氮现象，可以通过补充化肥来解决。氮肥一般可加入75～90kg/hm^{2}尿素或225kg/hm^{2}碳酸氢铵，以降低碳氮比。

（5）水分管理。秸秆直接还田后一定要保持适当的土壤含水量。一般旱地土壤水分以相对含水量的60%～80%为宜。水田应浅水灌溉，干干湿湿，并经常烤田，这样才有利于秸秆的腐烂，同时减少还原条件下产生的有毒物质。

（6）避免有病秸秆直接还田。带有病菌、病虫的秸秆直接还田会造成病虫害蔓延，应把这类秸秆制成堆肥或沼气池肥后施用，或作燃料。

6. 正确施用秸秆类肥料　利用试验基地或农户地块分组进行秸秆类肥料的施用。主要的施用方法如下。

（1）堆肥的施用。堆肥是一种含丰富有机质和养分齐全的有机肥料，长期施用，不但可以供应植物所需的各种养分，而且对培肥土壤有重要作用。堆肥一般作基肥，腐熟好的也可用作追肥，宜配合速效性肥料施用。施用量应根据土壤肥力、植物种类等因素而定，一般施用量为22 500～30 000kg/hm^2。

（2）沤肥一般作基肥施用，多用于稻田。一般用量为22 500～60 000kg/hm^2，施用后应立即翻耕上水，避免风吹日晒，防止养分损失。

（3）沼气池肥的施用。沼气肥的残渣和沼液性质不同，一般分开施用。沼渣一般用作基肥施用，用量为37 500～75 000kg/hm^2，施用时要注意深施覆土，及时耕翻或结合灌水，防止养分损失；沼液一般作追肥施用，追肥时用量为22 500～30 000kg/hm^2，最好采用沟施、穴施，施后盖土，避免养分损失。

■ 知 识 窗

有机废弃物与农业环境

植物秸秆、菜根、菜叶、畜禽粪便、垫草、剩余饲料、酿造业及食品工业废弃物等，这些有机废弃物随意堆置，占用了大量农田，腐败分解出氨气、二氧化碳、硫化氢等有害气体，还是病原微生物和蚊蝇滋生的场所，成为农村重要的污染源，对生态环境的污染日趋严重。

有机废弃物无害化处理，现利用生物方法较多，主要是接菌后进行堆腐和沤制，如EM堆腐法、发酵催熟堆腐法、工厂化无害化处理等。我国推广应用有机肥料，将有机污染物变废为宝，对促进农业与资源、农业与环境以及人与自然和谐友好发展，从源头上促进农产品安全、清洁生产，保护生态环境，都有重要意义。

■ 观察与思考

1. 利用有机废弃物堆肥时，往往接种某些微生物菌剂，如复合菌剂（光合细菌、放线菌、乳酸菌、酵母菌等），有什么作用？说说理由。
2. 某农户将玉米秸秆直接还田后，下茬小麦出现了缺苗断垄及黄化现象，这是怎么回事？

■ 复习测试题

1. 由于是厌氧条件，所以沤肥相比堆肥，腐殖质积累较多。（对/错）
2. 由于是厌氧发酵，所以沼气池液不能施用于农田。（对/错）
3. 带病的植物秸秆可以少量直接还田。（对/错）
4. 秸秆类肥料由于含有一些泥土，没必要深施覆土。（对/错）
5. 简述畜禽粪在积制秸秆类肥料时所起的作用。
6. 简述秸秆直接还田的技术要点。

任务四　广开有机肥源

■ 任务目标

了解饼肥、腐殖酸肥、商品有机肥、绿肥等的特性，学会一些土杂肥的积制方法，能够栽培绿肥植物，掌握饼肥、腐殖酸肥、商品有机肥、绿肥等的施用技术。

■ 任务准备

1. 实训教室　有关土杂肥的挂图、照片、影像资料，土杂肥标本、袋装（或桶装）商品有机肥。

2. 实训基地　模拟农资店（或附近的农资经营网点）；空白地块、粮食作物地块、果蔬花卉作物地块等。

■ 基础知识

1. 饼肥　含油种子经压榨或浸提去油后的残渣，用作肥料时，统称为饼肥。饼肥是我国传统的农家肥料，也是被普遍认可的有机肥料，主要有大豆饼、菜籽饼、胡麻饼、棉籽饼、花生饼、茶籽饼、蓖麻饼、桐籽饼等。

（1）成分和性质。饼肥的成分因植物的种类和榨油方法不同而有所不同，有机质含量为75％～85％。养分以氮为主，并含丰富的磷、钾及各种微量元素（表6-8）。

表6-8　主要饼肥氮、磷、钾的平均含量

单位：%

油饼种类	氮（N）	磷（P_2O_5）	钾（K_2O）	油饼种类	氮（N）	磷（P_2O_5）	钾（K_2O）
大豆饼	7.00	1.32	2.13	蓖麻饼	5.00	2.00	1.90
芝麻饼	5.80	3.00	1.30	柏籽饼	5.16	1.89	1.19
花生饼	6.32	1.17	1.34	茶籽饼	1.11	0.37	1.23
棉籽饼	3.41	3.41	1.63	桐籽饼	3.60	1.30	1.30
菜籽饼	4.60	2.48	1.40	胡麻饼	5.79	2.81	1.27

饼肥中的氮主要以蛋白质的形态存在，磷以复杂的有机物如植素、卵磷脂的形态存在，而钾大部分是水溶性的，用热水浸提可以溶出96％以上的钾。

饼肥因含较多的氮素，C/N较小，一般易于矿质化。但是饼肥常含有一定的油脂，而且组织致密呈块状，吸水较慢，影响吸水速度，所以饼肥是一种迟效性有机肥，必须经过微生物的发酵分解后，才能发挥肥效。

（2）施用技术。饼肥属于精细有机肥，适于各种土壤和各种植物。我国农民很早就有用饼肥的习惯。认为饼肥可以提高烤烟的质量，增加西瓜的含糖量，改善蔬菜的口味，效果优于复混肥。饼肥施用后对改良土壤的效果往往不如厩肥等有机肥。

饼肥作基肥时，可直接粉碎后施用，或与堆肥、厩肥混合后施用。直接施用时一般在播种前15～20d施入，将细碎的饼肥撒于地面，然后翻入土中，让其在土壤中有充分的腐熟时间。饼肥作追肥时，要经过发酵腐熟后才能施用。用饼肥作为追肥，肥效平稳而持久，效果好于化肥，且有后效。发酵方法：与堆肥、厩肥和人畜粪尿混合堆沤15～20d即可施用；或将油饼粉碎后，用水浸泡约30d，即可作为追肥用。饼肥的用量一般为750～1 500kg/hm²。饼肥是热性肥，在发酵分解的过程中产生高温，也会生成各种有机酸，对种子发芽和幼苗生长均有不利影响，故不宜作为种肥。

2. 腐殖酸类肥料　腐殖酸类肥料是一类以大量腐殖酸类物质（泥炭、褐煤、风化煤等）为主，加入一定量的氮、磷、钾和某些微量元素的新型多功能有机-无机复混肥料，简称腐肥。目前常见的腐殖酸类肥料有腐殖酸铵、硝基腐殖酸铵、腐殖酸钠、腐殖酸钾、腐殖酸微量元素肥料等。腐殖酸类肥料中含有有机质和速效养分，同时兼有有机肥和化肥的特点。

（1）肥料特点。腐殖酸类肥料可以改善土壤的理化和生物学性质，全面提高土壤肥力，尤其是对于低产地、瘠薄地、盐碱地等不良土壤有显著的改良作用。腐殖酸类肥料可以促进团粒结构的形成、改善孔隙状况、提高土壤的阳离子吸收性能、增加土壤的缓冲性、增加土壤有益微生物的活动。

腐殖酸类肥料可以提供速效和迟效的氮、磷、钾养分，还能保氮、解磷、活化钾和微量元素，为作物增产提供更多的养分来源；消除施氮肥过多或施用方法不当而产生的不良影响；加强植物体内多种酶的活性，刺激植物的生长发育。

（2）施用技术。腐殖酸类肥料适合各种土壤，尤其是有机质含量低的瘠薄土壤，适用于各种植物。

腐殖酸类肥料作基肥，一般要求集中施和深施，避免分散施和表层施，可与各种有机肥相配合，一般用量为750～1 500 kg/hm²。有时为了改良盐碱地等低产地也可全面撒施。腐殖酸类肥料作为追肥宜早施，并配合速效化肥和浇水，也可以配成一定浓度的溶液进行浇灌。作种肥时避免和种子直接接触，以免影响发芽和根系生长。也可用于蘸根或喷施，浓度要根据具体肥料种类而定，一般为0.01％～0.05％。

3. 绿肥 绿肥是用作肥料的绿色植物体。绿肥含有氮、磷、钾等多种植物养分和丰富的有机质，是一种养分完全的生物肥源（表6-9）。我国是利用绿肥最早、栽培面积最广的国家。近年来我国绿肥种植面积大幅度减少，宣传和推广绿肥产业意义重大。

在栽培方式上要在不影响主要植物种植面积的基础上，充分利用空闲，见缝插针，大力发展绿肥生产。绿肥植物的种植方式有单种、间种、套种、插种及混种等，并且种植绿肥的生产效益较高。

表6-9 常见绿肥植物营养成分表

单位：%

绿肥	水分	粗蛋白	粗脂肪	粗纤维	粗灰分	钙	磷
鲜紫云英	88.6	2.89	0.75	1.34	1.15	0.127	0.049
鲜光叶紫花苕子	86.94	3.49	0.87	2.58	1.61		
鲜黄花苜蓿	86.10	3.07	1.03	2.73	1.23	0.130	0.045
鲜箭筈豌豆茎叶		11.71	0.82	3.63	7.59		
鲜草木樨（花前）	79.20	4.10	0.70	4.90	1.90	0.340	0.100
鲜紫花苜蓿	74.70	4.50	1.00	7.00	2.40		

（1）增加土壤氮素和有机物质。绿肥植物鲜草含有机物质12％～15％，含氮0.6％～1.3％，以绿肥形式进入土壤的氮素是有机态的，供应平稳均衡。如与化肥配合，比单施氮素化肥能获得更高而稳定的产量。

（2）富集与转化养分。绿肥植物根系发达，吸收利用土壤中难溶性矿质养分的能力很强，可以将土壤耕层甚至深层中不易为其他植物吸收利用的养分富集起来。

（3）改善土壤理化性状，加速土壤熟化，改良低产土壤。绿肥能提供大量的新鲜有机物质，根系有较强的穿透能力与团聚作用。因此，施用绿肥能促进土壤水稳性团粒结构的形成，提高土壤的保水、透水性，土壤耕性变好，利于土壤熟化和低产土壤的改良。

（4）减少水土流失和固沙护坡。绿肥植物株丛密集，茎叶茂盛，根系发达，能较好覆盖裸露地面，避免雨水直接冲击地表，起到减少径流和防止水土流失的作用。

苕子种三年
坏田变好田

农谚

（5）农牧结合，促进农业的可持续发展。绿肥植物兼作饲料用，富含蛋白质、脂肪、矿物质、维生素、淀粉等营养成分，是牲畜的优良饲料。部分绿肥植物，如紫云英、苕子、草木樨、紫花苜蓿等，它们的花期长，花粉品质好，是优质的蜜源植物。因此，种植绿肥既发展了农业，又促进了养殖业的发展。

4. 商品有机肥 商品有机肥是以畜禽粪便、动植物残体等富含有机质的资源为主要原料，采用工厂化方式生产的有机肥料，也称为精制有机肥。其工艺流程比较简单，将有机物料堆制腐熟后，配合其他物质（化肥、填料等）经过混合或造粒即可。优质的商品有机肥在发酵环节往往接种适宜的有益微生物种群。

（1）作基肥施用。这是最主要的施用方法。根据土壤肥力不同推荐量应有所不同，高肥力新菜田可施用精制有机肥 4 500～7 500kg/hm²；中肥力新菜田可施用 15 000kg/hm²；低肥力新菜田要强化培肥力度，应适当增加用量。配合施用少量的氮磷钾复混肥或磷钾肥，作基肥施入效果会更佳。大田、绿地、林地等，用量较大时撒施耕翻；菜地采用条施、沟施、穴施或撒施；果树多采用沟施或穴施。

（2）作追肥施用。生产绿色无公害产品或有机产品时，限施或不施化肥，而施用有机肥作追肥时，最好用腐熟彻底、细碎性的精制有机肥，条施或穴施即可。

（3）作育苗肥用。在播种前几天，配制育苗基质时，将育苗用有机肥与 10%～20% 的蛭石或肥沃菜园土充分混合均匀。

（4）作营养土用。在温室、塑料大棚等保护地栽培蔬菜、花卉或其他特种植物时，可作为原料，配制栽培基质，用于无土栽培。

▌▌ 任务实施

1. 查阅资料与讨论 查阅有关饼肥、腐殖酸肥、绿肥、商品有机肥的挂图、图片、文字材料、影像及网站资料，分组讨论饼肥、腐殖酸肥、绿肥、商品有机肥的重要性，了解施用饼肥、腐殖酸肥、绿肥、商品有机肥的意义。

2. 观察饼肥、腐殖酸肥等标本 每小组配备较为完备的土杂肥标本，观察记载其颜色、形状、水溶性、气味、灼烧情况等，能够初步辨别不同的土杂肥。

3. 模拟销售有机肥料商品 分组模拟销售有机肥料或开展"我当一天农资营销员"活动。有机肥料的标识以及质量标准见表 6-10。

表 6-10　商品有机肥料的技术指标（NY 525—2012）

项　目	指　标
有机质（以干基计）/%	≥45
总养分（N+P₂O₅+K₂O）（以干基计）/%	≥5.0
水分（鲜样）/%	≤30
酸碱度（pH）	5.5～8.5
外观	颜色为褐色或灰褐色，粒状或粉状，均匀，无恶臭，无机械杂质

4. 配制营养土 分组练习配制营养土。营养土是为了满足幼苗生长发育而专门配制的含有多种矿质营养、疏松通气、保水保肥能力强、无病虫害的床土。例如，某营养土配方为草炭 0.75m³、蛭石 0.13m³、珍珠岩 0.12m³、石灰石 0.12m³、过磷酸钙 1kg、复混肥 1.5kg、腐熟的精制有机肥 10kg。不同种类的植物，可根据植物的生长季节和需肥规律调整营养土栽培配方。

5. 种植绿肥植物 根据各地的栽培条件，团结协作，在"我有一分田"试验地里种植不同的绿肥品种，栽培技术要点见表 6-11。

表 6-11 常见绿肥植物的栽培技术要点

绿肥种类	生物学特性	栽培技术要点
紫云英（红花草）	一年生或越年生半匍匐性草本豆科作物。南方稻田主要冬季绿肥，也是我国栽培面积最广的肥、饲、食兼用的绿肥植物	①选用优良种子，抓好晒种、擦种去蜡、盐水选种、浸种追芽、接种根瘤菌、磷肥拌种 ②9月中旬到10月中下旬播种，播种量22.5～37.5kg/hm² ③开沟排水，保持土壤湿润 ④加强管理，及时防治病虫害
苕子（兰花草）	一年生或越年生叶卷须攀缘性豆科草本植物，耐寒、耐旱、耐瘠薄、耐盐碱、耐酸的能力比紫云英强，适合种在荒坡、荒地上，在我国各地均有种植	①苕子目前多跟水稻套种，或在旱地与果、桑间种 ②苕子的栽培技术与紫云英相似，播种量45～60kg/hm²；播种期比紫云英早10～15d
田菁（咸青）	一年生单干直立豆科草本植物。喜温好湿，耐盐、耐涝、耐瘠、抗旱、抗病虫，主要作为夏季绿肥	①破种皮或60℃热水浸泡除去硬子 ②适期早播，根据茬口选择适宜的品种 ③田菁出苗后要加强管理，避免草荒 ④适施磷肥，以磷增氮
草木樨	一年生或两年生单干直立草本植物。耐盐、耐瘠、耐寒性、耐旱力强。在我国南北方都能种，以北方种植为主	①适期早播，播种前做好种子处理，提高整地质量 ②增施磷肥 ③草木樨前期生长缓慢，出苗后及时除去杂草，防止草荒
肥田萝卜（满园花、萝卜青）	十字花科萝卜属越年生草本植物。喜温暖湿润气候，有较强的耐旱、耐瘠、耐酸能力，是我国红黄壤地区农田、荒山、荒坡广泛种植的肥饲两用冬季绿肥	①平整土地，土层疏松 ②适期播种，江南地区10月下旬到11月中旬为播种适期 ③条播或穴播，用磷肥、草木灰和有机肥作种肥或基肥，苗期或薹期追施适量氮肥 ④注意除草松土、排水防涝和防病虫害
沙打旺（直立黄芪、麻豆秧）	豆科多年生草本植物。东北、西北、华北地区等种植利用，可与粮食作物轮作或在林果行间及坡地上种植，是一种绿肥、饲草和水土保持兼用型草种	①从早春到初冬均可播种，春天宜顶凌播种，沙害严重地区宜在风沙过后播种。将种子播到湿土层，覆土8～10cm ②适宜补充钙、磷、钼、硼等养分 ③花期较长，荚果成熟不一，应注意分期及时采荚收种

（1）在鲜草产量较高和养分总含量较高时翻压较好。过早产量低，过迟植株老化难以分解，稻田翻压时间一般在水稻移栽前15～20d进行。一般在花期前后翻压。

（2）绿肥翻压深度一般为10～20cm。翻压后及时灌水，做到植株不外露，土壤细碎沉实。

（3）绿肥施用数量应控制在15 000～22 500kg/hm²。因为绿肥在腐解过程中会产生硫化氢等有毒物质，若翻压数量过多，有可能影响后茬作物的正常生长。此外，翻压时可配合施用磷肥，有利于氮、磷养分的平衡供应。

▦ 知 识 窗

认识绿肥植物

1. 绿肥植物分类

（1）按栽培季节分类。分为冬季、夏季、春季、秋季和多年生绿肥植物。

（2）按生长环境分类。可分为旱地和水生绿肥植物。

（3）按植物学特性分类。可分为豆科、禾本科、十字花科绿肥植物等。

（4）按用途分类。可分为绿肥植物和兼用绿肥植物（覆盖绿肥植物、防风固沙绿肥植物、净化环境绿肥植物以及肥、饲兼用和肥、粮兼用绿肥植物等）。

我国主要绿肥植物种类有合萌、紫穗槐、沙打旺、紫云英、毛蔓豆、羽扇豆、小冠花、柽麻、大叶猪屎豆、山蚂蝗、胡枝子、金花菜、紫花苜蓿、草木樨、红豆草、豌豆、饭豆、四棱豆、葛藤、田菁、三叶草、香豆子、苕子、蚕豆、箭筈豌豆、油菜、黑麦草、肿柄菊、芝麻、满江红、空心莲子草、凤眼莲、水浮莲等。随着资源调查的深入，今后绿肥植物的种类还将日益增多。

2. 绿肥的利用原则　一年生或越年生绿肥通常直接翻埋或刈割作其他用途，多年生绿肥则以刈割利用为主，也可用作裸露地植被，作为保持水土、修复荒坡荒地的生物措施；必须农、牧、渔业相结合，水土保护与土地利用相结合，用地与养地相结合，短期效益与长期效益相结合。

■ 观察与思考

有人认为：施用饼肥应考虑综合利用以提高经济效益，最好采用过腹还田的方式，先作饲料发展畜牧业，再用作肥料。这种观点对吗？说说自己的观点。

■ 复习测试题

1. 施用饼肥并不能显著提高瓜果、蔬菜的品质。（对/错）
2. 过腹还田是利用饼肥、绿肥的良好途径。（对/错）
3. 腐殖酸类肥料对于低产地、瘠薄地、盐碱地等不良土壤有显著的改良作用。（对/错）
4. 《有机肥料》（NY/T 525—2021）技术指标规定，有机质≥＿＿＿＿＿＿％。
5. 固体（颗粒或粉末）商品有机肥料施用，不能＿＿＿＿＿＿。
6. 当地代表性的绿肥植物有＿＿＿＿＿＿、＿＿＿＿＿＿、＿＿＿＿＿＿、＿＿＿＿＿＿、＿＿＿＿＿＿等。

任务五　科学施用微生物肥料

■ 任务目标

了解微生物肥料的含义和发展微生物肥料的意义，能够识别微生物肥料产品，掌握施用微生物肥料的技术。

■ 任务准备

1. 实训教室　有关微生物肥料的挂图、照片、影像资料，微生物肥料标本。

2. 实训基地　模拟农资店（或附近的农资经营网点）；空白地块、粮食作物地块、果蔬花卉作物地块等。

■ 基础知识

1. 微生物肥料的含义　狭义的微生物肥料是指通过微生物生命活动，或能固定空气中的氮素，或能活化土壤中的养分，改善植物的营养环境，或在微生物的生命活动过程中产生活性物质，刺激植物生长的特定微生物制品，也称为菌肥或微生物接种剂。微生物肥料本身含营养元素少，不能代替化肥和有机肥。

广义的微生物肥料泛指利用生物技术制造的、对植物具有特定肥效（或有肥效又有刺激作用）的生物制剂。它既含有植物所需的营养元素，又含有微生物的制品，是生物、有机、无机的结合体。它可以代替化肥，提供植物生长发育所需的各类营养元素。

玉米带大豆 十年九不漏

农谚

微生物肥料是活体肥料，它的作用主要靠它含有的大量有益微生物的生命活动来完成。只有当这些有益微生物处于旺盛的繁殖和新陈代谢的情况下，物质转化和有益代谢产物才能不断形成。微生物肥料的肥效与活菌数量、强度及周围环境条件密切相关，包括温度、水分、酸碱度、营养条件及土著微生物的排斥作用，因此在应用时要加以注意。

2. 微生物肥料的类型

（1）传统微生物肥料类型。

①固氮菌类。能将惰性氮气转化为植物可以吸收利用的离子态氮。根瘤菌肥料、固氮菌肥、固氮蓝细菌等属于这一类。

②降解有机质类。分解土壤中的有机质，释放营养元素供植物吸收的微生物制品。

③分解矿物类。分解土壤中矿物质，并把它们转化为易溶的矿质化合物从而帮助植物吸收各种矿质元素的微生物制品。主要是硅酸盐细菌和磷细菌肥料。

④抗生菌类。对某些植物的病原菌有颉颃作用，能防治植物病害，从而促进植物生长发育的微生物制品。

⑤菌根菌类。菌根菌是特定真菌与特定植物的根系形成的相互作用的共生联合体。在植物的幼苗时期，真菌侵入幼苗的表皮层中，由植物供给真菌生长发育所必需的养料，而真菌繁衍出来的菌丝又为植物输送它从植物根系以外吸收的水分和养分，真菌发挥的是自己外延范围大的优势，植物则起到了调节和贮存的作用，从而促进了双方的生长。

（2）现代复合菌种微生物肥料。指特定微生物与营养物质复合而成，能提供、保持或改善植物营养，提高农产品产量或改善农产品品质的活体微生物制品。

此类菌肥种类繁多，大致有微生物-微量元素复合生物肥料、联合固氮菌复合生物肥料、固氮菌-根瘤菌-磷细菌-钾细菌复合生物肥料、有机-无机-生物复合肥料、多菌株-多营养复合生物肥料等。

3. 微生物肥料的作用 从现代农业生产中倡导的绿色农业、生态农业、有机农业的发展趋势看，不污染环境的无公害微生物肥料必将在未来农业生产中发挥重要作用。

（1）有效提高土壤肥力，改善供肥环境。微生物肥料中的活化菌所溢出的孢外多糖是土壤团粒结构的黏合剂，能够疏松土壤，增强土壤团粒结构，提高保水保肥能力。

（2）活化土壤，提高化肥肥效。微生物肥料能协助释放土壤中潜在的养分，对土壤中氮的转化率达到 $5.0\% \sim 13.6\%$，对土壤中磷、钾的转化率可达到 $7.0\% \sim 15.7\%$ 和 $8.0\% \sim 16.6\%$。采用微生物肥料与化肥配合施用，能够提高化肥的利用率。

（3）促进植物早熟，提高产品品质，降低有害积累。微生物的生命活动可促进植物中硝酸盐的转化，减少农产品硝酸盐的积累。据研究，与施用化学肥料相比，可使产品中硝酸盐含量降低 20%～30%，维生素 C 含量提高 30%～40%，可溶性糖含量也有所提高。产品口味好、保鲜时间长、耐贮存。

（4）抑制土传病害。微生物肥料能促进植物根际有益微生物的增殖，改善植物根际生态环境。有益微生物和抗病因子的增加，还可明显地降低土传病害的侵染，降低重茬植物的病情指数，连年施用可大大缓解连作障碍。

（5）保护环境。利用微生物的特定功能分解发酵城市生活垃圾及农牧业废弃物。目前已应用的主要是两种方法：①将大量的城市生活垃圾作为原料经处理由工厂直接加工成微生物有机复混肥料；②工厂生产特制微生物肥料（菌种剂）供应于堆肥场，再对各种农牧业物料进行堆制，以加快其发酵过程，缩短堆肥的周期，同时还提高堆肥质量及成熟度。

另外，还有将微生物肥料作为土壤净化剂使用的。

4. 微生物肥料的施用方法　微生物肥料是靠微生物的活动发挥增产作用的，其有效性取决于优良菌种、优质菌剂和有效的施用方法。因此，微生物肥料合理施用的原则是：①要保证菌肥有足够数量的有效微生物；②要创造适合有益微生物生长的环境条件。

作为菌剂的微生物肥料可用于拌种、浸种、蘸根。微生物菌剂与其他物质结合的微生物制剂，如有机-无机-生物复合肥料，可以作基肥、追肥，沟施或穴施。

任务实施

1. 查阅资料与讨论　查阅有关微生物肥料的挂图、图片、文字材料、影像及网站资料，分组讨论微生物肥料的重要性，了解生产、施用微生物肥料的意义。

2. 观察微生物肥料标本　每小组配备较为完备的微生物肥料标本，观察并记载其颜色、形状、水溶性、气味、灼烧情况等，能够初步认识不同的微生物肥料。

3. 模拟销售微生物肥料商品　分组模拟销售微生物肥料或开展"我当一天农资营销员"活动。复合微生物肥料的技术指标要求见表 6-12。

表 6-12　复合微生物肥料产品技术指标要求（NY/T 798—2015）

项　目	剂型	
	液体	固体
有效活菌数（CFU）[a]/［亿/g（mL）］	≥0.50	≥0.20
总养分（N+P_2O_5+K_2O)[b]/%	6.0～20.0	8.0～25.0
有机质（以烘干基计）/%		≥20.0
杂菌率/%	≤15.0	≤30.0
水分/%		≤30.0
pH	5.5～8.5	5.5～8.5
有效期[c]/月	≥3	≥6

注：a. 含两种以上微生物的复合微生物肥料，每一种有效菌的数量应≥0.01 亿/g（或 mL）。

　　b. 总养分应为规定范围内的某一确定值，其测定值与标明值正负偏离差的绝对值应≤2.0%；各单一养分值应≥总养分含量的 15.0%。

　　c. 此项仅在监督部门或仲裁双方认为有必要时才检测。

4. 微生物肥料的有效施用　利用试验基地或农户地块，分组进行微生物肥料的施用操作。

（1）了解生物肥料的生产日期、用量、用法等有关资料，在有效期内施用。贮存时要保存在低温、避光、通风、干燥的地方。

（2）了解微生物的作用、适用植物及施用技术，如根瘤菌用于豆科作物共生固氮，豆科作物不同品种又有不同的根瘤菌肥。

（3）提倡"早、近、匀"的施用技术，即施用时间要早，一般作基肥、种肥与苗肥施用，施入地点离植物根系要近，种子与菌肥要拌匀。

（4）提倡与有机肥混施，可以提高施用效果。

（5）避免阳光长时间直射，施后及时覆土，减少微生物死亡。

（6）不宜与化肥、杀菌剂等农药混用，以免影响肥效。

■ 知　识　窗

生物有机肥

生物有机肥是有机固体废弃物经微生物发酵、除臭和完全腐熟后制作而成的有机肥料（含有氮、磷、钾及中微量元素、生物菌体蛋白、有机质、活性炭、活性钙、腐殖酸等）。发挥了生物菌"解"的作用，本身又供应了各种营养，是微生物菌肥应用上的一大进步。生物有机肥的有效活菌数≥0.2亿/g，有机质含量≥40.0%。

■ 观察与思考

有人认为生物肥料好处很多，可以代替所有的化肥及有机肥料，这种说法科学吗？

■ 复习测试题

1. 生物有机肥料在大棚蔬菜上施用效果很好，不能用在大田作物上。（对/错）

2. 真的生物肥料长菌丝，假的生物肥料不长菌丝或菌丝极少。（对/错）

3. 生物肥料不能与化肥混合施用。（对/错）

4. 生物有机肥与厩肥、堆沤肥等有机肥料混合堆沤施用效果更好。（对/错）

5. 生物肥料不具有_____的特点。

07 | 项目七
测土配方施肥

 **项目目标**

【知识目标】了解测土配方施肥技术的含义，掌握测土配方施肥的基本方法，理解田间试验的设计与布置，学会测土配方施肥技术在生产实践中的应用实施。

【能力目标】能够初步认知测土配方施肥技术的先进性，结合当地的种植制度选定适宜的测土配方施肥方法，并制订具体的技术路线和施肥制度；能够熟练安排和布置相应的田间试验；逐步养成在生产一线调查研究的习惯，找出问题并有能力解决问题。

【素养目标】树立服务意识，锻造良好的职业素养。

 **案例开篇**

测土配方精准施肥 庄稼吃上绿色"营养餐"

丁旦是一个新农人，留学"海归"后选择回到家乡种粮。他今年刚 29 岁，在普通人眼里，一个农村娃，好不容易挣脱了土地，还远赴英国名牌大学留学，又回到农村"玩泥丸"，似乎不太值当。妈妈反对，舅舅斥责，都没拗过丁旦"回家种田"的执着。

被丁旦"鼓动"一起回乡的，还有南京农业大学种子科学与工程专业毕业的初中同学高亮、江西机电职业技术学院建设环境与设备工程专业毕业的表哥肖文、年轻的同乡胡鹏……他们建立荷悦优质稻专业合作社，组建农机团队，定下目标：要让现代农业插上科技的翅膀。

丁旦向农业大学专家请教，向种粮大户学习，向种田能手咨询；开始注重科学种粮、绿色种粮，对土壤进行取样检测，测土配方，制订肥料配比，减少农药用量，安装杀虫灯，使用引诱剂，对病虫害提前预防，像照顾孩子一样精心照顾稻子……

2019 年，石脑镇文家村一块 300 多亩的地里，亩产终于达到了550kg。验谷员看到金灿灿的稻子，简直不敢相信，这是几个 90 后大学生种出来的。他赞叹说："这是我今年验到的最漂亮的稻子！"

任务一 测土配方施肥概述

任务目标

了解测土配方施肥技术的含义，了解县级测土配方施肥技术体系建设，理解测土配方施肥的重大作用。

任务准备

1. 实训教室 有关测土配方施肥的宣传材料、影像资料等。
2. 实训准备 野外调查工作常用的物资及设备。

基础知识

现代化农业生产的目的是获得产量高、品质优的植物产品，增加种植者经济收益，培肥土壤和改善环境，维持农业的可持续发展。测土配方施肥就是一项重要的措施，是施肥技术上的重大突破，解决了从定性施肥到定量施肥的难题，是现代农业发展必然的产物。随着现代农业科技成果的不断应用，我们已经走出了单凭经验施肥的老路子，借助先进的化验分析仪器和测试手段，能够摸清土壤养分状况，再加上我国肥料产业的飞速发展，各种营养元素的配合施用已全面应用。生产实践证明，测土配方施肥带来了较大的经济效益、社会效益和环境效益。

1. 测土配方施肥的含义及内容

（1）测土配方施肥的含义。测土配方施肥就是以肥料田间试验和土壤测试为基础，根据作物需肥规律、土壤供肥性能和肥料效应，在合理施用有机肥的基础上，提出氮、磷、钾及中、微量元素等肥料的施用品种、数量、施肥时期和施用方法。

测土配方施肥是一个完整的技术体系，在国际上通称为平衡施肥技术。通俗地讲，就是在农业科技人员指导下科学施用配方肥。测土配方施肥的特征就是产前定肥，核心是调节和解决植物需肥与土壤供肥之间的矛盾。生产者在种植前就已经知道应向土壤中施用什么肥料、用量是多少以及如何施用等问题。如果等到作物收获的时候生产者才了解什么肥料多了、少了或用法不当，是没有什么意义的。

测土配方施肥全面考虑了作物、土壤和肥料三者之间的关系（图 7-1）。作物所需要的养分主要来自土壤和施肥，作物的需要一般都是相对的，关键是了解和掌握土壤的供肥能力，施用肥料起的是调节作用，是补充养分的过程。这种调节的程度决定肥料的施用量。

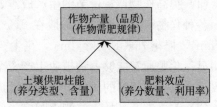

图 7-1 作物、土壤、肥料三者关系

（2）测土配方施肥的内容。测土配方施肥技术包括测土、配方、配肥、供应、施肥指导

5 个核心环节（图 7-2），应围绕这 5 个核心环节完成测土配方施肥工作。

图 7-2　测土配方施肥工作流程

测土配方施肥技术有 9 项重点内容。

①田间试验。田间试验是获得各种作物最佳施肥量、施肥时期、施肥方法的根本途径，也是筛选、验证土壤养分测试技术、建立施肥指标体系的基本环节。

②土壤测试。土壤测试是制订肥料配方的重要依据之一，通过开展土壤氮、磷、钾及中、微量元素养分测试，了解土壤供肥能力状况。

③配方设计。肥料配方设计是测土配方施肥工作的核心，针对不同作物制订不同的施肥配方。

④校正试验。在每个施肥单元设置配方施肥、农户习惯施肥、空白施肥 3 个处理，以验证并完善肥料配方。

⑤配方加工。对配方肥进行市场化运作、工厂化加工、网络化经营，解决我国农村农民科技知识相对缺乏、土地经营规模小、技物分离的现状。

⑥示范推广。建立测土配方施肥示范区，让广大农民亲眼看到实际效果。

⑦宣传培训。加强对各级技术人员、肥料生产企业、肥料经销商的系统培训，提高农民科学施肥意识。

⑧效果评价。检验测土配方施肥的实际效果，及时获得农民的反馈信息，不断完善管理体系、技术体系和服务体系。

⑨技术创新。重点开展田间试验方法、土壤养分测试技术、肥料配制方法、数据处理方法等方面的创新研究工作，不断提升测土配方施肥技术水平。

2. 测土配方施肥的理论依据　随着科学技术的快速发展，植物营养领域内的科学研究正逐步深入，诸如植物的矿质营养学说、养分归还学说、最小养分律、报酬递减律、必需营养元素同等重要和不可代替律、因子综合作用律、植物营养临界期和最大效率期以及有机肥料和化学肥料配合施用原则等，揭示了植物营养与合理施肥的规律性。这些学说和定律正确地反映了施肥实践中客观存在的事实，测土配方施肥技术就是综合应用了科学研究的成果，汲取了种植者生产中的成功经验，它的应用标志着我国施肥技术水平发展到了一个新的阶段。

3. 测土配方施肥的作用　测土配方施肥在我国全面推广以来，取得了多方面的效益，促进了作物增产、农民增收，推动了肥料施用结构的优化、肥料生产营销体系的创新，同时也促进了广大农民传统施肥观念的转变。

（1）提高作物产量，节约生产成本，增加经济效益。据试验示范统计，实行测土配方施肥，各种作物产量增产幅度一般在 8%～15%，高的达 20%以上，平均增产粮食375～750 kg/hm²，棉花 75～150 kg/hm²，花生、油菜籽 225～450 kg/hm²，瓜果蔬菜等增产效果更为明显。化肥通常能够占种植业生产资金投入量的一半以上，测土配方施肥能有效地控制化肥投入量及各种肥料的比例，达到降低成本、增产增收的目的。

（2）改善农产品品质。测土配方施肥能协调作物生殖生长和营养生长的平衡，促进农产品营养品质的形成，增强抗病、抗逆能力，减轻植物病害，减少农药的使用，从而提升和改善农产品质量。

（3）提高化肥利用率。目前我国化肥利用率平均仅为 30%，氮肥为 20%～45%，磷肥为 10%～25%，钾肥为 25%～45%，施肥量和施肥比例不合理是主要因素。优化肥料施用结构，通过增施有机肥，减少不合理的化肥施用，可提高肥料利用率 3%～5%。

（4）缓解化肥供求矛盾，减轻资源与能源的压力。近几年，能源价格高涨，用于生产肥料的矿产资源日趋匮乏，测土配方施肥是我国农业可持续发展的必走之路。

（5）提高耕地质量，保护农业生态环境。由于改变了过量施肥和施肥比例不合理的状况，养分的流失减少。植物秸秆、畜禽粪便等资源的合理利用，减轻了化学物质和有机废弃物对水体和农田的污染。

■ 任务实施

1. 查阅资料与讨论　查阅有关宣传测土配方施肥工作的挂图、图片、文字材料、影像及网站资料，分组讨论测土配方施肥在现代农业生产中的意义。

2. 调查活动　感受县级测土配方施肥技术体系建设，熟悉工作流程。主要技术路径：

（1）集体到县级测土配方施肥中心参观学习。

（2）如果不能安排参观考察，可以观看有关测土配方施肥技术体系建设的影像资料。

■ 知 识 窗

测土配方施肥技术的发展

19 世纪 50 年代至 20 世纪 20 年代初期，测土方法研究一直处于艰苦的探索阶段，而土壤养分的化验分析是测土配方施肥的基础和前提，直到 20 世纪 30 年代，土壤测试方法才有了较快发展，Bray、Heste、Spurway 等科学家做出了突出贡献。20 世纪 40 年代，土壤测试作为确定施肥的依据已经被发达的欧美国家所普遍接受。美国在 20 世纪 60 年代就已经建立了比较完善的测土施肥体系。目前，美国配方施肥技术覆盖面积达到 80% 以上，40% 的玉米采用土壤或植株测试推荐施肥技术，精准施肥在美国早已从实验研究阶段走向了普及应用。英国出版了《推荐施肥技术手册》，对土壤进行分区和分类指导并每隔几年组织专家更新一次。德国、日本等发达国家也重视测土施肥，建立了国家级土壤测试实验室和区域的实验室为测土施肥服务。

由于受到土壤养分空间变异、气候变化等多重因素的影响，从 20 世纪 90 年代开始，许多科学家都在努力开发能够准确判断田间变异条件并据此求得推荐施肥量的方法，一些新技术和新的管理方法也不断开发出来。如在美国应用的玉米收获后茎秆硝酸盐测试、遥感技术对植物生长状况和土壤性质的监测、田间产量图和土壤电导率测定等技术。随着科学技术的发展，智能化和信息化是现代施肥推荐的必然趋势，如成像光谱技术、原位土壤养分分析技术、非破坏性的植物营养状况监测技术等。当然，这些新技术的研究必须与传统的测土施肥技术相衔接，必须是已有的测试指标和推荐施肥体系的完善和发展。

我国的化肥施用始于 1901 年，在 1930—1940 年，张乃凤等人对我国 14 个省 68 个点进行了地力测定，这可以说是我国最早的测土施肥研究。中华人民共和国成立后，我国的测土施肥工作有了快速发展，周鸣铮、李酉开、朱兆良等许多科学家为此做出了突出贡献。特别是随着 20 世纪 80 年代第二次全国土壤普查的开展，测土施肥研究与推广应用取得了突破性进展，众多土壤测试方法的筛选和校验研究为我国后来的测土配方施肥工作打下了坚实的基础。1986年，农业部在山东临沂召开了全国配方施肥经验交流会，较为系统地提出了地力分区配方法、目标产量配方法和田间试验配方法。1992年农业部组织了UNDP平衡施肥项目，应用"3414"试验设计方案获得了大量重要的田间试验结果。原化工部指导组织了不同地区的复合肥厂，配制各种通用型和专用型复混肥料为广大种植者服务。

从2006年开始，我国开始在全国范围内全面开展测土配方施肥工作，并把测土配方施肥作为粮食综合生产能力增强行动的重要内容，建立了适合我国农业生产状况和特点的测土配方施肥技术体系，提出了更为科学合理的测土配方施肥的基本方法。现在，不单是各级农业技术推广部门、科研院所都在为测土配方施肥工作服务，许多企业也积极参与到该工作中，并且起到了很大的作用（图7-3）。可以这样说，单纯以提高产量为单一目标的测土施肥的观念正被广大种植者所抛弃，测土配方施肥已经进入了以产量、品质和生态环境为综合目标的科学施肥时期。

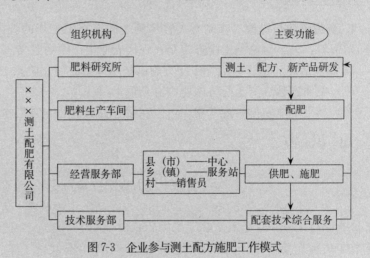

图7-3　企业参与测土配方施肥工作模式

观察与思考

在不少地方，种植户购买使用了氮、磷、钾三元复混肥，认为就是配方施肥了。这种观点对吗？

复习测试题

1. 测土配方施肥技术在国际上通称为平衡施肥技术。（对/错）
2. 测土配方施肥的特征就是"产前定肥"。（对/错）
3. 测土配方施肥技术包括 ＿＿＿＿＿＿ 、＿＿＿＿＿＿ 、＿＿＿＿＿＿ 、＿＿＿＿＿＿ 、＿＿＿＿＿＿ 5个核心环节。

任务二　测土配方施肥的基本方法

任务目标

熟悉测土配方施肥的基本方法，能够利用肥料试验的数据确定相关的参数，学会利用计算机技术进行肥料方程的拟合及数据整理；能够根据当地的生产实际，初步选择合适的测土配方施肥的方法。

任务准备

1. **实训教室** 有关测土配方施肥方法的挂图、照片、影像资料、网络系统。
2. **实训准备** 相关的肥料及化验分析设备。
3. **实训基地** 空白地块、粮食作物地块、果蔬花卉作物地块等。

基础知识

《测土配方施肥技术规范》是 2006 年颁布实施的一项行业标准，后又经过多次修订。经全国范围内的试点，把这项施肥技术确定为农业技术重点推广项目之一。修订后的技术规范更加细化了大田作物、主要蔬菜、果树测土配方施肥内容。肥料配方的设计首先确定氮、磷、钾养分的用量，然后确定相应的肥料组合，通过提供配方肥料或发放配肥通知单，指导生产使用。其基本方法有养分平衡法、土壤与植株测试推荐施肥法、土壤养分丰缺指标法和肥料效应函数法等。

1. 养分平衡法 根据作物目标产量的构成，土壤和肥料两方面供给作物养分，以实现供求平衡的原理，用作物总需肥量与土壤供肥量之差估算施肥量，计算公式为：

$$施肥量 = \frac{目标产量所需养分总量 - 土壤供肥量}{肥料中养分含量 \times 肥料当季利用率}$$

养分平衡法涉及目标产量、作物需肥量、土壤供肥量、肥料利用率和肥料中有效养分含量五大参数。由于土壤供肥量的确定方法不同，养分平衡法有土壤有效养分校正系数法和地力差减法两种。

（1）土壤有效养分校正系数法。

①基本原理。土壤有效养分校正系数法是通过测定土壤有效养分含量来计算施肥量。其计算公式为：

$$施肥量 = \frac{单位经济产量养分吸收量 \times 目标产量 - 土壤测试值 \times 2.25 \times 校正系数}{肥料中养分含量 \times 肥料利用率}$$

上式中 2.25 为换算系数，即把测试的土壤速效养分 1mg/kg，按每公顷表土质量为 $2.25 \times 10^6 kg$ 换算成土壤养分量（kg/hm²），施肥量单位为 kg/hm²。

②有关参数的确定。

a. 目标产量。目标产量一般采用平均单产法来确定。就是利用施肥区前 3 年平均单产和年递增率为基础确定目标产量。

$$目标产量 = （1 + 递增率） \times 前 3 年平均单产$$

一般粮食作物递增率以 10%～15% 为宜，露地蔬菜一般为 20% 左右，设施蔬菜为 30% 左右，果树以 10%～20% 为宜。

b. 作物需肥量。通过对正常成熟的作物全株（通常为作物地上部分）养分的分析，测定出各种作物每形成 100kg 经济产量（具有一定经济价值的收获物）所需养分量，即可获得作物需肥量。

$$作物目标产量所需养分量＝\frac{目标产量}{100}×100kg 经济产量所需养分量$$

生产过程中，若没有进行单位（100kg）经济产量所需养分量的测定，也可以通过查资料的方法获得。由于气候、土壤、作物品种等的差异，全国各地所测数据可能变化较大，一般仅作参考（表 7-1）。

表 7-1　常见作物每 100kg 经济产量所需养分量

单位：kg

植物	收获物	所需养分量			植物	收获物	所需养分量		
		N	P_2O_5	K_2O			N	P_2O_5	K_2O
大麦	籽粒	2.70	0.90	2.20	黄瓜	果实	0.40	0.35	0.55
小麦	籽粒	3.00	1.25	2.50	茄子	果实	0.30	0.10	0.40
玉米	籽粒	2.60	0.90	2.20	番茄	果实	0.45	0.50	0.50
水稻	稻谷	2.40	1.25	3.13	胡萝卜	块根	0.31	0.10	0.50
高粱	籽粒	2.60	1.30	3.00	萝卜	块根	0.60	0.31	0.50
谷子	籽粒	2.50	1.25	1.75	卷心菜	叶球	0.41	0.05	0.38
棉花	皮棉	13.8	4.80	14.4	洋葱	葱头	0.27	0.12	0.23
甘薯	块根	0.35	0.18	0.55	芹菜	全株	0.16	0.08	0.42
花生	荚果	6.80	1.30	3.80	菠菜	全株	0.36	0.18	0.52
大豆	豆粒	7.20	1.80	4.00	大葱	全株	0.30	0.12	0.40
豌豆	豆粒	3.09	0.86	2.86	大蒜	蒜头	0.50	0.13	0.47
油菜	菜籽	5.80	2.50	4.30	柑橘	果实	0.60	0.11	0.40
烟草	鲜叶	4.10	0.7	1.10	苹果	果实	0.30	0.08	0.32
甜菜	块根	0.40	0.15	0.60	梨	果实	0.43	0.16	0.41
甘蔗	茎	0.19	0.07	0.30	葡萄	果实	0.60	0.30	0.70
马铃薯	块茎	0.50	0.20	1.06	桃	果实	0.51	0.20	0.76

注：①块根、块茎、果实为鲜重，籽粒为风干重。
②大豆、花生等豆科作物有根瘤菌的固氮作用，氮素的确定按吸收量的 1/3 计算。

c. 土壤供肥量。通过土壤有效养分校正系数估算：将土壤有效养分测定值乘一个校正系数，以表达土壤中当季作物能够利用的养分数量，即土壤供肥量。

$$土壤供肥量＝土壤测试值×2.25×校正系数$$

$$校正系数＝\frac{缺素区作物产量吸收该元素量(kg/hm^2)}{该元素土壤测定值(mg/kg)×2.25}$$

上式中，缺素区作物产量有时也可以利用不施肥时作物产量，即空白产量来代替。这些资料都要通过肥料试验的结果来获取。空白产量能够反映土壤的基础养分状况，但与缺素区是有差别的，不能体现养分间的相互促进作用。

d. 肥料利用率。通过田间试验，用差减法来计算。肥料利用率不是固定不变的，通常由于作物种类、土壤状况、气候条件、肥料用量、施肥方法和时期的不同而有差异。

$$肥料利用率 = \frac{施肥区作物吸收养分量 - 缺素区作物吸收养分量}{肥料施用量 \times 肥料中养分含量} \times 100\%$$

【例】根据肥料三要素田间试验结果（表7-2）计算肥料利用率。

表7-2　每667m² 马铃薯氮、磷、钾肥利用率试验结果

(河北省怀来县农牧局技术土肥站)　　　　　　　　　　　单位：kg

处理	常规施肥区				配方施肥区			
	N	P_2O_5	K_2O	产量	N	P_2O_5	K_2O	产量
无氮区	0	2	2	1 387	0	6	5	1 660
无磷区	8	0	2	1 540	14	0	5	1 765
无钾区	8	2	0	1 647	14	6	0	1 967
全肥区	8	2	2	1 707	14	6	5	2 287

一般每生产100kg 马铃薯大约吸收 N 0.56kg、P_2O_5 0.21 kg、K_2O 1.0kg，则能够求得氮素利用率：

$$配方区氮素利用率 = \frac{(2\ 287 - 1\ 660) \times \dfrac{0.56}{100}}{14} \times 100\% = 25.08\%$$

同理，利用表中资料，可以求得磷、钾的利用率，也可以对比常规施肥与配方施肥肥料利用率的不同。

有机肥料中各营养元素的利用率，可以通过田间试验来获取，也可以取氮15%～30%、磷20%～30%、钾50%～60%作为参考。

有机肥供应的养分数量，可以根据与化肥的"同效当量"进行确定，即某种有机肥料所含的养分，相当于化肥所含的多少养分的肥效。也可以按下式计算：

有机肥供应养分量＝有机肥用量×养分含量×该有机肥当季利用率

e. 肥料养分含量。无机肥料、商品有机肥料含量按其标明量，不明养分含量的有机肥料其养分含量可参照当地不同类型有机肥料养分平均含量获得。

③土壤有效养分校正系数法的应用。现通过一个模拟例题来加以说明。

【例】某地块种植早稻，前3年稻谷平均产量为6 860kg/hm²，今测得土壤速效氮为55mg/kg，计划用菜饼肥750kg/hm²，试估算该农户应施多少尿素才能达到配方施肥对氮素的需求？（田间试验结果：缺氮区产量3 880kg/hm²，土壤测试值 N 44mg/kg；菜饼肥含N 4.6%，利用率18%；尿素含 N 46%，利用率32%）

肥料配方的设计，估算步骤如下。

目标产量及目标产量所需养分量：

$$目标产量 = 6\ 860 \times (1 + 15\%) = 7\ 889\ (kg)$$

$$目标产量所需氮量 = 7\ 889 \times \frac{2.4}{100} = 189\ (kg)$$

土壤校正系数及土壤供氮量：

$$校正系数 = \frac{3\ 880 \times \dfrac{2.4}{100}}{44 \times 2.25} = 0.94$$

$$土壤供氮量＝55×2.25×0.94＝116（kg）$$

菜饼肥供应氮素量：

$$菜饼肥供应氮素量＝750×4.6\%×18\%＝6.2（kg）$$

需补充氮素量及尿素化肥用量：

$$需补充氮素量＝189－116－6.2＝66.8（kg）$$

$$尿素化肥用量＝\frac{66.8}{46\%×32\%}＝454（kg）$$

结论：该农户应施454kg/hm²尿素才能达到配方施肥的要求。

（2）地力差减法。

①基本原理。根据作物目标产量与空白产量之差来计算施肥量。由于空白产量所吸收的养分全部来自土壤，它所吸收的养分量能够代表土壤提供的养分数量。其计算公式为：

$$施肥量＝\frac{（目标产量－空白产量）×作物单位经济产量养分吸收量}{肥料中养分含量×肥料当季利用率}$$

近几年来，各地肥料三要素试验资料比较齐全，空白产量用缺素区产量来代替则更为合理，考虑了各种养分之间的相互促进作用即土壤中最小养分限制因子的影响。

②地力差减法应用实例。

【例】某地块油菜籽目标产量为3 000kg/hm²，空白产量为1 800kg/hm²，若达到目标产量需用多少尿素（含N 46％，利用率30％）？

按公式计算：

$$尿素用量＝\frac{（3\ 000－1\ 800）×\dfrac{5.80}{100}}{46\%×30\%}＝504（kg/hm²）$$

结论：需要施用尿素504kg/hm²才能达到目标产量。

2. 土壤与植株测试推荐施肥法　对于大田作物，在综合考虑有机肥、植物秸秆应用和管理措施的基础上，根据氮、磷、钾和中、微量元素养分的不同特征，采取不同的养分优化调控与管理策略。其中，氮肥根据土壤供氮状况和作物需氮量进行实时动态监测和精确调控，包括基肥和追肥的调控；磷、钾肥通过土壤测试和养分平衡进行监控；中、微量元素采用因缺补缺的矫正施肥策略。该技术包括氮素实时监控，磷、钾养分恒量监控和中、微量元素养分矫正施肥技术。

（1）氮素实时监控施肥技术。根据不同土壤、不同作物、同一作物的不同品种、不同目标产量确定作物需氮量，以需氮量的30％～60％作为基肥用量。具体基施比例根据土壤全氮含量，同时参照当地丰缺指标来确定（表7-3）。有条件的地区可在播种前对0～20cm土壤无机氮（铵态氮和硝态氮总量）或硝态氮进行监测，调节基肥用量。

表7-3　氮肥基施的比例

土壤氮素水平	丰富	中等	缺乏
全N量/（g/kg）	＞1.5	0.7～1.5	＜0.7
N素基施比例	30％～40％	40％～50％	50％～60％

$$基肥用量（kg/hm²）＝\frac{（目标产量需氮量－土壤无机氮）×（30\%～60\%）}{肥料中养分含量×肥料当季利用率}$$

其中：土壤无机氮（kg/hm²）＝土壤无机氮测试值（mg/kg）×2.25×土壤校正系数。

氮肥追肥用量推荐以作物关键生育期的营养状况诊断或土壤硝态氮的测试为依据，这是实现氮肥准确推荐的关键环节，也是控制过量施氮或施氮不足、提高氮肥利用率和减少损失的重要措施。测试项目有土壤全氮、硝态氮含量，小麦拔节期茎基部硝酸盐浓度，玉米最新展开叶叶脉中部硝酸盐浓度，等等。其中，水稻采用叶色卡法或叶绿素仪进行叶色诊断，蔬菜采用叶片反射仪法进行硝态氮营养诊断，果树采用叶片进行全氮营养诊断等。

如中国农业大学陈新平等通过对玉米的营养诊断提出的追施氮素的方案，在北京地区得到大面积示范推广（表7-4）。而采用叶片 SPAD（叶绿素仪）值估算氮含量来进行小麦氮素营养状况诊断并指导施肥的研究同样取得了很好的效果（表7-5）。

表 7-4　玉米营养诊断追施氮素方案

（陈新平 等，1999）　　　　　　　　　　　　单位：kg/hm²

目标产量/	NO₃⁻ 测定值/（mg/L）					
（t/hm²）	＜500	500～750	750～1 000	1 000～1 250	1 250～1 500	＞1 500
6.75～7.50	127.5	120.0	112.5	102.0	94.5	82.5
6.00～6.75	135.5	127.5	120.0	112.5	105.0	90.0
5.25～6.00	147.0	109.5	75.0	37.5	18.0	0
4.50～5.25	82.5	60.0	45.0	19.5	12.0	0

表 7-5　SPAD 值用于小麦氮肥追施诊断

（王亚飞，2008）

小麦品种	叶绿素仪数值（叶片 SPAD）			拔节肥施用量/（kg/hm²）	总施氮量/（kg/hm²）
	拔节期	孕穗期	开花期		
弱筋小麦	47～48	48	50～51	20.53～66.80	125.53～171.80
中筋小麦	45～47	47～48	48～51	86.35～120.00	191.35～225.00

（2）磷、钾养分恒量监控施肥技术。我国土壤中磷、钾的含量差异较大，存在形态、转化规律及作物营养特点与氮素完全不同，土壤有效磷及速效钾含量指标与作物的营养水平相关性较强。应以土壤有效磷、速效钾养分不成为实现目标产量的限制因子为前提，通过土壤测试和养分平衡监控，使土壤有效磷、速效钾含量保持在一定范围内。

根据土壤有效磷测试结果和养分丰缺指标进行分级，当有效磷水平处在中等偏上水平时，可以将目标产量需要量（只包括带出田块的收获物）的100%～110%作为当季磷肥用量；当有效磷含量增加，由于磷的肥效降低，需要减少磷肥用量，直至不施；随着有效磷含量的降低，需要适当增加磷肥用量，在极缺磷的土壤上，由于磷的肥效往往极其显著，可以施到需要量的150%～200%。在2年后再次测土时，根据土壤有效磷和产量的变化再对磷肥用量进行调整。钾肥的施用首先需要确定施用钾肥是否有效，这是最重要的前提。如果钾肥肥效不显著，只能造成肥料的浪费。如果效果明显，再参照上面方法确定钾肥用量，但需要考虑有机肥和秸秆还田带入的钾量。一般大田作物磷、钾肥料全部作基肥，对于某些果树、蔬菜及很多经济类作物可以按一定比例与氮肥配合作追肥施用（表7-6）。

表7-6　水稻在不同土壤磷、钾养分下磷、钾肥施用量推荐

单位：kg/hm²

作　物	土壤有效磷/（mg/kg）			土壤速效钾/（mg/kg）		
	<5	5~10	>10	<80	80~150	>150
早　稻	42	31.5	21	67.5	45.0	0~45.0
晚　稻	42	31.5	0~21	90.0	67.5	45.0

注：①有效磷、钾测试，Olsen-P 或 Brayl-P（酸性土）；交换性钾。
②肥料用量分别为 P_2O_5 和 K_2O 的量。

（3）中、微量元素养分矫正施肥技术。中、微量元素种类多，养分的含量变幅大，作物对其需要量也各不相同，主要与土壤特性（尤其是母质）、作物种类和产量水平等有关。通过土壤测试评价土壤中、微量元素养分的丰缺状况，进行有针对性的因缺补缺的矫正施肥。土壤缺乏某一种中、微量元素，则补充该元素的肥料，土壤中不缺乏，则没必要施用该元素的肥料，更不能补施其他元素的肥料。

例如，中国与加拿大合作的配方施肥项目在福建蜜柚上的研究结果表明：在单株产量为40~50kg 的生产水平下，每株适宜施用氮素的量为 0.9kg，适宜的施肥比例N：P_2O_5：K_2O：CaO：MgO 约为 1：0.5：1：1.1：0.4。安徽省土肥站提出了小麦配方施肥中、微量元素的详细施用计划（表7-7）。

表7-7　小麦测土配方施肥中、微量元素用量及方法

（安徽省土壤肥料总站，2003）

肥料品种	施用量及方法
硫酸锰	基施每 667m² 用量 1~2kg；喷施浓度 0.1%~0.2%，于拔节前喷 2 次；浸种浓度 0.05%~0.01%，浸6~10h；拌种每千克种子用量 4~8g
硫酸锌	基施每 667m² 用量 1~2kg；喷施浓度 0.1%~0.2%，于拔节前喷 2 次；浸种浓度 0.05%，浸 6~10h；拌种每千克种子用量 4~5g
硼肥	基施每 667m² 用量 0.25~0.50kg；喷施浓度 0.1%~0.2%，于拔节前和孕穗前各喷 1 次；浸种浓度 0.02%~0.05%，浸 6~10h

注：拌种时，将每千克麦种所用的拌种肥加水配成1kg水溶液，对种子进行喷雾处理，再将喷湿后的种子闷 4h，经浸种或拌种处理的种子，待晾干后方可播种。

3. 土壤养分丰缺指标法　土壤速效养分测定值是一个相对量，当与田间试验得出的结果有一定的相关性时，才能作为测土配方施肥的参数应用。通过土壤养分测试结果和田间肥效试验结果，建立不同作物、不同区域的土壤养分丰缺指标，提供肥料配方。该区域其他田块，通过土壤养分测定，就可以了解土壤养分的丰缺状况，提出相应的推荐施肥量。

（1）相对产量。土壤养分丰缺指标田间试验可采用三要素试验（或"3414"试验部分实施方案）结果，用缺素区产量占全肥区产量百分数即相对产量的高低来表达土壤养分的丰缺情况。

$$某养分的相对产量 = \frac{缺素区产量}{N、P、K区产量} \times 100\%$$

在生产应用中，相对产量＜60％的，土壤养分为低；相对产量60％～75％为较低；75％～90％为中；90％～95％为较高；＞95％为高。

（2）养分丰缺指标。以土壤养分测试值为横坐标，相对产量为纵坐标制作曲线图，划出土壤养分的丰缺程度，获得土壤养分丰缺指标。如某地测试土壤有效磷（Olsen法）含量与小麦相对产量的关系（图7-4）。

（3）推荐施肥量的确定。在确定了土壤养分丰缺指标后，再建立针对不同肥力水平的推荐施肥量。这需要进行田间多点施肥量的试验，把产量与施肥量进行回归分析，建立肥料效应函数，通过边际分析，计算出不同肥力水平下的最佳推荐施肥量（参见肥料效应函数法）。如某地小麦施用磷肥的推荐方案（表7-8）。

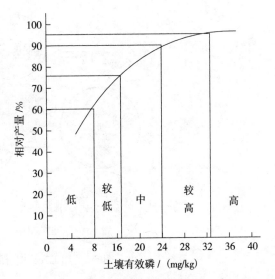

图7-4 土壤有效磷对小麦的丰缺指标

表7-8 小麦施用磷肥的推荐方案

肥力等级	相对产量/％	有效磷/（mg/kg）	推荐施磷量/（kg/hm²）
低	＜60	＜8	120
较低	60～75	8～17	90
中	75～90	17～24	60
较高	90～95	24～33	30
高	＞95	＞33	0

需要指出的是，不同作物种类、不同区域（土壤类型）的养分丰缺指标不同，不可随意套用。氮肥施用量很少用此法确定，原因是土壤速效氮的测定值通常不够稳定，而且与作物产量之间的相关性较差。

4. 肥料效应函数法 根据肥料田间试验（通常用"3414"肥料试验方案）结果建立当地主要作物的肥料效应函数，直接获得某一区域、某种作物的氮、磷、钾肥料的最佳施用量，为肥料配方和施肥推荐提供依据。

采用单因素或多因素多水平回归试验设计，将不同施肥处理和相应的产量结果进行数理统计，求得表达产量（y）与施肥量（x）之间函数关系的回归方程 [$y＝f(x)$]，可以计算出最高产量施肥量和经济效益最佳施肥量。利用计算机软件（如microsoft excel）建立肥料效应方程更为方便快捷（图7-5）。现以单因素肥料效应模型来说明此法的应用（图7-6）。

单因素肥料效应模型可拟合成一元二次回归方程：

$$y＝a+bx+cx^2$$

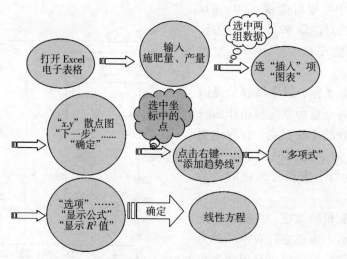

图 7-5　用 Excel 拟合肥料效应方程流程

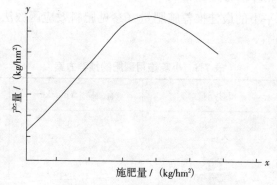

图 7-6　单因素肥料增产效应模型

式中　y——作物产量，kg/hm²；

　　　　x——肥料用量，kg/hm²；

　　　　a——截距（不施该肥料时的产量，即经回归统计校正后的空白产量）；

　　　　b——一次回归系数；

　　　　c——二次回归系数。

根据此方程，通过边际分析（公式推导略），可求出经济效益最佳施肥量（x_0）和最大产量施肥量（x_{max}）。

$$x_0 = \frac{\dfrac{P_x}{P_y} - b}{2c}$$

$$x_{max} = \frac{-b}{2c}$$

其中，P_x 为肥料价格，P_y 为产品价格。

【例】广西某地进行的水稻"3414"肥料试验资料，研究氮素的效应，P_2O_5 60kg/hm²

和 K_2O 120kg/hm² 作为一般用量，视为基肥。N 素设置处理分别为 0 kg/hm²、75 kg/hm²、150 kg/hm² 和 225kg/hm²，对应产量分别为 4 500kg/hm²、7 650kg/hm²、8 700kg/hm² 和 7 590kg/hm²。设稻谷单价为 2.7 元/kg，氮素单价为 4.2 元/kg。

经回归分析得到肥料效应函数方程为：

$$y = 4497 + 56.36x - 0.19x^2。$$

则：

经济效益最佳施肥量：$x_0 = \dfrac{\dfrac{4.2}{2.7} - 56.36}{-2 \times 0.19} = 144$（kg/hm²）

最高产量施肥量：$x_{max} = \dfrac{-56.36}{-2 \times 0.19} = 148$（kg/hm²）

任务实施

1. 查阅资料与讨论 查阅有关测土配方施肥方法的挂图、图片、文字材料、影像及网站资料，分组讨论测土配方施肥方法的可操作性及不同方法间的差异，了解选择适宜测土配方施肥方法的意义。

2. 养分平衡法的实施 根据土壤测试结果和田间试验的数据，为试验基地或农户地块分组实施测土配方施肥，各小组最好能够利用不同地块以及不同作物（粮食、蔬菜、果树等）。

（1）如果资料及测试手段较好，选择土壤有效养分校正系数法。

（2）如果各种条件较差，可以选择地力差减进行测土配方施肥。

（3）严格按照测土配方施肥的工作流程进行。

3. 利用肥料效应函数法进行配方施肥 分组利用计算机软件建立肥料效应函数方程。主要技术路径：可以根据肥料试验的数据进行施肥，也可以模拟进行。

知 识 窗

选择合适的测土配方施肥的方法

在生产中要根据具体条件选择合适的测土配方施肥的方法并确立相应的施肥制度。养分平衡法优点是概念清楚、容易掌握；缺点是土壤中各养分处于动态平衡之中，而测定值是一个相对值，不能直接计算出土壤的"真实"供肥量，需要通过试验获得一个校正系数加以调整，校正系数的变异较大，准确度低，田间试验工作量较大。土壤养分丰缺指标法直观性强、定肥简便，但精度较差，一般只用于磷、钾及微量元素肥料的定肥。土壤与植株测试推荐施肥方法综合考虑有机肥、植物秸秆应用和管理措施等，能够精准定肥、平衡监控、因缺补缺，但需要较好的化验分析条件。肥料效应函数法施肥精度高，符合实际情况，但有地区局限性，当土壤肥力或耕作制度等变化后，函数往往失去应用价值。各地可根据具体情况选择适宜的方法，一般是一种，也可以是多种方法，互相补充，配合使用。

观察与思考

1. 土壤样品代表一定的面积，农户认为自己地块没测，技术员给出的施肥配方不能用。

这种观点对吗？

2. 应用测土配方施肥时，持续秸秆还田是补充有机质的有效途径。有人认为，头几年应施用适量钾肥，以后施用量可以逐年减少。此说法有无道理？结合当地实际，说说看法。

复习测试题

1. 一般情况下，单因素肥料效应函数为一元一次方程。（对/错）

2. 空白产量能够反映土壤的基础养分状况，但与缺素区产量是有差别的，不能体现养分间的相互促进作用。（对/错）

3. 肥料利用率一般是个常数，不会因作物种类、土壤状况等不同而改变。（对/错）

4. 氮素实时监控施肥技术，氮肥追肥用量推荐以作物关键生育期的营养状况诊断或土壤硝态氮的测试为依据。（对/错）

5. 作物最高产量施肥量与肥料价格没有关系。（对/错）

6. 在确定目标产量时，一般粮食作物年递增率以＿＿＿＿＿＿＿＿＿＿＿％为宜。

7. 氮素实时监控施肥技术，根据目标产量确定作物需氮量，土壤氮素低时，以需氮量的＿＿＿＿＿＿＿＿＿＿＿％作为基肥用量。

8. 磷素恒量监控施肥技术，在极缺磷的土壤上，可以将目标产量需要量的＿＿＿＿＿＿＿＿＿＿＿％作为当季磷肥用量。

9. 相对产量是用缺素区产量占全肥区产量百分数来表示的，生产上相对产量＿＿＿＿＿＿＿＿＿＿＿的，土壤养分为极低水平。

10. 某农户计划小麦产量为 7 500 kg/hm²，今进行配方施肥，经测定土壤速效氮为 60mg/kg，计划用猪粪15 000kg/hm²，问该农户应施多少尿素（kg/hm²）才能实现目标产量？（土壤校正系数 0.7，猪粪含 N 0.45%，利用率 25%，尿素利用率 30%）

任务三　推广应用测土配方施肥技术

任务目标

熟悉布置肥料利用率田间试验的方法，学会填写测土配方施肥建议卡，能够进行测土配方施肥推广应用状况的调查工作；了解测土配方施肥有关的政策，宣传普及相关的知识。

任务准备

1. 实训教室　有关肥料试验的挂图、照片、影像资料。

2. 实训准备　野外调查工作常用的物资及设备。

3. 实训基地　空白地块、粮食作物地块、果蔬花卉作物地块等。

基础知识

1. 测土配方施肥常用的肥料试验　肥料试验是农业科学技术研究的重要手段。通过对植物营养特性、各种营养元素的作用、肥料的肥效和利用率以及施肥技术等问题的研究，为植物高产、优质、高效和可持续发展而进行的合理施肥提供科学依据。肥料试验的基本要求要具有目的性、代表性、准确性、复现性。常用肥料田间试验方案的内容主要有以下几方面。

（1）试验目的、试验材料和试验安排。

（2）试验处理设计。根据试验任务和目的设计具体的项目。如简化的三要素肥料试验设 5 个处理，CK（不施肥）、NP、NK、PK、NPK。

（3）试验方法设计。常用随机区组法，每个处理在每一区组内只能列入 1 次，对照区作为一个处理参加试验，各处理在同一区组的排列完全随机，各区组内的随机排列是独立进行的。

（4）试验小区设计，大田作物小区的面积一般在20～40m²。

（5）重复的设计，一般设置 3～5 次重复。另外，试验区周围还应该设置保护行，以消除边际效应和其他因素的影响。

《测土配方施肥技术规范》设计了很多的试验项目，如肥料利用率田间试验、有机肥当量试验、"3414"肥料田间试验等，这是搞好测土配方施肥工作的基础。

2. 测土配方施肥的示范及效果评价 测土配方施肥最后的实施者是广大的种植者，所以应该搞好技术培训，安排示范区、样板田，让更多的人直观地感受到先进施肥技术的效果，在此基础上搞好更大范围的推广普及工作。设置一定数量的测土配方施肥示范点，进行田间对比示范（图7-7）。大田作物测土配方施肥、农民常规施肥处理面积不少于200m²，空白对照（不施肥）处理

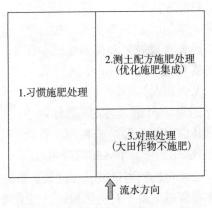

图 7-7 测土配方施肥示范小区排列示意

不少于30m²；蔬菜 2 个处理面积不少于100m²；果树每个处理不少于 25 株。

对于每一个示范点，可以利用 2～3 个处理之间产量、肥料成本、产值等方面的比较，从增产和增收等角度进行分析，同时也可以通过测土配方施肥产量结果与计划产量之间的比较，进行参数校验。有关增产增收的分析指标如下：

$$增产率 = \frac{测土配方施肥产量 - 对照产量}{对照产量} \times 100\%$$

$$增收（元/hm^2） = （测土配方施肥产量 - 对照产量） \times 产品单价 - （测土配方施肥肥料成本 - 对照肥料成本）$$

3. 测土配方施肥的应用推广 要搞好应用推广工作，便于种植者理解掌握，应选择合适的测土配方施肥的方法并确立相应的施肥制度。在养分需求与供应平衡的基础上，坚持有机肥料与无机肥料相结合；坚持大量元素与中量元素、微量元素相结合；坚持基肥与追肥相结合；坚持施肥与其他措施相结合。在确定肥料用量和肥料配方后，合理施肥的重点是选择肥料种类、确定施肥时期和施肥方法等。充分应用信息手段如报纸、电视、互联网、电脑、手机等发布施肥建议。可以发放明白纸、施肥卡片，简化施肥技术，使生产者一目了然。

任务实施

1. 查阅资料与讨论 查阅有关测土配方施肥推广应用的挂图、图片、文字材料、影像及网站资料，分组讨论测土配方施肥推广应用的重要性。

2. 布置肥料的田间试验 利用试验基地或农户地块，分组布置测土配方施肥常用的肥料田间试验。试验过程及结果记录要完整，比较常规施肥下主要作物肥料的利用率现状和测土配方施肥提高肥料利用率的效果。

（1）肥料利用率田间试验。通过多点田间氮肥、磷肥和钾肥的对比试验，摸清我国常规施肥下主要作物氮肥、磷肥和钾肥的利用率现状和测土配方施肥提高氮肥、磷肥和钾肥利用率的效果，进一步推进测土配方施肥工作。

试验采用对比试验，大区无重复设计。具体办法是选择代表当地土壤肥力水平的地块，先分成常规施肥和配方施肥 2 个大区（每个大区应≥667m²）。在 2 个大区中，除相应设置常规施肥和配方施肥小区外还要划定 20～30m² 小区设置无氮、无磷和无钾小区（小区间要有明显的边界分隔），除施肥外，各小区其他田间管理措施相同。各处理布置如图 7-8（小区随机排列）。

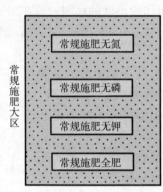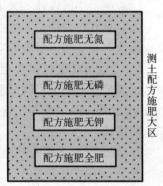

图 7-8 肥料利用率田间试验各处理布置

（2）有机肥当量试验。蔬菜、果树、花卉等生产中，特别是设施栽培生产中，有机肥的施用很普遍。由于有机肥和化肥当季利用率不同，先计算出某种有机肥所含的养分，相当于化肥所含养分的肥效，这个系数就称为同效当量。试验设置 6 个处理（表 7-9），分别为有机氮和化学氮的不同配比，所有处理的磷、钾养分投入一致，其中有机肥选用当地有代表性并完全腐熟的种类。

表 7-9 有机肥当量试验方案处理

试验编号	处理	有机肥提供氮占总氮投入量比例	化肥提供氮占总氮投入量比例	备 注
1	空白			①有机肥基施、化肥追施
2	M_1N_0	1	0	②M_0、M_1、M_2 分别表示有机肥不
3	M_1N_2	1/3	2/3	施、第一用量、第二用量
4	M_1N_1	1/2	1/2	③N_0、N_1、N_2 分别表示化肥不施、
5	M_2N_1	2/3	1/3	第一用量、第二用量
6	M_0N_1	0	1	④有机肥提供的氮量以总氮计算

同效当量系数的计算公式为：

$$同效当量 = \frac{有机氮处理 - 无氮处理}{无机氮处理 - 无氮处理}$$

【例】 小麦施有机氮（N）112.5kg/hm² 的产量为 3 975 kg/hm²，施无机氮（N）112.5kg/hm² 的产量为 4 875kg/hm²，不施氮肥处理产量为 1 560kg/hm²。通过计算同效当

量为 0.73，即 1kg 有机氮相当于 0.73kg 无机氮。

（3）"3414"肥料田间试验。《测土配方施肥技术规范》推荐采用"3414"方案设计，在具体实施过程中可根据研究目的采用"3414"完全实施方案（表 7-10）和部分实施方案。该方案设计吸收了回归最优设计处理少、效率高的优点，是目前应用较为广泛的肥料效应田间试验方案。"3414"是指氮、磷、钾 3 个因素，4 个水平，14 个处理。4 个水平的含义：0 水平指不施肥，2 水平指当地推荐施肥量，1 水平＝2 水平×0.5，3 水平＝2 水平×1.5（该水平为过量施肥水平）。为便于汇总，同一作物同一区域内施肥量要保持一致。如果需要研究有机肥料和中、微量元素肥料效应，可在此基础上增加处理。

该方案除了应用 14 个处理，进行氮、磷、钾三元二次效应方程的拟合以外，还可以分别进行氮、磷、钾中任意二元或一元效应方程的拟合。

例如，肥料三要素试验可取表 7-10 中的编号 1、2、4、8、6 处理。氮肥效应可取表 7-10 中的编号 1、2、3、6、11 处理，氮、磷二元效应可取表 7-10 中的编号 1、2、3、4、5、6、7、11、12 处理，依此类推。

表 7-10　"3414"肥料试验方案处理

试验编号	处　理	N	P	K	试验编号	处　理	N	P	K
1	$N_0P_0K_0$	0	0	0	8	$N_2P_2K_0$	2	2	0
2	$N_0P_2K_2$	0	2	2	9	$N_2P_2K_1$	2	2	1
3	$N_1P_2K_2$	1	2	2	10	$N_2P_2K_3$	2	2	3
4	$N_2P_0K_2$	2	0	2	11	$N_3P_2K_2$	3	2	2
5	$N_2P_1K_2$	2	1	2	12	$N_1P_1K_2$	1	1	2
6	$N_2P_2K_2$	2	2	2	13	$N_1P_2K_1$	1	2	1
7	$N_2P_3K_2$	2	3	2	14	$N_2P_1K_1$	2	1	1

3. 做好宣传活动，搞好调查工作　分组在附近农村（或种植园）宣传测土配方施肥相关的政策，能够进行测土配方施肥的知识普及工作。搞好测土配方施肥推广应用状况的调查工作。

（1）在已经推广测土配方施肥的地方，都有一定数量的示范田，一般设置常规施肥区、测土配方施肥区、不施肥区等处理。通过田间示范，综合比较肥料投入、作物产量、经济效益、肥料利用率等指标，客观评价测土配方施肥效益。通过走访调查、收集资料和实地观察，完成汇总表（表 7-11）。

表 7-11　测土配方施肥_____（作物名）田间示范结果汇总

_____年度_____县（区、市）_____乡（镇、农场）_____村

测土配方施肥试验区情况	土壤名称	灌排能力	障碍因素	耕层厚度	土体构型	侵蚀程度	肥力等级	代表面积	取土时间

测土配方施肥方法								作物品种	

示范结果	项目	生长天数/d	产量/（kg/hm²）	化肥用量/（kg/hm²）			有机肥/（kg/hm²）					面积/hm²
				N	P_2O_5	K_2O	种类	数量	N	P_2O_5	K_2O	
	配方施肥											
	常规施肥											
	空白处理											

（2）通过对实训所获资料的整理、分析和研究总结，写出报告。报告的主要内容应该包括目的、任务、时间、参加人员、实训方法和取得的成果以及实训工作中存在的问题和个人的感受。在农业科技人员的指导下，能够找出测土配方施肥工作中存在的主要问题及症结所在，并提出合理化建议则更好。

4. 制作、填写施肥建议卡 根据土壤测试结果，为试验基地（或农户）填写测土配方施肥建议卡（表7-12）。

表 7-12 测土配方施肥建议卡

农户姓名：_____ 县（区、市）_____ 乡(镇)_____ 村 编号：_____ 地块面积：_____ hm² 位置：_____

技术指导单位：_____ 联系方式：_____ 联系人：_____ 日期：_____

	测试项目	测试值	丰缺指标	养分水平评价		
				偏 低	适 宜	偏 高
土壤测试数据	全氮/（g/kg）					
	速效氮/（mg/kg）					
	有效磷/（mg/kg）					
	速效钾/（mg/kg）					
	有机质/（g/kg）					
	pH					
	有效铁/（mg/kg）					
	有效锰/（mg/kg）					
	有效铜/（mg/kg）					
	有效锌/（mg/kg）					
	有效硼/（mg/kg）					
	有效钼/（mg/kg）					
	交换性钙/（mg/kg）					
	交换性镁/（mg/kg）					
	有效硫/（mg/kg）					
	有效硅/（mg/kg）					

作物名称		作物品种		目标产量/（kg/hm²）		
肥料配方		用量/（kg/hm²）	施肥时间	施肥方式		施肥方法
推荐方案一	基肥					
	追肥					
推荐方案二	基肥					
	追肥					

知 识 窗

信息技术在测土配方施肥中的应用

信息技术在发达国家农业生产上已经得到广泛应用，如生产经营管理、农业信息获取及处理、农业专家系统、农业系统模拟、农业决策支持系统、农业计算机网络等。计算机、网络、多媒体、地理信息系统（GIS）等信息技术在我国使用已较为普遍，我国幅员辽阔，地形复杂，气候多样，土壤类型和农业生产条件千差万别，测土配方施肥更应该注重现代科技成果的应用，促进工作的规范化和标准化。

借助计算机和软件程序能够对试验结果进行快速分析，完成肥料效应函数方程的拟合，绘制相对产量与土壤测试值的函数关系趋势线，确定最佳施肥量，构建作物施肥模型。

数据库系统能够有效地组织管理和应用试验、调查和检测的有关数据，如田间试验示范数据、土壤与作物测试数据、田间基本情况及农户调查数据等，提出科学施肥指标体系。

利用地理信息技术，将土壤图、土地利用图、行政区划图、采样点位图等纸质图等进行数字化处理，研究土壤、作物属性空间连续变异的规律，能够建立不同类型和区域范围的空间数据库，进行区域配肥。

利用网络技术可以建立耕地地力评价系统和配方决策系统，实现测土配方施肥的网络化和数据库共享化。用户可以在不同时间、地点，通过远程网络，方便快捷地得到农田土壤的养分供需情况及其专题图形、施用肥料种类和施肥量等决策信息。

观察与思考

在测土配方施肥工作中，最忙的是农业技术人员，广大的种植户（种植者）起的作用较小。这种观点对吗？

复习测试题

1. 测土配方施肥应该安排示范区，让人直观感受到先进施肥技术的效果。（对/错）
2. 大田作物肥料小区试验，小区面积一般以_____ m² 为宜。
3. 肥料田间试验，《测土配方施肥技术规范》推荐采用"_____"方案设计。

08 | 项目八
培肥与改良低产土壤

 **项目目标**

【知识目标】了解各类中低产土壤的特性，掌握当地中低产田的改良措施。

【能力目标】能运用肥沃土壤标准制订改土培肥的规划，运用多种方法改良中低产田。

【素养目标】养成善于发现问题和解决问题的品质，增强服务"三农"的使命感和责任感。

 **案例开篇**

土壤改造后　西瓜获丰收

2021年4月上旬，春寒料峭。山东省潍坊市昌乐县红河镇荣华环水岭田园综合体种植的大棚西瓜已经上市，售价为30元/kg左右。两年前，这里还是种地靠天收的贫瘠山岭地，杂粮亩产只有二三百斤。"原来是麻刚岭地，沙质土壤，'跑'水'跑'肥。但沙壤土透气性好，昼夜温差大，正好适合种西瓜。"田园综合体负责人吴泽超说。昌乐西瓜，久负盛名。当地适宜的气候和富含多种微量元素的沙质土壤，造就了西瓜独特的品质。目前，全县设施栽培面积居全国首位，年产量60万t，年产值达到24亿元，品牌价值达到41.61亿元。

针对沙质土壤有机质含量低、保水保肥性差的特点，园区运营方在种植过程中也采取了很多新技术。如在西瓜种植过程中，增加有机肥和生物菌肥的用量，并采用滴灌、喷灌等节水技术。吴泽超说："原来用的是大水大肥，不等作物吸收，水肥就'跑'了。现在是根据西瓜生长周期，定时定量供应，'吃'多少，补多少，这样就解决了土壤'跑'水'跑'肥的问题。"

"今年种植了2kg和4kg的两个小西瓜品种，不管是个头还是口感，都达到了目标，说明采用的土壤改良技术是成功的。"吴泽超说。

这些山岭地每亩地的流转费用原来只有200元，田园综合体将土地流转费用提高到600元。周边村民可以到基地务工，每月工资平均达到3 000元。通过土地整理，周边4个村的还增加了村集体收入。

任务一　培育高产肥沃的土壤

■ 任务目标

理解肥沃土壤的基本特征，能够运用适宜的措施培育高产的土壤。具备野外土壤调查的基本技能。

■ 任务准备

1. **实训教室**　有关肥沃良田的挂图、照片、影像资料。
2. **实训准备**　野外土壤调查的相关物资、用具。
3. **实训基地**　高产肥沃地块。

■ 基础知识

高产肥沃土壤具有良好的肥力状况，对旱、涝、风、雹等自然灾害有较强的抵御能力，作物能够高产稳产。我国高产土壤所占比例并不多，并且由于过度用地，也使得一些高产土壤出现了肥力衰退的现象。因此，建设高标准肥沃农田就成为一项重要的任务。

高产肥沃土壤的特征并不是固定不变的。在实践中必须根据具体情况，采取相应的措施，才能获得高产稳产。

1. 肥厚的耕作层　耕作层是植物根系生长的场所，是植物养分和水分最集中的层次。耕作层的厚薄直接影响植物生长的好坏。高产肥沃土壤的耕作层一般都在20cm以上，有的可达30～50cm。

（1）适量协调的土壤养分。高产肥沃的土壤具有较高的有机质、全氮和速效性养分含量，供肥能力强，肥效稳而长，能满足植物不同生长发育阶段对养分的需求。

北方高产旱作土壤，有机质含量>15g/kg，全氮含量在1.0～1.5g/kg，有效磷含量>10mg/kg，速效钾含量>150mg/kg。

（2）酸碱适中。高产肥沃土壤的pH一般在6.5～7.5，含盐量≤0.1%，不含有毒物质。有益微生物数量多、活性大、无污染。

（3）良好的胶体性状。土壤胶体是土壤保肥供肥的物质基础，土壤阳离子交换量在20cmol（＋）/kg以上，可起保肥、供肥、稳肥的作用。

2. 协调的土体构型　高产旱作土壤要求整个土层厚度>1m，耕作层20～30cm，呈"上虚下实"，犁底层不明显，心土层较紧实。肥沃水田土壤，要具有松软、深厚、透水性适当的耕作层，稍紧实的犁底层，底土层较黏重（图8-1）。

3. 良好的物理性状　高产肥沃的土壤一般都具有良好的物理性状，表现为质地适中，具有良好结构，温度变幅小，吸热保温能力强，耕作性能好。土壤容重为1.10～1.25

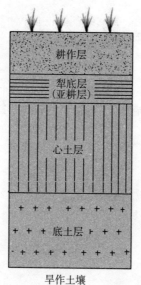
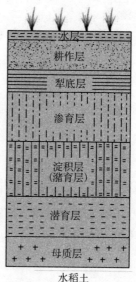

图 8-1　土体构型

g/cm^3，土壤总孔隙度＞50％，通气孔隙度＞10％，大小孔隙比为 1：（2～4）。

4. 适宜的土壤环境

（1）土地平整。低山丘陵区一般要梯田化，平原区要园田化、方田化。

（2）能灌能排。平原区地下水位过高的地方，要将地下水位控制在 2.5m 以下，使土壤水爽气通，水、气、热协调。

任务实施

1. 查阅资料与讨论　查阅有关高产肥沃土壤的挂图、图片、文字材料、影像及网站资料，分组讨论肥沃土壤的重要性，了解加强高产田建设的意义。

2. 田间认地与识土　初步掌握土壤剖面设置、挖掘和观察记载的一般技术，学会分析土壤剖面的性状对农业生产的影响，并能根据观察分析结果对土体构造进行初步评价；熟悉各种地形、地貌特征及其分布规律；提出因土种植、合理施肥和培肥改土的措施。

（1）工作准备。

①组织准备。将全班学生分成若干个小组，特别要强调外出实训期间的注意事项，并做到各组分工明确，各负其责。

②资料准备。尽量收集当地土壤的有关资料，如土壤普查资料、图片等。

③物质准备。铁锹、土铲、土盒、钢卷尺、剖面刀、放大镜、照相机（或摄像机）、布口袋（或塑料袋）、标签、铅笔、土壤剖面记载表、土壤硬度计、土壤标准比色卡、标本盒、10％稀盐酸溶液、水等。

④现场准备。选择土壤类型较多且有代表性的地区作为调查现场。

（2）田间认地活动的实施。"地"是地表各种自然因素相互联系的一个综合体。田间认地就是了解当地土壤、地形、地貌、地下水、地表水、植被、水土流失、利用状况等。

从山顶到河边，可以观察到各种各样的"地"，如山坡地、岗坡地、夜潮地、四平地、河滩地等（图8-2）。由于成因不同和发育时间不一，不同地理位置上的地形地貌、成土母质、水土流失、植被等情况有很大的差异，土地利用状况和种植制度也不相同。

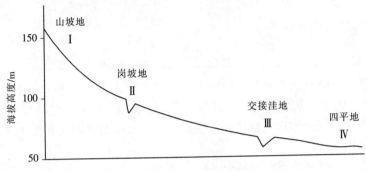

图8-2 各种不同的"地"

（3）田间识土活动的实施。"土"是农业生产的基础。田间识土就是通过对土壤各种性状、利用状况、周边的环境条件、灌溉设施及有关的农业措施等的观察、记录和分析，制订土壤利用、改良和培肥的规划及措施。

①土壤质地的手摸测定（包括干测法和湿测法）。

②记录土壤利用状况（包括目前种植的作物和种植历史、耕作制度、作物产量、肥料施用量和施用方法等）。

③灌溉设施和条件（包括灌溉方法、灌溉量和次数、水源、水质等）。

④周边环境条件（包括距离居民区、工矿企业及交通线的距离等）。

⑤土壤剖面的挖掘、观察、记录和样品的采集，对土壤性状的综合评价。

（4）观察记载土壤剖面特征。

①剖面点的选择和挖掘。土壤剖面是垂直于地表的土壤纵断面。土壤剖面点的位置选择一定要有代表性。剖面要设置在地形、母质、植被等因素一致的地段，一般选在地块的中央，要避免在田边、地角、路旁、沟渠附近、粪堆及新垦搬运过的地块上设置，剖面应能够代表整个地块的情况。

在选好剖面坑点的位置后，先在坑点上划出剖面的轮廓，然后挖土。剖面观察坑的规格一般为长1.5～2.0m，宽0.8～1.0m，深1.0～1.5m。土层厚度不足1m挖至母质层或砾石层；地下水位高时，挖至地下水面或到达地下水位（图8-3）。

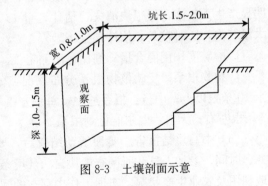

图8-3 土壤剖面示意

挖掘剖面时应注意：第一，剖面观察面要垂直向阳；第二，挖出的表土与底土要分别堆在土坑两侧，避免回填时打乱土层；第三，观察面的上方不得堆土和站人，保持观察面的自然状态；第四，坑的后方成阶梯形，便于上下工作，并节省挖土量。

②剖面的观察记载（表8-1）。

表 8-1　土壤剖面性状描述记录

剖面号：_____　剖面地点：_____　土壤名称：_____　天气：_____　调查人：_____　日期：_____

土壤剖面层次		颜色	质地	结构	pH	松紧度	干湿度	新生体	侵入体	石灰反应	植物根系
符号	深度/cm										

a. 土壤颜色。土壤颜色的命名采用复名法，有主次之分。描述时主色在后，副色在前，如灰棕色，即棕色为主，灰色为副。还可加上浅、深、暗等形容颜色的深浅，如浅灰棕色。

b. 土壤质地。在野外鉴定土壤质地可用手测法，其中有干测法和湿测法，可相互补充，一般以湿测法为主。

c. 土壤结构。在各层分别掘出较大土块，于 1m 处落下，观察其结构体的外形、大小、硬度、颜色，并确定其结构名称。如粒状、团粒状、核状、块状、柱状、片状等。

d. 土壤紧实度。野外鉴定的方法是根据小刀插入土体的深浅和阻力大小来判断。松：小刀随意插入，深度大约 10cm；较松：小刀稍用力可插入，深度为 7～10cm；紧：用较大的力，小刀只能插入土体 4～7cm；紧实：用力大，小刀只能插入土体 2～4cm；坚实：用很大力，小刀只能插入土体 1～2cm。

e. 土壤干湿度。各土层的自然含水状况。干：土壤呈干土块或干土面，手试无凉意，用嘴吹时有尘土扬起；润：手试有凉意，用嘴吹时无尘土扬起；湿润：手试有明显潮湿感觉，可握成土团，但落地即散开，放在纸上能使纸变湿；潮湿：土样放在手中可使手湿润，能握成土团，但无水流出；湿：土壤水分过饱和，手握土块时有水分流出。

f. 新生体。新生体不是母质所固有的，是在土壤形成过程中产生的物质，它不但反映出土壤形成过程的特点，而且对土壤的生产性能有很大的影响。土壤新生体常见的有砂姜、假菌丝体、锈纹锈斑、铁锰结核、石灰结核等。

g. 侵入体。指外界混入土壤中的物体，如石块、贝壳、砖瓦片、金属、木屑、炉渣等，它反映了人为因素的影响。

h. 石灰反应。用 10% 稀盐酸直接滴在土壤上，观察泡沫反应的有无、强弱。无石灰质：无气泡，估计含量为 0；少石灰质：徐徐产生小气泡，估计含量<1%；中量石灰质：明显产生大气泡，但很快消失，估计含量 1%～5%；多石灰质：发生剧烈沸腾现象，产生大量气泡，历时较久，估计含量>5%。

i. 酸碱度。用混合指示剂比色法测定。

j. 植物根系。反映植物根系分布状况，分级标准为多量：土层中根系交织，每平方厘米 10 条根以上；中量：根系适中，每平方厘米 5～10 条根；少量：根系稀疏，每平方厘米 2 条根左右；无根：偶尔能见到根系。

（5）书写总结报告。实训活动结束后，要写出总结报告。主要内容应该包括目的、任务、时间、参加人员、所调查地块自然环境条件基本情况、土壤的发育规律及基本性状、土地利用及农业生产状况、实训工作中存在的问题和解决的方法等。

3. 培育高产肥沃土壤　根据当地的实际情况，分组选择适宜的方法（有可操作性），培育高产肥沃的土壤。如果条件不够，可以观看有关高产肥沃田的影像资料。应注意以下几点。

（1）加强农田基本建设。包括改造地表条件、平整土地和改良土壤、培肥地力两个方面。

在平原地区主要是平整土地，灌排配套，合理布局实行园田化、方田化种植；在低山丘陵区要有水土保持的设施。要搞好植树造林，绿化荒山，整修梯田，开发水源，防止水土流失。随着我国高标准农田示范工程建设的顺利进行（图8-4），我国粮食主产区农业生产条件进一步改善，农业综合生产能力进一步提高，推动了农业可持续发展。

（2）增施肥料、熟化土壤。施肥是人工培肥熟化土壤的有效措施，特别是以有机肥料为主，有机肥料、无机肥料配合施用，是目前培肥熟化土壤、高产优质的重要方法。大力发展畜牧业，养畜积肥。推广秸秆还田，广种绿肥，因地制宜提高土壤肥力。

（3）精耕细作、创造肥厚的耕作层。合理的耕作可以调节土壤固、液、气三相物质的组成比例，加速土壤熟化。深耕可

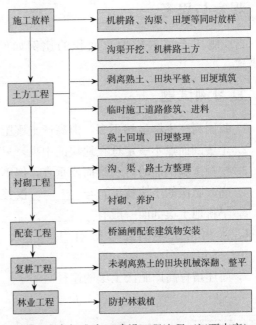

图 8-4　高标准农田建设工程流程（江西吉安）

以加厚耕作层，增加土壤蓄水保墒能力，促进微生物活动和植物根系的生长，加速土壤养分转化。深耕结合施用有机肥料，配合耙、糖、压、锄等措施，耕层性状会极大改善。

（4）轮作倒茬、用养结合。不同植物对土壤影响不同，为了保持地力，必须考虑合理轮作，正确处理用地与养地的关系，做到用养结合。如深根植物与浅根植物轮作，豆科作物与禾本科作物轮作，可以互为创造营养条件，充分利用土壤中的养分，发挥养分的最大增产效果。既能培肥土壤，又能获得高产，做到用养结合。

（5）合理灌溉、防止土壤内涝。合理灌溉包括灌溉方式、灌水量、有灌有排3个方面。灌溉方式可以是井灌、沟灌、喷灌、滴灌，不可以采用大水漫灌，否则会造成土壤结构破坏、养分淋失、抬高地下水位，造成土壤次生盐渍化。以定额灌水，采用浅灌、勤灌的方法，有效地控制土壤水分，调节土壤水、肥、气、热状况。在平原地区，建立灌溉渠系的同时必须建立相应的排水渠系，做到有灌有排，防止土壤内涝。

■ 知 识 窗

高 产 水 稻 田

良好的土体结构，水、肥、气、热诸因素协调。具有深软肥沃的耕作层，深度为18～22cm，呈暗棕色，有深而不陷、软而不烂、肥而不腻、爽而不漏的特点；紧密适度的犁底层，厚5～10cm，保水、透水性良好；通气透水的斑纹层（心土层），厚度40～50cm；保水性良好的底土层（淀积层），在70cm以下，土色青灰，土质黏重，呈棱块状结构。

养分含量丰富，供肥保肥性能好。土壤有机质含量25～50g/kg，全氮量为1.5～2.5g/kg，全磷量为1.0～2.0g/kg，全钾量为1.0～2.0g/kg，氮、磷、钾养分比例适当，保蓄养分能力高，每千克土阳离子代换量在10～25cmol，盐基饱和度可达70%～80%。

观察与思考

当地肥沃土壤占耕地总面积的比例如何？主栽植物是什么？产量如何？调查其培肥措施。

复习测试题

1. 我国高产土壤虽然不多，但高产土壤肥力不会有衰退的现象。（对/错）
2. 土壤剖面点不一定选在地块的中央，只要能够代表整个地块的情况即可。（对/错）
3. 挖掘土壤剖面时，观察面要垂直，但不能向阳。（对/错）
4. 高产肥沃的土壤特征，与_____没关系。
5. 旱耕地土壤剖面一般有_____、_____、_____、_____等层次。
6. 水稻土土壤剖面一般有_____、_____、_____、_____、_____、_____等层次。
7. 简述培育高产肥沃土壤的途径。

任务二 改良培肥中低产土壤

任务目标

认识中低产田的类型，能够分析常见中低产田低产的原因，能够应用适宜的措施改良培肥中低产田，调查当地的土壤改良成果。

任务准备

1. **实训教室** 有关中低产田的挂图、照片、影像资料。
2. **实训准备** 野外调查工作常用物品。
3. **实训基地** 当地具有代表性的中低产田地块。

基础知识

1. 中低产田的低产原因

（1）自然环境因素。主要指坡地冲蚀、土层浅薄、养分含量低、土体构型不良、土壤质地过黏过沙、易涝易旱、过酸过碱、土壤盐化等。

（2）人为因素。盲目开荒，滥砍滥伐；水利设施不完善，灌溉方法落后；掠夺性经营，导致土壤肥力日益下降；土壤污染；等等。

2. 中低产田分类 中低产田的分类见表8-2。

表8-2 中低产田的类型

低产田类型	瘠薄型	滞涝型	盐碱型	坡地型	风沙型	干旱缺水型
低产原因	旱、浅、瘦、沙	涝、冷、黏、瘦、毒	瘦、死、板、冷、渍	流、旱、粗、浅、瘦	流、沙、瘦、浅、旱	旱、沙、浅、瘦

3. 中低产田的改良途径　由于各地土壤低产原因各不相同，所以改良途径有较大差异。共性的改良途径有：

（1）统筹规划、综合治理。必须进行农、林、牧、副、渔统筹规划，山、水、田、林、路综合治理。

（2）改善和保护农业生态环境。低山丘陵区应植树绿化，平川区应建设农田林网和农田保护林带。

（3）加强农田基本建设。山区修梯田，平原园田化、方田化。

（4）培肥土壤，提高地力。施用有机肥，种植绿肥，合理轮作。

好马不怕路远
好汉不怕田薄

农谚

（5）因地制宜、合理利用。宜农则农，宜牧则牧，宜林则林。在保证粮食自给的前提下，尽量种草种树，合理开垦和利用荒地。

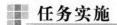

任务实施

1. 查阅资料与讨论　查阅有关中低产田的挂图、图片、文字材料、影像及网站资料，分组讨论当地代表性中低产田产量不高的原因，了解中低产田的改良对于我国粮食安全的重大意义。

2. 改良培肥盐碱土　相关内容见本项目任务四。

3. 改良山岭薄地　我国是一个多山的国家，山地与丘陵在我国分布面积极为广泛，约占土地总面积的 2/3，耕地约占全国耕地总面积的 1/3。山岭地是我国山地丘陵区的主要农业土壤资源，是农业发展的广阔基地。山岭薄地的主要特点是"流、旱、瘦、粗、薄"。"流"主要指山岭地侵蚀严重，风蚀、水蚀制约了土壤的熟化；"旱"主要指山岭地含水量低；"瘦"主要指山岭地肥力水平低；"粗"主要指表土质地粗，养分含量低；"薄"主要指山岭地土层薄，由于侵蚀，土壤总是处在刚刚发育的阶段。

治理应遵循"治山与治水相结合，治沟与治坡相结合，工程措施与生物措施相结合，治理与利用相结合"的原则。关键是要控制土壤侵蚀，防止水土流失；采取有力的培肥措施，改变土壤瘠薄的现状。

当地若有山岭薄地的分布，以小组为单位，选择适宜的方法，与农户结合，帮助他们改良山岭薄地（或参观考察改良试验区）。

（1）植树种草、涵养水源。山岭地植树造林可以阻止雨水对地面的冲击，吸收、调节地表径流和涵养水源，固持土壤，并有改土培肥的作用。

（2）修筑梯田、等高种植。修筑梯田是山岭地最常用的防止侵蚀的工程措施，可以变跑水、跑土、跑肥的"三跑田"为"三保田"。梯田规划应以等高为主，兼顾等距，大弯就势，小弯取直，依地形特点呈长条形带状布设。

（3）免耕、少耕。减少土壤耕翻次数，增加地表覆盖，蓄水保墒，减轻土壤侵蚀。

（4）地面覆盖。推广秸秆覆盖、地膜覆盖技术，减少阳光对土壤的直接暴晒和土壤水分的大量蒸发，防止暴雨造成的水土流失，提高土壤肥力。

（5）合理轮作。不同种类植物对土、肥、水条件要求不同，采用合理轮作有利于培肥土壤、提高地力。山岭地轮作时对深根植物与浅根植物、豆科作物与非豆科作物、密生植物与疏生植物合理安排，以达到培肥土壤的目的。

4. 红壤类低产土壤的改良　低产红壤大多分布在山丘、坡地上，耕层薄，易受旱，土质黏重，酸性强，氮、磷、钾、钙、镁等营养元素缺乏，可以概括为"浅、黏、瘦、酸、旱、蚀"六个方面。"浅"主要指耕作层一般不超过 10～15cm，根系下扎难，影响植物对水分及养分的吸收；"黏"主要指土壤黏粒含量高，土壤湿时糊烂、干时板结，透水透气性能差，耕作不便，不利于植物根系伸展；"瘦"主要指缺乏氮、磷、钾、钙、镁等多种营养元素；"酸"主要指土壤呈强酸性反应，有时发生铝中毒现象；"旱"主要指土质黏重，水分容易蒸发，植物在旱季容易受旱；"蚀"主要指低产红壤主要分布在山、丘、坡、台，并且由于土质黏重，降水下渗困难，降水强度大时易造成地表径流和水土流失。

当地若为低产红壤（或黄壤），以小组为单位，选择适宜的方法，与农户结合，指导帮助他们改良（或参观考察改良试验区）。

（1）全面规划、综合治理。缓坡和谷地可种植农作物和经济作物；较陡坡地根据坡向和土层厚度种植茶树、油茶、柑橘等；陡坡、荒山秃岭和土壤侵蚀区应营造生长迅速、覆盖幅度大、适应性强的胡枝子、荆条、马尾松等乔灌木多层林，以保持水土。

（2）平整土地，修整梯田，引水上山。修建各式梯田是消除土壤侵蚀、保持水土、提高土壤肥力的根本措施。

（3）深耕改土。结合施用有机肥料，加深红壤耕层，创造深厚、肥沃、疏松的耕作层，有利于植物根系生长。

（4）施用石灰中和酸性。石灰能够中和土壤酸性，又能提供钙、镁等营养元素，也是形成良好土壤结构的胶结剂。

（5）合理轮作、间作、套作，用养结合。不同种类植物，对土、肥、水条件要求不同，合理轮作有利于培肥土壤、提高地力。

（6）增施有机肥料，合理施用化肥。低产红壤施肥应贯彻以基肥为主、追肥为辅和以有机肥为主、化肥为辅的原则。增施有机肥料可以改变土壤的不良性状，增加保水保肥能力和改良耕性。

（7）种植绿肥。种植绿肥，能起到护坡、防止冲刷的作用，可以提高红壤的有机质含量和氮素水平。

5. 低产水稻土的培肥与改良　当地若有低产水稻土，以小组为单位，选择适宜的方法，与农户结合，指导帮助他们改良（或调查改良试验区）。

（1）冷浸田。山丘谷地受冷水、冷泉浸渍或湖区滩地受地下水浸渍的一类水田，终年水土低温或兼有土层稀烂。

冷浸田改良利用要点：

①建立排水系统，降低地下水位。

②耕翻晒垡，水旱轮作。

③增施磷、钾、硫肥等。

（2）黏结田。黏重、发僵的低产水稻土。透水性不良，易旱易涝，且养分释放较迟缓，有些地方称这种土壤"坐水""坐肥"。

黏结田改良利用要点：

①客土掺沙。

②晒垡冻垡。

③种植绿肥、增施有机肥等。

（3）沉板田。土壤质地过沙或粗粉粒过多的低产水稻土。

沉板田改良利用要点：

①客土掺黏。

②种植绿肥、增施有机肥。

③改进灌排方法等。

（4）浅瘦田。耕层浅薄、养分贫乏、水深不足、熟化度低的一类水稻田。

浅瘦田改良利用要点：

①逐年加深耕层，提高其容纳水肥能力。

②增施磷、钾肥。

③种植绿肥、增施有机肥等。

6. 调查土壤改良成果　在我国的土壤资源中，中低产田占大部分，这往往是由于土壤的不良性状和障碍因素造成的。可以采取工程、物理、化学的或其他措施，改善土壤性状，提高土壤肥力，增加作物产量，以及改善人类生存的土壤环境。土壤改良工作一般根据各地的自然条件、经济条件，因地制宜地制订切实可行的规划，逐步实施。

（1）工作准备。

①技术准备。以班级为单位组成调查工作队，分为若干个小队，确定好职责。备好必需的资料和图件，制订好工作方案。聘请土地复垦或土壤改良方面的专家作为调查活动的科学顾问。

②工具准备。铁锹、土钻、米尺、望远镜、照相机（摄像机）、铅笔、记载表等。另外，野外工作必备的生活和医用物品也应考虑周全，确定好交通用具。

③现场准备。根据各地不同情况和条件，尽可能预先同农业、土地管理等部门沟通协调好，选择有一定规模、技术含量高、影响较大、社会效益和经济效益显著的改良试验区作为调查的对象，又要考虑距离学校近、交通方便等因素。

（2）调查内容的实施。

①自然环境条件的调查。收集利用当地气象站的气象资料（如降水量、温度、无霜期、蒸发量等），调查气候与当地土壤和作物生产的关系。利用水文部门资料，了解地下水水位、水质、季节变化规律及临界深度等，摸清当地的河流、湖泊、水库等地表水资源，了解水利工程的规格、作用等问题。

实地调查土壤改良区的自然植被和人工植被的种类、覆盖度及其对土壤培育的影响；初步观测成土母质特征、有无盐化和潜育化现象以及是否含碳酸盐等；观察记载改良区的地形地貌特点和土壤侵蚀的类型、强度及其原因，总结群众保持水土的经验和教训。

②土壤改良前农业生产情况的调查。通过访问当地种植者和查找资料，记载改良前土地利用情况，土地平整状况和排灌措施，施肥水平及肥源，栽培管理水平，作物长相及产量水平，限制作物生长的土壤障碍因子及其他影响因素，等等。

③土壤改良利用现状调查。土壤改良技术主要包括土壤结构改良、盐碱地改良、酸化土壤改良、土壤科学耕作和治理土壤污染等，土壤改良过程共分保土和改土两个阶段。一般根

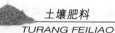

据各地的自然条件、经济条件，因地制宜地逐步实施。

利用改良区土地利用现状图或其他表格、文字资料，结合现场调查，记载土壤改良区的综合治理方法，农田基本建设情况，现有土壤资源的分级和分配，作物的布局、面积，作物的长势长相、产量水平、施肥状况、经济效益，等等。将结果记录到土壤改良成果参观调查简表中（表 8-3）。

表 8-3　土壤改良成果参观调查记录

调查地点（单位）：_____　时间：_____　天气：_____　调查人：_____

地块编号			地块位置		土壤名称		面积/hm²	
环境条件	地形	成土母质	海拔/m	自然植被	灌排条件	侵蚀情况	地下水位	
改良对照	主栽作物	面积/hm²	产量/kg	肥料/kg	其他作物	面积/hm²	产量/kg	
改良前								
改良后								
土壤改良培肥措施								
配套基础设施建设								
存在问题								
合理化建议								

④土壤标本的采集和土壤改良利用成果影像资料制备。采集纸盒标本，供室内比土评土、陈列用，同时采集耕层土壤样品，供以后室内土壤理化性质分析使用，切记做好详细记录。应该充分利用现代化的教学仪器设备，借助野外实训活动的机会，制备土壤改良利用成果影像资料，积累丰富今后的教学手段和内容，还可以培养学生多方面的技能。

（3）编写总结报告。通过对调查结果的整理、讨论、分析总结，写出总结报告。主要内容应该包括：

①目的、任务、时间、参加人员、调查方法等。

②土壤改良区自然环境条件基本情况。

③土壤改良前土壤基本性状及农业生产情况。

④土壤改良的基本方法和基本过程。

⑤土壤改良利用现状调查结果。

⑥绘制土壤改良利用现状图。

⑦改良区实际工作中的不足或需要改进的地方。

⑧实训工作中存在的问题和解决的方法。

知　识　窗

我国土壤资源面临的问题

1. 我国土壤资源类型多样，山多地少，分布不平衡　人均数量偏少，人均耕地、林地和牧草地仅为世界人均数量的 45％、25％ 和 36％。

2. 整体质量偏低　农林牧结合利用较难，中低产田的比例很大。土壤有机质少，土壤养分含量不足、养分比例失调，土壤障碍因素多。

3. 土壤侵蚀严重，危害巨大　我国水土流失面积达 367 万 km^2。

4. 沙化加剧　沙漠化面积达到 267 万 km^2。

5. 土壤盐碱化、酸化严重　西北内陆干旱、半干旱地区以及滨海地带盐碱土估计总面积 20 万 km^2 以上；南方酸性土地区已经形成危害。

6. 土壤污染日益严重，农田生态破坏　工业废弃物以及农药、化肥的大量使用，加上管理不善，进入土壤的有害物质逐年增多，达到危害植物正常生长发育的程度，并通过食物链的传递，从而影响到人类的健康。

■ 观察与思考

1. 近几年来，在黄淮海部分地区出现了土壤返盐（盐碱化）的问题，许多农民认为是由化肥的施用量过大引起的，你认为呢？

2. 相对于北方地区，我国红壤地区温度高、降水多，土壤发育程度高，为何低产田较多？红壤的颜色为什么是红色的？

■ 复习测试题

1. "山上多栽树，等于修水库"的说法有科学道理。（对/错）

2. 增施有机肥料不能起到改良盐碱土的作用。（对/错）

3. 低产红壤的特点可以概括为"浅、黏、瘦、酸、旱、蚀"等几个方面。（对/错）

4. 低产水稻土的类型有 _____、_____、_____、_____ 等。

5. 山岭薄地的主要特点有 _____、_____、_____、_____、_____ 等。

任务三　改良培肥废弃地

■ 任务目标

认识废弃地的类型，学会分析常见废弃地被抛荒的原因，能够应用适宜的措施改良培肥废弃地。

■ 任务准备

1. 实训教室　有关废弃地的图片、影像资料。

2. 实训基地　当地具有代表性的废弃地田块。

■ 基础知识

废弃地指因采矿、工业和建设活动挖损、塌陷、压占（生活垃圾和建筑废料压占）、污染及自然灾害毁损或人为弃耕等原因而造成的不能被农业利用的土壤。

1. 工矿塌陷地　工矿废弃塌陷地使大面积农田被毁，改变了地表原有的地形地貌，有的深塌陷区地表常年或季节性积水，地表水土流失加重。耕地土壤质量下降，土壤产生破坏、推移、沉积等土壤侵蚀现象，土壤退化，质量下降。大面积农田绝产，给当地农业生产造成巨大损失，严重破坏了当地的生态环境。

人勤地也勤
荒地出黄金
人懒地也懒
好田收一碗
农谚

2. 抛荒田 抛荒田往往是无人或无力耕种的田块、农业基础设施薄弱的田块、种植效益低的田块等。促成农村普遍出现农田抛荒现象的成因是经济发展过程中各种层次问题的综合反映，既有农业内部效益低、农村劳动力大量转移以及一些不合理的因素形成的内部推力，也有第二、三产业及打工收入相对较高等所具有的外部拉力。大量抛荒田的出现，势必影响我国的粮食安全，容易造成土地生产力下降，甚至产生"空心村"现象。

3. 旧村庄、旧宅基地 随着农村经济的迅速发展和我国小城镇建设步伐的加快，我国许多地方出现了大量旧宅基地被废弃的现象，造成土壤资源的浪费。通过合理的改良与培肥，能够有效地增加耕地面积，大大改善人居环境，增加经济收益。

4. 污染土壤 遭受污染的土壤，我们称为"毒土"，其性状变劣，导致作物减产和品质降低，有害物质通过土壤→作物→人体的转移途径，最终危害到人类健康。

用工业污水灌溉后，粮食品质下降，如粗蛋白和粗脂肪减少，含糖量降低，而重金属含量增加；蔬菜异味较大。工业废渣主要是重金属，使土壤及河水受到污染，并且占据农田。有些废物中还有放射性物质，对人、畜的危害更大。

我国农药使用量是比较大的，在防治病虫害方面起了很大作用，但大量使用剧毒农药以及残留性化学农药，则容易造成污染，通过食物链危害人、畜健康。长期过量乱施化肥，会使土壤性质恶化、肥力下降。农用塑料薄膜、植物秸秆、牲畜粪便及生活垃圾等废弃物处理不当，也能污染土壤和水域。

任务实施

1. 查阅资料与讨论 查阅有关废弃地的图片、文字材料、影像及网站资料，分组讨论当地废弃地产生的原因，了解废弃地改良的意义。

2. 改良培肥工矿塌陷地 当地若有工矿塌陷地，以小组为单位，选择适宜的方法，与企业及农户结合，指导帮助他们进行土壤改良（或参观考察改良试验区）。

（1）客土复垦。覆盖 30～50cm 的表土，合理安排保水和排水。

（2）发展林业，恢复塌陷地的自然景观。对周边的防护林带和露天采区的景观，进行总体规划设计并组织实施。

（3）土壤重金属的污染治理。工矿塌陷地通过淋溶等途径造成土壤重金属污染。生物法是目前研究较多的土壤重金属污染治理技术，利用生物的生命代谢活动减少土壤中有毒、有害物质的浓度，使其无害化，从而使被污染的土壤能够部分或完全恢复到原始状态。

（4）发展综合生态农业。如在非积水稳定沉陷区，可以建设大棚或地膜覆盖栽培蔬菜等设施农业模式；在积水沉陷区，可以利用积水的优势，建设"农—渔—禽"农业模式；在复垦后土壤肥力较差、土地生产能力不强的废弃地，建设"林果—畜禽"农业模式等。

3. 改良培肥抛荒地 选择当地有代表性的抛荒田，以小组为单位，选择适宜的方法，与农户结合，指导帮助他们进行土壤改良。

（1）土壤增肥改良。抛荒田土壤养分缺乏，土壤性状差，应合理耕作、增施化肥与有机肥，加强水分管理措施等。

（2）优化种植结构，提高综合利用效益。有些地方种植模式单一，如山区土地贫瘠、水源供应不足，种植水稻、小麦等，成本反而高，抵御自然灾害能力差，效益也低，抛荒现象时有发生。应该因地制宜，优化种植结构，粮、油、林、果、茶等多元植物协调发展，同时搞好养殖业，广开收益来源。

（3）完善农业基础设施。切实搞好以水利为重点的农业基础设施建设，采取综合治理措施，提高耕地质量。大力推进农业小型机械化，提高劳动生产率和经营规模，增加劳动收入，减轻劳动强度。通过改善农业生产条件，提高农业综合生产力，创造良好的农业生产环境，不断提高农业抵御自然灾害的能力，增强农业生产的稳定性。

4. 改良培肥旧宅基地 以小组为单位，选择适宜的方法，与农户结合，指导帮助他们进行土壤改良（或参观考察复垦优良区）。

（1）工程措施。

①清理建筑垃圾。按照规划设计要求平整土地。

②保护现有耕作土层。将适宜耕作的表土收集并妥善存放。

③修建附属配套设施。复垦区应做到沟、渠、路配套，以保证较好的耕地条件。

④回填表土。复垦区表土层厚度应达到 18cm 以上。

（2）农业措施。

①深翻土壤。如旧宅基地土层深厚且养分含量较高，可进行深翻，深翻后土壤容易成块状，需蓄水浸泡、晾晒敲碎，以改善耕作层土壤的物理性状。

②广辟有机肥源，增施有机肥料。要大力发展种植绿肥，实行绿肥压青回田；推广秸秆还田；广积农家肥，增施沼液（渣）。增加土壤有机肥源，培肥地力。

5. 改良培肥污染土壤 当地若有遭受污染的地块，以小组为单位，选择适宜的方法，与企业及农户结合，指导帮助他们进行土壤改良（或参观考察改良试验区）。

（1）生物防治。有些低等植物，如蕨类植物对锌、镉的富集能力很强，苔藓对砷富集能力强；冬青、杜鹃、杨树对重金属的吸收量也非常大。种植这些非食用性植物，在一定程度上可排除土壤中的重金属。蚯蚓对土壤中残留农药和重金属的累积能力就特别强，被称为"环境净化装置"和"小化肥厂"。

（2）施用化学改良剂。在受重金属轻度污染的土壤中施用抑制剂，可将重金属转化成为难溶的化合物，减少植物的吸收。常用的抑制剂有石灰、碱性磷酸盐、碳酸盐和硫化物等。如在受镉污染的酸性、微酸性土壤中施用石灰或碱性炉灰等，可以使活性镉转化为碳酸盐或氢氧化物等难溶物，改良效果显著。

（3）合理施用化肥，增施有机肥。根据土壤的特性、气候状况和作物生长发育特点，配方施肥，严格控制有毒化肥的使用范围和用量。

增施有机肥，提高土壤有机质含量，可增强土壤胶体对重金属和农药的吸附能力。如褐腐酸能吸收和溶解某些除草剂和农药，腐殖质能促进镉的沉淀等。同时，增加有机肥还可以改善土壤微生物的活动条件，加速生物降解过程。

（4）改良土壤。对于受污染的土壤，采取换土、客土、翻土的方法改良较为彻底，但对于大面积地块不易推行。同时还要防止污染"搬家"。

（5）耕作制度。实行轮作倒茬，改变单一种植模式。实践证明，实行水旱轮作是减轻或消除农药污染的有效措施，如有机氯农药在旱地中很难降解，而在水田中很快会被分解、排除。

■ 知 识 窗

保护地土壤存在的问题及改良措施

保护地栽培是在人工保护设施所形成的小气候条件下进行的植物栽培，又称设施栽培，主要应用于蔬菜、果树、苗木、花卉等园艺作物和药用植物的生产。

1. 保护地土壤存在的问题

（1）化肥施用过量，养分比例不合理。可恶化土壤的理化性质，使土壤板结、团粒结构遭到破坏，土壤营养元素失衡，肥力下降，使农作物产量增幅减缓，品质下降。

（2）农药的使用量仍然较大。一些保护地土壤的生产功能、调节功能、自净能力和载体功能受到了严重损害，污染农作物和食品，自然界天敌和害虫之间的生态平衡遭到破坏。

（3）地膜污染日益严重。地膜中的有毒物质对作物的毒性很大，导致减产。连续覆盖栽培，会使土壤的透气性降低，土壤含水量减少，土壤中微生物活动减少，并阻碍根系发育和对土壤水分、养分的吸收。

（4）土壤次生盐渍化加剧。化肥的用量过大，加上不合理灌溉，易使地下水位升高，由于缺乏排水设施，通过蒸发使表土积盐，从而产生了土壤次生盐渍化现象。

（5）有机肥施用偏少。高投入、高产出的保护地生产中有机肥施用明显不足，土壤肥力也逐渐下降。

2. 保护地土壤改良措施

（1）轮作换茬。合理安排不同果蔬、花卉等植物轮作换茬，并尽量考虑不同蔬菜的科属类型、根系深浅、吸肥特点及分泌物的酸碱性等。

（2）科学合理使用肥料。应用测土配方施肥技术，以避免盲目施肥，减少浪费，减少对环境的污染；大力推广和施用微生物肥料；施用长效氮肥和氮抑制剂。腐熟有机肥是一种养分较齐全的肥料，大量施用可改善土壤的理化性状，有益于保护地蔬菜生产。

（3）施用土壤调理剂和新型植物生长素。选择施用免深耕土壤调理剂，可打破土壤板结、疏松土壤、提高土壤透气性、促进土壤微生物活性、增强土壤肥水渗透力、减少病虫害发生，从而减少农药的用量。施用一些新型植物生长素来增加作物的抗逆、抗病性能，减少农药在土壤中的残留，改善作物品质。

（4）土壤消毒。

①用药剂法、日光法、高温法、冷冻法等进行土壤消毒。使用可降解农用地膜。

②清除农田残膜，把收集到的废膜统一进行合理的回收利用，使用黑色药膜或黑色可降解膜。

（5）采用微灌系统。根据不同作物选择与之适应的微灌方式，如滴灌、渗灌、微喷和涌泉灌等。

（6）改良土壤质地。

①蔬菜收获后，深翻土壤，把下层含盐较少的土壤翻至上层与表土充分混匀。

②用肥沃土来替换盐渍土、酸化土。

③进行无土栽培。

■ 观察与思考

1. 当地有无污染较重的企业？污染源是什么？对农田的影响如何？

2. 当地农村的主要污染源是什么？提几条防治建议供大家讨论。

■ 复习测试题

1. 遭受污染的土壤，其性状变劣，容易造成农产品品质降低，但不减产。（对/错）

2. 采取换土、客土等方法改良受污染的土壤效果较好，但要把受污染的土堆放在沟旁、河边，以利于淋洗。（对/错）

3. 有的工矿废弃塌陷地会形成较大的水面，有利于当地生态环境的改善。（对/错）

任务四 改良盐碱地

■ 任务目标

认识盐碱地的类型，分析土壤盐碱化的原因，能够采取适宜的措施改良盐碱地，参观调查当地的盐碱地土壤改良成果。

■ 任务准备

1. 训教教室 有关盐碱地的挂图、照片、影像资料。

2. 实训工具 野外调查工作常用物品。

3. 实训基地 当地具有代表性的土壤盐碱化地块。

■ 基础知识

1. 盐碱地的定义 当土壤表层或亚表层中（一般厚度为 $20\sim30cm$）水溶性盐类累积量超过 0.1% 或 0.2%（100g 风干土中含 0.1g 水溶性盐类），或土壤碱化度超过 5%，就属盐碱土范围。根据土壤中所含盐分的特点，可将盐碱土分为盐土和碱土两大类，其中最主要的致害离子为 Na^+、Cl^-、HCO_3^- 和 CO_3^{2-}，这些离子对植物生长的影响除了直接的胁迫效应外，还包括这些离子之间十分复杂的相互作用。大多数内陆盐碱土地既包含中性盐又包含碱性盐，生长在这些碱化土壤上的植物，同时面临渗透胁迫、盐胁迫、高 pH 及胁迫离子间的交互抑制作用等多重复杂的胁迫作用，从而严重影响植物的生长。

2. 盐碱地的分类 盐碱地的分类见表 8-4。

表 8-4　盐碱地类型

盐碱地类型	轻度	中度	重度
含盐量	0.1%～0.3%	0.3%～0.6%	>0.6%

3. 全国盐碱地的分布　目前我国现有耕地中盐碱地约有 1.1 亿亩，另外还有 1.8 亿多亩可开垦的盐碱荒地。从不同等级盐碱耕地及可开垦盐碱地盐碱化程度看，全国轻度、中度、重度 3 种程度盐碱地面积各 1 亿亩。按照盐碱地分布地区的土壤类型、气候条件等环境因素及成因，大致可将我国盐碱地分为滨海盐碱区、黄淮海平原盐碱区、东北松嫩平原盐碱区、西北内陆荒漠及荒漠草原盐碱区 4 个主要类型区。

4. 盐碱地的成因

（1）自然环境因素。主要指坡地冲蚀、土层浅薄、养分含量低、土体构型不良、土壤质地过黏或过沙、易涝易旱、过酸过碱、土壤盐化等。

（2）人为因素。盲目开荒，滥砍滥伐；水利设施不完善，灌溉方法落后；掠夺性经营，导致土壤肥力日益下降；土壤污染；等等。

5. 盐碱地的改良途径　改良盐碱土的原则是要在排盐、隔盐、防盐的同时，积极培肥土壤。主要措施有：一是排水，对地势低洼的盐碱地块，通过挖排水沟，排出地面水可以带走部分土壤盐分。二是灌水洗盐，根据"盐随水来，盐随水去"的规律，把水灌到地里，在地面形成一定深度的水层，使土壤中的盐分充分溶解，再从排水沟把溶解的盐分排走，从而降低土壤的含盐量。三是种植水稻。四是增施有机肥或土壤调理剂，促进团粒结构的形成，改良盐碱土的通气、透水和养料状况。五是客土压碱，客土就是换土，可使土壤含盐量降低到不致危害作物生长的程度。俗话说"沙压碱，赛金板"就是这个道理。六是合理种植，在盐碱地上种植向日葵、谷类、甜菜、大麦等为耐盐碱性较强的作物。

任务实施

1. 查阅资料与讨论　查阅有关某地区比如江苏盐碱地的图片、文字材料、影像及网站资料，分组讨论盐碱地形成的原因，了解影响盐碱地改良以及我国耕地质量提升的情况。

2. 盐碱地改良治理与利用技术　每小组网上收集土壤盐碱地改良治理的案例，并讨论盐碱地改良的途径和方法，结合主要的治理措施，能够科学地进行盐碱地改良，保证土壤的可持续性。

（1）土壤管理控抑盐类技术。创建肥沃的淡化表层，如旱作"上覆下改"控盐培肥技术。

（2）土壤增强脱盐技术。如水稻黄熟期延期排水增强洗盐技术。

（3）土壤节水灌溉控盐技术。如膜下滴灌节水控盐技术、盐碱地高效节水控盐灌排技术、盐碱地棉花精量灌水控盐技术。

（4）土壤农艺生物治盐技术。主要利用生物有机改土培肥，如耐盐植物品种筛选、盐碱地秸秆快速腐解改土培肥技术。

（5）土壤化学治盐改碱技术。如盐土调理修复技术、重度盐碱地磷石膏快速改良技术。

■ 知 识 窗

东北的苏打盐碱地

我国东北地区的苏打盐碱地主要分布在黑龙江、吉林、辽宁和内蒙古东北部地区的松嫩平原、松辽平原及三江平原地区。之所以在盐碱地前带有苏打二字，是因为这里的盐碱地的主要成分为碳酸钠和碳酸氢钠，也就是我们生活中常说的苏打和小苏打。

位于黑龙江西南部和吉林西北部地区的松嫩平原，春、夏季积水，秋冬干旱，一直都以盛产优质作物和商品粮而闻名。但实际上，松嫩平原西部还是世界上三大苏打盐碱地之一。松嫩平原西部的盐碱地大致沿大兴安岭呈东北—西南向分布，是我国苏打盐碱地分布的主要区域。为何这里会有这么多的苏打盐碱地呢？

在地质历史时期上，这片区域内曾发生过几次较大规模的构造运动。在燕山运动作用下，长白山和大兴安岭不断挤压抬升，同时松辽盆地下沉，为富含纳的长石和其他碱性矿物在此堆积创造了有利的地形条件。留存在此的矿物，理所当然地成为苏打盐碱地中盐分的最初来源。后续一系列复杂的地质变迁，也进一步推动了这里土壤盐渍化的发展。

■ 观察与思考

观察典型盐成土类型及剖面，认识几种积盐成土类型。

盐积正常干旱土

潮湿碱积盐成土

龟裂碱积盐成土

复习测试题

1. 盐碱地又称盐渍土，是_____、_____和_____的总称。

2. 盐碱地含无机盐多，不利于植物的生长。（对/错）

3. 改良盐碱土的措施有哪些？

模块三

保护土壤健康与保障粮食安全

09 | 项目九 施肥与全球变暖

 **项目目标**

【知识目标】理解施肥与全球变暖及环境的关系，了解施肥不当可能引发的土壤污染。

【能力目标】能够有效地应对施肥对全球变暖的影响，能够维持土壤健康、保障粮食安全。

【素养目标】建立粮食自主、安全观，树立生态文明发展理念，积极践行"绿水青山就是金山银山"理念。

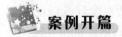 **案例开篇**

藏粮于土：土壤安全利用成共识

如果没有土壤安全，人类难以确保粮食、纤维制品、淡水资源的安全供应，难以保障陆地生物多样性安全，将会减弱土壤作为地球系统生源要素（碳、氮、磷、硫等）循环库的潜力，进而失去产生可再生能源的重要物质基础。

事实上，粮食安全的根基在于耕地质量，即农作物用地的土壤安全问题。

中国农业大学资源与环境学院教授李保国介绍说："当前我国东北黑土地区的土壤退化、华北地区水资源短缺造成的土壤干旱化、南方地区土壤酸化、西北旱作区土壤贫瘠化与绿洲地区土壤盐渍化所造成的土壤安全问题，严重影响了我国的粮食安全。"

我国受污染的耕地约有 1.5 亿亩，中、重度污染耕地高达 5 000 万亩。"要特别关注土壤污染的重点区域，如矿区和地质背景值高的区域、污灌区、油区，以及设施农业种植区和城市周边地区等，更要关注土壤酸化所带来的污染加剧问题。"中国科学院南京分院院长周健民表示。

"土壤资源持续高效安全利用已成为世界共识。"沈仁芳说。他解释道，在全球环境可持续发展体系下，土壤对粮食安全、水安全、能源可持续性、气候稳定性、生物多样性及生态系统服务供应等方面具有不可替代的作用。因此，土壤安全的认知必须基于土壤的功能和土壤可能受到的挑战。

然而，当前我国土壤的价值被低估，对土壤安全的认识十分不足，对土壤安全的评估也没有一套完整的体系。沈仁芳指出，资源数量有限、土壤质量不高、退化现象严重、管理技术落后与政策法律缺失等都制约着对土壤安全的评估工作。

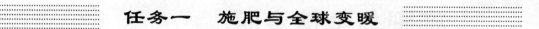

任务一　施肥与全球变暖

■ 任务目标

了解全球变暖的原因以及可能造成的影响，正确看待施肥与全球变暖的关系。

■ 任务准备

1. 资料　通过互联网查阅全球变暖造成的影响，收集相关的照片和视频。
2. 试验　进行引发全球变暖的小试验。

■ 基础知识

1. 温室效应　全球变暖的问题已引起各界的广泛重视。造成温室效应的气体主要是二氧化碳、一氧化碳、甲烷、氧化亚氮（N_2O）、一氧化氮（NO）、氯氟烃等。温室气体浓度的增加可能会产生如下影响：①平均气温升高，特别是温带夜间温度增加；②雨量和蒸发量的比例改变，导致农业-生态带的位移；③海平面上升。全球变暖的影响因地区不同而有很大差异，整体来看，不利的影响可能大于有利的影响。

2. 施肥与全球变暖的关系　施肥是农业生产中经常性的措施。施肥对全球变暖的影响主要是通过产生温室气体来进行的。受施肥影响最大的温室气体主要是氧化亚氮和甲烷。从农业角度看，保持土壤有机质，不断增加农作物产量以及减少森林和其他植被的破坏，有利于甲烷的排放。甲烷的来源主要是水田和湿地。土壤中甲烷的产生主要受土壤氧化还原状况的影响，所以施用有机肥，特别是秸秆还田可以促进土壤还原性的加强，增加水田或湿地甲烷的排放。施用氮肥一般有利于抑制水田或湿地甲烷的排放。蔡祖聪等人的研究表明，施用硫酸铵可使甲烷排放通量比不施氮肥减少 42%～60%。施用其他氮肥也具有类似的结果（表 9-1）。

表 9-1　氮肥品种对甲烷排放的影响

处理	平均通量/［mg/（$m^2 \cdot$ h）］	相对量/%
不施氮肥	3.31	100
硫铵 100kg/hm^2	1.91	158
硫铵 300kg/hm^2	1.34	40
尿素 100kg/hm^2	3.07	93
尿素 300kg/hm^2	2.85	86

土壤氧化亚氮的主要来源是土壤中的硝化和反硝化作用。据估计，施肥土壤每年向大气排放的氧化亚氮有 150×10^4 t，而全球自然土壤的年排放量（以 N 计）则达到 $(600 \pm 300) \times 10^4$ t，两者合计占全球氧化亚氮来源的一半以上。在农田中，施用氮肥是氧化亚氮产生量增加的基本原因，施用尿素土壤的氧化亚氮排放范围为每季 0.2～0.8kg/hm^2。Boumwman 的试验结果表明，在氮肥用量低时，其用量的 0.1%～0.8%可转化成一氧化氮排放出来；而

在高用量时，这一比例达到 0.5%～2%。在太湖地区，氧化亚氮的排放量在水稻生长期间相当于施氮量的 0.19%～0.48%。不同氮肥品种对氧化亚氮排放量的影响也是不同的，国外报道不同氮肥氧化亚氮的转化率为：液氮 1.63%、铵态氮肥 0.12%、尿素 0.11%、硝态氮肥 0.03%。由于全球变暖问题的重要性，对各种温室气体排放规律的研究已引起各界的广泛重视。关于温室气体排放量，由于各有关参数尚未充分建立，各种估测数据还不可避免地存在着很大误差。

一般来说，我国二氧化碳排放量以非农业来源为主。稻田中甲烷的产生主要是施用绿肥、秸秆、厩肥等有机肥的结果，土壤有机质本身也能产生一定量的甲烷。我国氧化亚氮排放量的三大来源是土壤本身、氮肥施用和生物体燃烧，其中氮肥来源的约占 1/5。但随着耕地面积的减少，土壤本身的排放总量可能减少。因氮肥用量增加和燃烧生物体数量增加，这两方面对氧化亚氮排放量的贡献份额可能会增加。

■ 任务实施

1. 查阅资料 查阅施肥与气候变暖的新闻报道等相关资料。

2. 了解全球气候变暖造成的影响 分组列举案例，总结全球气候变暖对农业生产造成的影响。

（1）粮食减产。气温升高会使低纬度的高温和伏旱加剧，造成粮食产量下降。相关统计认为全球平均气温每升高 1℃，全球的小麦产量就会下降 6%，水稻的产量将下降 3.2%，玉米的产量将会下降 7.4%，大豆的产量将会下降 3.1%。总之，全球变暖整体上会导致粮食产量的下降。

（2）农业病虫大量繁殖。气候变暖不仅会使土地的荒漠化加剧，还会使农业病虫大量繁殖，因此对农作物的危害也会加剧。全球变暖导致农业病虫害正在以每年 3km 左右的速度向南北极扩展，过去 50 年来全球气温升高与病虫害大范围扩张之间有着密切关系。

（3）盐渍化和沼泽化。气候变暖还会引起海平面上升，海水会向内陆倒灌，盐土向内陆扩展，使农作物生长地区的盐渍化和沼泽化更加严重，靠近沿海地区的种植面积减少，粮食产量下降。

3. 总结减缓全球变暖的农业措施

（1）实施秸秆还田（图 9-1）。在温室气体的增温效应中，二氧化碳的贡献最大。植物光合作用可以固定空气中的二氧化碳，通过秸秆还田，将植物固定的碳返回给土体，无疑是减少碳排放的理想途径。据估计，当前主要作物秸秆还田比例不足 40%。

图 9-1 秸秆粉碎还田

（2）采用免耕作业（图 9-2）。土壤是陆地生态系统最大的碳库，免耕种植可避免土壤扰动，减少有机碳的矿化，改善土壤结构。多数研究表明，长期免耕并配合秸秆还田、合理轮作等措施，

图 9-2　小麦秸秆还田条件下免耕播种玉米

对土壤固碳和作物生长都有积极作用。

（3）合理施用化肥农药。绿色革命后的粮食产量的大幅提升，化肥农药功不可没，但现在的情况是实际用量往往超过土地的承载能力。过量施用的化肥、农药会通过挥发或淋溶方式损失，造成环境和水体严重污染。

■■ 复习测试题

1. 温室气体有哪些？
2. 土壤氧化亚氮的排放主要来源是土壤中反硝化作用。（对/错）
3. 旱作是甲烷的来源。（对/错）
4. 高施氮肥量不会引起全球气候变暖。（对/错）

■■ 知识窗

缓解气候变暖的重要途径

全球气候变暖已是不争的事实。

据 IPCC 第五次评估报告，1880—2012 年，全球地表平均气温升高了 0.85℃，尤其是高纬度地区。1983—2012 年是过去 1 400 年来最热的 30 年（图 9-3）。

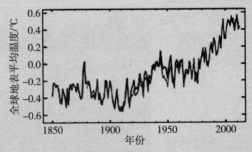

图 9-3　全球地表平均温度变化（相对于 1961—1990 年的平均值）

注：资料来自中国气象局，"变暖的星球——IPCC 第五次评估科学基础报告解读"。

伴随着气候变暖，极端气候事件的强度和频率也有了明显的变化，对人类的生产、生活产生明显影响，对农业生产影响尤为明显。减少温室气体排放（二氧化碳、甲烷、氧化亚氮等）、增加对温室气体的吸收是缓解气候变暖重要途径。

任务二　认识土壤污染

■ 任务目标

　　了解土壤污染的原因，熟悉我国土壤的主要环境问题，能够科学有效地进行土壤污染防治，保持土壤健康。

■ 任务准备

　　1. 实训教室　准备有关土壤污染的案例及照片、影像等资料。

　　2. 实训基地　有土壤环境问题的果园、农田等。

■ 基础知识

　　1. 土壤污染　土壤污染是由于人类活动或自然过程产生的有害物质进入土壤，致使某些有害成分的含量明显高于不受人为干扰情况下该成分的含量，超过土壤自净能力，从而引起土壤环境质量恶化的现象。

　　（1）土壤污染的类型。按照污染物的种类，土壤污染的类型可分为有机物污染、无机物污染、生物污染、放射性物质污染等4类。其中，有机污染物主要有农药、三氯乙醛、多环芳烃、多氯联苯、石油、甲烷等；无机污染物主要有酸、碱、有毒重金属及其氧化物、盐类、硫化物、卤化物以及含砷、硒、氟的化合物等；生物污染物主要包括大量有害的细菌、放线菌、真菌、寄生虫卵及病毒等；放射性污染物主要是锶、铯等。

　　（2）土壤污染的特点。

　　①隐蔽性和滞后性。土壤污染往往要通过土壤样品分析、农作物检测，甚至对人畜健康的影响研究才能确定。

　　②不均匀性。有机污染物的堆积、填埋会造成土壤污染，由于土壤性质差异较大，而且污染物在土壤中迁移慢，导致土壤中污染物分布不均匀，空间变异性较大。

　　③累积性。由于土壤是固体，流动性差，难以进行自净，污染物质在土壤中不易扩散和稀释，因此污染物容易在土壤中不断积累，对植物、动物以及人体造成严重损害。

　　④难治理性。总体来说，治理土壤污染的成本高、周期长、难度大。

　　2. 土壤环境质量标准的确定

　　一级标准：当土壤中污染物含量等于或者低于规定的风险筛选值，农用地土壤污染风险低，一般情况下可以忽略；高于风险筛选值时，可能存在农用地土壤污染风险，应加强土壤环境监测和农产品协同监测。

　　二级标准：当土壤中镉、汞、砷、铅、铬的含量高于规定的风险筛选值、等于或者低于规定的风险管制值时，可能存在食用农产品不符合质量安全标准等土壤污染风险，原则上应当采取农艺调控、替代种植等安全利用措施。

三级标准：当土壤中镉、汞、砷、铅、铬的含量高于规定的风险管制值时，食用农产品不符合质量安全标准等农用地土壤污染风险高，且难以通过安全利用措施降低食用农产品不符合质量安全标准等农用地土壤污染风险，原则上应当采取禁止种植食用农产品、退耕还林等严格管控措施。

■▪ 任务实施

1. 查阅资料与讨论　观察并记载土壤被污染后植物的生长情况，初步了解土壤污染的危害。

2. 解决土壤污染等主要土壤环境问题　分组网上收集土壤污染的案例，总结土壤污染的类型和土壤污染的特点。

3 调查走访　通过互联网和走访调查我国某一地区土壤与防治的情况，设计并完成调查问卷。

4. 防治土壤污染

（1）保耕地、提地力、治污染，守住18亿亩耕地"红线"，持续提高耕地质量，加大土壤环境治理力度。

（2）启动土壤污染防治先行区建设，重点排查涉及镉等重金属排放的企业，通过系统排查，建立清单，综合整治，强化执法等措施，有效管控耕地污染风险。同时，加强技术层面上的指导。

（3）加强政府间协作，针对污染耕地开展长期修复治理工作，加强配套政策扶持，设立国家专项基金，加大科普和政策宣传力度。

（4）改良土地盐碱化，改良水利，改良农业措施。

■▪ 知 识 窗

"十四五"推进土壤污染防治工作的重点举措

加强土壤污染防治，事关广大人民群众身体健康，事关经济社会可持续发展，事关美丽中国建设、生态文明建设和中华民族永续发展。《中共中央 国务院关于深入打好污染防治攻坚战的意见》（以下简称《意见》）对"十四五"时期进一步加强生态环境保护作出了全面部署，对以更高标准打好净土保卫战提出了具体要求。

近年来，各地区各有关部门深入贯彻习近平生态文明思想，认真落实党中央、国务院决策部署，顺利完成《土壤污染防治行动计划》确定的受污染耕地安全利用率和污染地块安全利用率"双90％"目标任务，初步遏制土壤污染加重趋势，基本管控土壤污染风险，土壤环境质量总体保持稳定。基本建立法规标准体系，颁布实施《土壤污染防治法》，发布污染地块等土壤环境管理部门规章，制订系列土壤污染风险管控等标准与指南。

完成土壤污染状况详查，初步查明我国农用地和重点行业企业用地污染家底。不断加强土壤污染源头防控，发布土壤污染重点监管单位名录1万余家，开展涉镉等重金属重点行业企业排查整治。有序推进农用地分类管理，完成耕地土壤环境质量类别划分，积极落实安全利用与严格管控措施。建立用地准入管理制度，将建设用地土壤环境管理要求纳入城市规划和供地管理，各省（区、市）公布建设用地土壤污染风险管控和修复名录。建设运行全国土壤环境信息化管理平台，实现土壤环境数据资源共享，基本建成土壤环境监测网络。

"十四五"时期，我们要坚持以习近平新时代中国特色社会主义思想为指导，深入贯彻习近平生态文明思想，坚持稳中求进总基调，强化问题导向、目标导向和结果导向，围绕《意见》确定的目标指标，强化部门分工协作、共同发力，深入实施农用地分类管理，严格重点建设用地准入管理，有效管控土壤污染风险，切实保障老百姓吃得放心、住得安心。

复习测试题

1. 讨论造成我国土壤污染的主要原因是什么。
2. 如何防治土壤污染？

任务三 认识土壤健康与粮食安全

任务目标

了解我国土壤的健康情况及土壤健康的评价指标，能够科学有效地解决土壤健康与粮食安全的问题。

任务准备

1. **实训教室** 有关土壤恶化的案例及有关粮食安全的资料。
2. **实训基地** 有土壤健康问题的果园、农田等。

基础知识

1. 土壤健康 土壤健康作为影响乃至决定农产品数量和质量安全的关键因子之一，与人类健康密切相关，从某种意义上说，保障土壤健康实际上就是保障人类自身的健康。但是，从我国的现状看，对土壤健康的关注严重不足，不合理耕作施肥和管理等破坏土壤健康的各种人类活动十分严重，土壤的健康状况堪忧；同时，与土壤健康相关研究如土壤健康标准、评价方法与指标体系及健康土壤构建技术等尚处于起步阶段。

（1）土壤健康的提出与内涵。"土壤健康"是从土壤质量演变而来的，最早是由植物保护学界针对影响植物健康的土壤状况而提出的。土壤健康的术语、概念和操作化仍在不断发展。土壤健康是土壤作为生命系统发挥功能的能力，具有生态系统和土地利用边界，以维持动植物生产力，维持或提高水和空气质量，促进动植物健康。健康的土壤维持着多样化的土壤生物群落，有助于控制植物病虫草害，与植物根部形成有益的共生关系；循环利用植物必需的养分；改善土壤结构，对土壤水分和养分保持能力产生积极影响，并最终提高作物产量。

"土壤健康"与"土壤质量"经常被混淆使用，但两者并不等同，土壤质量描述了土壤对农业及其直接环境的作用能力，包括土壤对整个生态系统内水质、动植物健康的影响。而土壤健康的范围超出了人类健康的范围，扩展到更广泛的可持续性目标，土壤健康强调了土壤的生命力、生态属性、社会属性等，以及其对生态环境安全、食物健康、人体健康的能力，而不仅仅局限于矿质土壤的物理和化学性质，是全球"大健康"的一个重要内容，而土壤质量的范围通常侧重于人类相关的生态系统服务。

（2）土壤健康的表现。

①土壤理化性状优越。健康的土壤具有一定厚度和结构的土体，固、液、气"三相"比例适当，有较高的水稳性团聚体含量，良好的土壤孔隙性，保水保肥性好，透气性好，土壤温度适宜，酸碱度适中，缓冲能力强，能够为作物根系生长提供相对稳定的环境。

②土壤营养丰富。健康的土壤矿物质种类齐全、比例适宜、含量丰富，抗污染、抗干扰的能力强。

③土壤生物丰富且代谢活跃。健康土壤生物种类丰富、动植物和微生物多样、土壤生物代谢活跃、功能强劲、土壤酶及其活性高、土壤生物量丰富、食物链结构合理等，能够有效维持土壤生态系统的能量流动、物质循环和信息交换。

④土壤水分和空气含量适宜。土壤是一个疏松多孔体，其中布满着大大小小蜂窝状的孔隙，存在于土壤毛管孔隙中的水分能被作物直接吸收利用，同时还能溶解和输送土壤养分。

⑤土壤环境与生态系统健康。健康的土壤来自一个健康的发育环境，不存在严重的环境胁迫，如水分胁迫、温度胁迫、酸碱度胁迫、盐度胁迫，没有水土流失、人类开采破坏、地质灾害等现象。并且健康的土壤不存在污染或含有污染物极少，而其自净能力、抗污染能力强。

⑥抗土壤退化性能强。土壤退化一般是指在自然和人为因素的影响下，土壤所发生的不同程度的养分流失、土壤侵蚀、病虫害增加、土壤重金属和有机物污染及土壤酸化或盐碱化、沙漠化等土壤质量全面下降的现象。一个健康、团聚体结构良好的土壤充满了不同的生物体群落，对包括风雨侵蚀、过多降雨、极端干旱、车辆压实、疾病暴发和其他潜在的退化性在内的不良事件具有更强的抵抗力。

⑦出现不利条件时可快速恢复。健康的土壤会在不利条件下通过自身的调节等功能使土壤快速恢复原状，即使不利条件快速消除。正常的农业生产中经常会发生一些不利于农业生产的事件，如突然的大暴雨可能导致农田土壤被淹没，植物因长期处于淹水条件下大量死亡，在这种状况下土壤养分流失也会非常严重，最终导致作物减产甚至失收。但如果是条件良好的健康土壤，排灌通畅、抗水土流失的能力强，则会在受灾的较短时间内迅速恢复到土壤原有的正常状况，或者能较好保障土壤的通气性，并保持养分最大限度，减少不利条件对作物生产的影响。

（3）判断土壤健康的评价指标。土壤健康最为普遍的评价指标包括多个方面，如土壤能够迅速吸收水分，较好地保持土壤湿度，能够抵抗风蚀和水蚀等侵蚀，排水性能良好，土层疏松、表层不结壳，各种动植物残体能够被迅速被分解，能够生产健康的农产品。

①土壤肥力。水、肥、气、热四大肥力因素，具体指标有土壤质地、紧实度、耕层厚度、土壤结构、土壤含水量、田间持水量、土壤排水性、渗滤性、有机质含量、养分总量和速效养分含量、土壤通气、土壤热量、土壤侵蚀状况、pH、盐基代换量等。

②土壤环境指标。土壤背景值、盐分种类与含量、硝酸盐、碱化度、农药残留量、污染指数植物中污染物、环境容量、地表水污染物、地下水矿化度与污染物、重金属元素种类及其含量、污染物存在状态及其浓度等。

③土壤生物指标。土壤微生物多样性、微生物生物量、土壤碳氮比、土壤呼吸强度、土壤酶活性等。

④土壤生态指标。土壤节肢动物、蚯蚓、种群丰富度、多样性指数、优势性指数、均匀度指数杂草情况等。

2. 粮食安全 联合国粮食及农业组织（FAO）、世界银行和美国国际发展机构对粮食安全的定义可以概括为：保证任何人在任何时候都能够得到为了生存和健康所需要的足够食品。这是对粮食安全的最基本的概括。1983 年，联合国粮食及农业组织总干事爱德华萨乌马提出了粮食安全的新概念：粮食安全的最终目标应该是确保所有的人在任何时候都能买得到又能买得起人们所需要的基本食品。1996 年第二次世界粮食首脑会议对粮食安全概念做出了第三次表述：让所有的人在任何时候都享受充足的粮食，过上健康、富有朝气的生活。

粮食安全是人类健康的中心，生产出足够产量且具有丰富营养的作物在很大程度上取决于土壤特性和条件。尤其是当土壤具备发达结构、充足有机物质，以及其他有利于促进作物生长的物理和化学特性时，更能产生强大的产量，因此对于粮食安全至关重要。反之，当土壤退化（包括水土流失、土壤结构破坏和养分含量的损失）时，就会降低作物生产并威胁到粮食安全。当土壤含有重金属一类物质时，则可能通过作物吸收将这些物质传递给人类，导致生产出不安全的食品，进而到毒害人类。

影响我国粮食安全的五大主要土壤环境问题：

（1）土地盐碱化。土地盐碱化在我国华北地区较为普遍，主要分布在滨海平原。滨海平原地势较低，多积水，地势低洼，水不易排出，导致地下水上泛，地下水带来一定的盐类，并随着这些水的蒸发，盐类沉积在地表，造成土地表面盐分的富集。

（2）土地荒漠化。土地荒漠化包括几个方面，包括土地沙化、岩石性荒漠化等，但影响我国的还是土地沙化，主要分布在我国西北地区，主要自然原因是降水少，多大风与沙尘，大风导致沙丘活化，使得土地荒漠化得以扩展。另外还有人为破坏植被等因素的影响。

（3）土壤侵蚀。主要分布在我国的黄土高原和南方低山丘陵地区。黄土高原土质疏松，植被覆盖差，夏季多暴雨，地势较高，地势的坡度较大，再加上人类不合理的活动，水土流失特别严重。南方低山丘陵地区，降水较多且集中夏季，丘陵地区地势较高，坡度较大，人类的滥砍滥伐导致植被覆盖率降低。

（4）耕地非农业占用。主要表现为违规占用耕地建造房屋、绿化造林、超标准建设绿色通道、挖湖造景等。

（5）土壤污染。无机污染物主要包括酸、碱、重金属、盐类、放射性元素铯、锶的化合物以及含砷、硒、氟的化合物等。有机污染物主要包括有机农药、氰化物、石油、合成洗涤剂、由城市污水、污泥及厩肥带来的有害微生物等。

■■ 任务实施

1. 观察与评价 小组对准备好的土壤样本进行简易评价，观察并记载土壤样本中微生物的存在及数量，以及土壤中蚯蚓的生活情况、土壤的气味等。

对土壤健康进行简易评价的时机，最好选在晚春或中秋时节的雨后或灌溉后2d进行。

（1）观测土壤吸收水分的性能。在距土表2cm处向土壤灌水，要求在5s内完成，既要不破坏土壤表层结构，又要使水快速进入土壤中，如果湿斑小说明土壤结构良好，水分能迅速渗透到土壤中。

（2）观测土壤生物是否存在及存在的数量。可以先去除地表的有机残体，查找蚂蚁、甲虫、蜗牛等土壤动物。如果60cm²范围内存在两个以上生物，可以认为土壤基本健康。

（3）在地表查找是否存在小的蚯蚓洞，然后铲开土壤，统计蚯蚓数量，一铲土壤中如果有2条或多条蚯蚓，则表明该土壤健康。

（4）捧一把土壤闻闻气味，如果土壤散发着浓郁的气息，表明该土壤具有高的生物学活性，无味无臭表明土壤中等健康，如果味道异常、有腐味或有化学品的气味（如油味）则表明土壤不太健康。

2. 了解保障土壤健康的迫切性

（1）土壤健康对作物产量的影响。土壤生产能力是土壤健康的重要指标之一，而农田管理措施作为对土壤质量影响最大的人为因素，对土壤健康和土壤生产力有重大影响：一方面，不合理的管理措施可能使土壤性质发生恶化，增加土壤侵蚀的速度，降低生物的多样性，主要包括施用肥料和有机制剂、森林砍伐和人为火烧、秸秆还田等，以及农用化学品包括化肥、杀虫剂、除草剂、植物生长调节剂、保水保肥剂及土壤改良剂等的施用量较大，造成土壤污染并破坏土壤环境，给土壤健康带来了极大的影响，导致生产出的食物失去安全性或者直接减产，影响人与动物的健康，威胁农产品安全。另一方面，在合理的利用和管理下，通过改善小环境和合理耕作尽可能降低或消除土壤的障碍因素，如施用有机或无机肥料，秸秆、枯枝落叶还田，可使养分处在良性环境中，使土壤中有机物质积累、土壤结构和微生物功能改善。

作物整个生长周期所需的矿质营养几乎全部从土壤中获得。土壤中的养分连年随收获物而被带走，如果返还土壤的养分不足以弥补随作物带走的矿质营养，可能导致土壤逐渐贫瘠化，以及连续施肥造成土壤酸化，这些因素都可使土壤生产力降低，引发作物减产。连年耕作和自然环境因素造成土壤侵蚀，也是土壤生产力降低的重要因素。例如，东北黑土区的典型地貌以漫川漫岗为主，坡缓且长，受这种地形影响，土壤的侵蚀强度沿坡面差异明显，发生在坡耕地中上部的土壤侵蚀主要以剥离为主，导致黑土层变薄。黑土坡面中上部富含养分的表土被剥离，在坡脚沉积使表层土壤重新分配，这势必改变耕层土壤养分和有机质的含量，降低农田生产力，严重阻碍该地区农业可持续发展。

（2）土壤健康对作物品质的影响。随着人们温饱问题的解决，农业生产正由以传统的提高粮食产量为中心转变为以提高农产品的品质尤其是营养价值为重点。据联合国粮食及农业组织的资料显示，全球有近20亿人处于不同的营养缺乏状态，其中被称为"隐形杀手"的微量元素缺乏症是全世界人们共同面临的问题。人类的主要食物都直接或间接地来自土壤，因此，可以认为是土壤中某些微量元素的缺乏导致了食物中相应微量营养元素不足或缺乏。例如，我国东北黑土区是典型的缺硒区，太湖水稻土地区也属于缺硒地区的边缘；此外，我国仍有大面积农田缺氮、磷等元素，土壤养分供应不足，致使农作物产量低、农产品质量差，而一些菜园土壤中则氮、磷等大量元素过分积累，增加了水环境污染的危险性并降低了农产品的品质；外来的重金属等污染物通过不同途径进入土壤，导致土壤污染物超标、作物品质下降，并使人体健康受威胁等。有研究结果表明，健康土壤所生产的食物具有均衡而丰富的多种氨基酸和蛋白质，而且谷物中大量营养元素和微量营养元素的含量均衡，包括钙、硫、铁、锌等中微量元素及其他类别的营养元素。健康土壤提高了食品的质量，进而支撑了人类健康。

针对当前我国土壤健康相关理念尚待进一步完善，耕地地力偏低、部分耕地污染物含量超标、部分地区耕地水土流失等威胁土壤健康的实际，从构建健康土壤、保障国家粮食和农产品安全、促进农业农村可持续发展、构筑农业生态环境安全保护屏障等迫切需求出发，亟待强化土壤健康相关理念与技术研究。大力加强耕地土壤健康管理，完善政策体系，逐步形成全社会关注土壤健康，把土壤健康与人类健康当作当前发展重要内容的良好氛围。

▓ 知 识 窗

《"一带一路"健康土壤宣言》发布

2018 年 5 月 24 日，由联合国粮食及农业组织、北京市农业农村局等共同举办的土壤健康与可持续发展国际研讨会在京举行。大会正式发布了《"一带一路"健康土壤宣言》，积极倡导提出土壤健康保护无国界，呼吁地球村每个角落、每个村民构筑人类命运共同体。

时任联合国粮食及农业组织土水司司长爱德华多·曼苏尔认为，此次研讨会将为促进"一带一路"沿线国家的土壤可持续管理做出贡献。时任农业农村部种植业管理司司长曾衍德提出，我国将强化耕地资源"量质并重"的理念，划定耕地质量保护的"硬杠杠"。按照相关计划，到 2020 年，我国将努力实现耕地"两提一改"的目标：提高田间设施水平、提高耕地基础地力、改善耕地质量环境，有效控制耕地酸化、盐渍化、重金属污染等。

▓ 复习测试题

1. 说说你对"土壤健康不存，粮食安全焉附"的理解。
2. 如何提升土壤质量、确保粮食安全？

主 要 参 考 文 献

北京农业大学，1996. 农业化学（总论）[M]. 2 版. 北京：中国农业出版社.

陈伦寿，李仁岗，1984. 农田施肥原理与实践 [M]. 北京：农业出版社.

陈新平，李志宏，王兴仁，等，1999. 土壤、植株快速测试推荐施肥技术体系的建立与应用 [J]. 土壤肥料
　　（2）：6-10.

褚天铎，2003. 简明施肥技术手册 [M]. 北京：金盾出版社.

高贤彪，卢丽萍，1997. 新型肥料施肥技术 [M]. 济南：山东科学技术出版社.

高祥照，2005. 测土配方施肥技术 [M]. 北京：中国农业出版社.

郭建伟，李保明，2008. 土壤肥料 [M]. 北京：中国农业出版社.

郭建伟，张作生，朱永红，等，1997. 湿地麦田水、气、热状况研究 [J]. 土壤肥料（2）：21-22.

黄照愿，1992. 科学施肥 [M]. 北京：金盾出版社.

江苏省淮阴农业学校，2006. 土壤肥料学 [M]. 北京：中国农业出版社.

金为民，2001. 土壤肥料 [M]. 北京：中国农业出版社.

刘念祖，陆景陵，1993. 土壤肥料学 [M]. 北京：中央广播电视大学出版社.

鲁剑巍，2007. 测土配方与作物配方施肥技术 [M]. 北京：金盾出版社.

鲁如坤，1998. 土壤-植物营养学原理与施肥 [M]. 北京：化学工业出版社.

陆景陵，1994. 植物营养学 [M]. 北京：中国农业大学出版社.

吕军，2011. 土壤改良学 [M]. 杭州：浙江大学出版社.

马国瑞，1995. 园艺植物营养与施肥 [M]. 北京：中国农业出版社.

毛达如，2001. 植物营养研究方法 [M]. 北京：中国农业大学出版社.

毛知耘，1997. 肥料学 [M]. 北京：中国农业出版社.

农业出版社编辑部，1987. 中国农谚 [M]. 北京：农业出版社.

沈其荣，2001. 土壤肥料学通论 [M]. 北京：高等教育出版社.

沈善敏，1998. 中国土壤肥力 [M]. 北京：中国农业出版社.

宋志伟，王阳，2012. 土壤肥料 [M]. 2 版. 北京：中国农业出版社.

孙羲，1992. 作物营养与施肥 [M]. 北京：中国农业出版社.

吴国宜，2001. 植物生产与环境 [M]. 北京：中国农业出版社.

夏有龙，邱泽森，1998. 水稻栽培关键技术问答 [M]. 北京：中国农业出版社.

谢德体，2004. 土壤肥料学 [M]. 北京：中国林业出版社.

张福锁，2003. 养分资源综合管理 [M]. 北京：中国农业大学出版社.

张福锁，2005. 测土配方施肥技术要览 [M]. 北京：中国农业大学出版社.

张戌魁，武世周，1994. 土壤肥料学 [M]. 太原：山西高校联合出版社.

朱兆良，1997. 中国农业持续发展中的肥料问题 [M]. 南昌：江西科学技术出版社.

朱祖祥，1982. 土壤学 [M]. 北京：农业出版社.

附　录

附录一　植物缺素症状诊断歌谣及植物缺素部位图示

一、植物缺素症状诊断歌谣

植物缺素外形症状诊断歌谣
（安徽省土壤肥料总站　叶世娟）

植物营养要平衡，营养失衡把病生，病症发生早诊断，准确判断好矫正。

缺素判断并不难，根茎叶花细观看，简单介绍供参考，结合土测很重要。

缺氮抑制苗生长，老叶先黄新叶薄，根小茎细多木质，花迟果落不正常。

缺磷株小分蘖少，新叶暗绿老叶紫，主根软弱侧根稀，花少果迟种粒小。

缺钾株矮生长慢，老叶尖缘卷枯焦，根系易烂茎纤细，种果畸形不饱满。

缺锌节短株矮小，新叶黄白肉变薄，棉花叶缘上翘起，桃梨小叶或簇叶。

缺硼顶叶皱缩卷，腋芽丛生花蕾落，块根空心根尖死，花而不实最典型。

缺钼株矮幼叶黄，老叶肉厚卷下方，豆类枝稀根瘤少，小麦迟迟不灌浆。

缺锰失绿株变形，幼叶黄白褐斑生，茎弱黄老多木质，花果稀少重量轻。

缺钙未老株先衰，幼叶边黄卷枯黏，根尖细脆腐烂死，茄果烂脐株萎蔫。

缺镁后期植株黄，老叶脉间变褐亡，花色苍白受抑制，根茎生长不正常。

缺硫幼叶先变黄，叶尖焦枯茎基红，根系暗褐白根少，成熟迟缓结实稀。

缺铁失绿先顶端，果树林木最严重，幼叶脉间先黄化，全叶变白难矫正。

缺铜变形株发黄，禾谷叶黄幼尖蔫，根茎不良树冒胶，抽穗困难芒不全。

二、植物缺素或营养过多显示部位

植物缺素或营养过多显示部位见附图1、附图2。

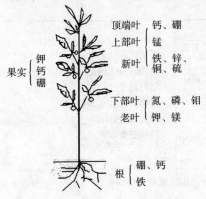

附图1　营养元素缺乏易发生的部位

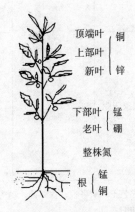

附图2　营养元素过多易危害的部位

附录二　职业技能鉴定（资格证书）有关的土壤肥料知识

（仅供参考：以部分工种为例）

职业资格证书是表明劳动者具有从事某一职业所必备的学识和技能的证明。其与职业劳动活动密切相连，反映特定职业的实际工作标准和规范。国家职业资格分为五级：五级（初级工）、四级（中级工）、三级（高级工）、二级（技师）、一级（高级技师）。

附表1　职业种类及其技能要求

职业种类		基本要求	技能要求	相关知识
农艺工	初级工（国家职业资格五级）	职业道德：职业道德基本知识、职业守则 基础知识：专业知识、安全知识、相关法律法规知识	能实施灌溉、耕作、备好肥料 会整地、铺设节水设备 会中耕锄地、起垄培土 能够按配方适时追肥 按作物要求进行灌溉	土壤耕作、基肥施用常识，肥料基本知识 土壤结构、农田灌排水一般知识 追肥、浇水方法，叶面施肥 田间清理知识
	中级工（国家职业资格四级）		能够根据作物确定基肥的种类和数量 能根据土壤墒情实施播前灌溉 能据作物种类和面积准备肥料 能辨别常用肥料的外观质量 能据作物幼苗生长要求配制基质 会整地以及灌排沟的布局 会中耕锄地、追肥、灌溉 能够按照要求采集土壤样品 能制订秸秆还田方案	施肥基础知识 肥料知识 常用肥料质量标准 植物营养知识 基质配制知识 土壤耕作知识 农田水利知识 土壤样品采集知识 秸秆还田知识
	高级工（国家职业资格三级）		能判断幼苗长势长相、调节其生长环境 能够识别主要作物常见的营养失调症 能够鉴别常用肥料的质量 能够实施节水灌溉 能制订残茬处理、土壤耕翻方案 能对初、中级人员进行技术操作示范	苗情诊断知识 植物营养失调症知识 肥料的鉴别知识 作物需肥需水知识 茬口安排知识 耕作制度知识

农艺工：从事粮、棉、油、糖等大田作物的农田耕整，土壤改良，作物栽种，田间管理，收获贮藏等农业生产活动的人员

职业种类	基本要求	技能要求	相关知识
农资营销员 / 初级工（国家职业资格五级）	职业道德：职业道德基本知识、职业守则 基础知识：专业基础知识、安全知识、相关法律法规知识、卫生与环境保护知识	能根据包装颜色、气味等物理性特征识别不同肥料及植物营养元素的种类 能够按照不同农资商品的分类和特性陈列摆放农资商品	肥料基本知识 植物营养元素基本知识 肥料陈列的特殊要求
中级工（国家职业资格四级）		能看懂肥料商品标识 能够根据肥料的外观、包装、标识辨别假冒伪劣产品 能辨别肥料的商品名称与专业名称 能介绍肥料特点，帮助客户选择 指导肥料科学施用 能够发现质量问题	肥料商品包装标识要求 肥料商品分类知识 常用肥料商品的特性 肥料施用技术 肥料商品在一定条件下可发生的物理、化学变化知识
高级工（国家职业资格三级）		能够根据顾客反映诊断肥料肥害 能根据不同生产要求指导科学施肥 能熟悉并分清易沉淀、变质、结块、吸潮、霉变、降解等肥料商品的保管要求 能够按照国家规定处理废弃肥料商品	土壤肥料学 防火、防暴、防毒知识 环境保护知识

农资营销员：从事种子、农药、肥料、农用塑料制品的销售及咨询服务的人员

肥料配方师 / 三级肥料配方师（国家职业资格三级）	职业道德：职业道德基本知识、职业守则 基础知识：专业知识、安全知识、相关法律法规知识	能够进行土壤养分测定 能进行土壤调查 能够进行肥料田间试验及数据整理 能够识别、选择氮、磷、钾等肥料 能够根据土壤作物等条件制订肥料配方并进行肥料的混配 能够安全贮藏、运输肥料 能够识别、推销、介绍肥料 能够检验、判别肥料的质量 能够评价肥料的施用效果	作物需肥规律 养分测定方法 土壤调查知识 田间试验方法 农作物栽培技术基础知识 氮、磷、钾等肥料的性质 肥料混配的原则和方法 肥料的贮藏、运输知识 肥料的施用技术 肥料的营销知识 肥料的质量标准 肥料检测仪器使用知识 肥料效应田间实验标准

肥料配方师：从事肥料配方、肥料应用及效果评价等工作的人员

附录三 商品肥料的质量标准及包装标识

一、商品肥料质量标准分级

附表 2 商品肥料质量标准分级

标准	标准的含义	标准个例
国家标准	国家标准化管理委员会审批和发布，特别重大的，报国务院审批。国家标准在全国范围内适用，其他各级别标准不得与国家标准相抵触	①《复混肥料（复合肥料）》（GB 15063—2020）（国家强制标准） ②《农用含磷防爆硝酸铵》（GB/T 20782—2006）（国家推荐标准）
行业标准	全国性的各专业范围内统一的标准。国家主管部门组织制定、审批和发布，报国家标准化管理委员会备案	《有机肥料》（NY 525—2021）（农业农村部标准）
地方标准	地方标准编号由地方标准代号、标准顺序号和发布年号组成。地方标准代号由汉语拼音字母"DB"加上省（自治区、直辖市）行政区划代码前两位数字再加斜线，组成地方标准代号	《有机肥料腐熟度识别技术规范》（DB37/T 4110—2020）（山东省地方标准）
企业标准	没有国家标准、行业标准和地方标准的产品，企业应当制定相应的企业标准，企业标准应报当地政府标准化行政主管部门和有关行政主管部门备案。企业标准在该企业内部适用	①《配方肥料》（Q/AF05—2022）（某省肥料总公司） ②《氨基酸有机-无机肥料》（Q/TXGD 001—2011）（某公司企业标准）

注：商品"标准"是对商品质量以及与质量有关的各个方面（如商品的品名、规格、性能、用途、使用方法、检验方法、包装、运输、贮存等）所做的统一技术规定，是评定、监督和维护商品质量的准则和依据。

二、商品肥料的标识

商品肥料标识示例见附图 3。

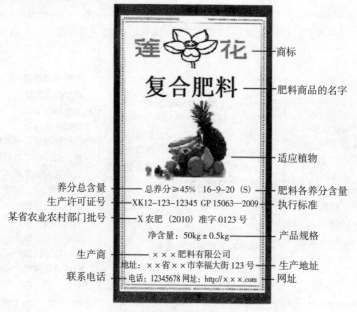

	——商标
	——肥料商品的名字
	——适应植物
养分总含量——总养分≥45% 16-9-20（S）	——肥料各养分含量
生产许可证号——XK12-123-12345 GP 15063—2009	——执行标准
某省农业农村部门批号——X 农肥（2010）准字 0123 号	
净含量：50kg±0.5kg	——产品规格
生产商——×××肥料有限公司	
地址：××省××市幸福大街 123 号	——生产地址
联系电话——电话：12345678 网址：http://×××.com	——网址

附图 3 某品牌商品肥料标识

读者意见反馈

亲爱的读者：

感谢您选用中国农业出版社出版的职业教育教材。为了提升我们的服务质量，为职业教育提供更加优质的教材，敬请您在百忙之中抽出时间对我们的教材提出宝贵意见。我们将根据您的反馈信息改进工作，以优质的服务和高质量的教材回报您的支持和爱护。

地　　址：北京市朝阳区麦子店街 18 号楼（100125）

中国农业出版社职业教育出版分社

联系方式：QQ（1492997993）

教材名称：　　　　　　　　ISBN：

个人资料

姓名：＿＿＿＿＿＿＿＿＿＿＿＿所在院校及所学专业：＿＿＿＿＿＿＿＿＿＿＿

通信地址：＿＿＿＿＿＿＿＿＿＿＿＿＿＿＿＿＿＿＿＿＿＿＿＿＿＿＿＿＿＿

联系电话：＿＿＿＿＿＿＿＿＿＿＿＿电子信箱：＿＿＿＿＿＿＿＿＿＿＿＿＿

您使用本教材是作为：□指定教材□选用教材□辅导教材□自学教材

您对本教材的总体满意度：

　从内容质量角度看□很满意□满意□一般□不满意

　　改进意见：＿＿＿＿＿＿＿＿＿＿＿＿＿＿＿＿＿＿＿＿＿＿＿＿＿＿＿

　从印装质量角度看□很满意□满意□一般□不满意

　　改进意见：＿＿＿＿＿＿＿＿＿＿＿＿＿＿＿＿＿＿＿＿＿＿＿＿＿＿＿

您认为本教材最令您满意的是：

□指导明确□内容充实□讲解详尽□实例丰富□技术先进实用□其他＿＿＿＿＿＿

您认为本教材在哪些方面需要改进？（可另附页）

□封面设计□版式设计□印装质量□内容□其他＿＿＿＿＿＿＿＿＿＿＿＿＿

您认为本教材在内容上哪些地方应进行修改？（可另附页）

＿＿＿＿＿＿＿＿＿＿＿＿＿＿＿＿＿＿＿＿＿＿＿＿＿＿＿＿＿＿＿＿＿＿＿

＿＿＿＿＿＿＿＿＿＿＿＿＿＿＿＿＿＿＿＿＿＿＿＿＿＿＿＿＿＿＿＿＿＿＿

本教材存在的错误：（可另附页）

第＿＿＿＿页，第＿＿＿＿行：＿＿＿＿＿＿＿应改为：＿＿＿＿＿＿＿＿

第＿＿＿＿页，第＿＿＿＿行：＿＿＿＿＿＿＿应改为：＿＿＿＿＿＿＿＿

第＿＿＿＿页，第＿＿＿＿行：＿＿＿＿＿＿＿应改为：＿＿＿＿＿＿＿＿

您提供的勘误信息可通过 QQ 发给我们，我们会安排编辑尽快核实改正，所提问题一经采纳，会有精美小礼品赠送。非常感谢您对我社工作的大力支持！

欢迎访问"全国农业教育教材网"http：//www.qgnyjc.com（此表可在网上下载）

欢迎登录"中国农业教育在线"https：//www.ccapedu.com 查看更多网络学习资源

欢迎登录"智农书苑"http：//read.coapedu.com 阅读更多纸数融合教材

图书在版编目（CIP）数据

土壤肥料／王中军主编．—3版．—北京：中国
农业出版社，2022.12
ISBN 978-7-109-30304-1

Ⅰ．①土…　Ⅱ．①王…　Ⅲ．①土壤肥力－中等专业学
校－教材　Ⅳ．①S158

中国版本图书馆CIP数据核字（2022）第238371号

中国农业出版社出版
地址：北京市朝阳区麦子店街18号楼
邮编：100125
责任编辑：吴　凯
版式设计：王　晨　　责任校对：吴丽婷
印刷：中农印务有限公司
版次：2008年7月第1版　　2022年12月第3版
印次：2022年12月第3版北京第1次印刷
发行：新华书店北京发行所
开本：787mm×1092mm　1/16
印张：13.75
字数：320千字
定价：36.00元

版权所有·侵权必究
凡购买本社图书，如有印装质量问题，我社负责调换。
服务电话：010-59195115　　010-59194918